GANZHIZHOU TUJU HAICHONG

甘孜州土居害虫

刘旭　罗孝贵　石万成　等著

四川科学技术出版社

图书在版编目(CIP)数据

甘孜州土居害虫／刘旭等著. —成都:四川科学
技术出版社,2019.1

ISBN 978 - 7 - 5364 - 9364 - 3

Ⅰ. ①甘… Ⅱ. ①刘… Ⅲ. ①害虫 - 防治 - 甘孜
Ⅳ. ①S433

中国版本图书馆 CIP 数据核字(2019)第 021597 号

甘孜州土居害虫

著　者	刘　旭　罗孝贵　石万成　等
出 品 人	钱丹凝
责任编辑	何　光
封面设计	张维颖
责任出版	欧晓春
出版发行	四川科学技术出版社

　　　　　　成都市槐树街2号　邮政编码610031
　　　　　　官方微博:http://e.weibo.com/sckjcbs
　　　　　　官方微信公众号:sckjcbs
　　　　　　传真:028 - 87734039

成品尺寸	170mm × 240mm
	印张 17.25　字数 330 千
印　　刷	四川省南方印务有限公司
版　　次	2019 年 3 月第 1 版
印　　次	2019 年 3 月第 1 次印刷
定　　价	88.00 元

ISBN 978 - 7 - 5364 - 9364 - 3

《甘孜州土居害虫》著作委员会

一、著作单位

    四川省甘孜藏族自治州农业科学研究所

    四川省农业科学院植物保护研究所

二、领导小组

  主　任：舒大春（四川省甘孜藏族自治州农工委）

  副主任：罗永红（四川省甘孜藏族自治州农业农村局）

      杨开俊（四川省甘孜藏族自治州农业科学研究所）

  成　员：刘　旭（四川省农业科学院植物保护研究所，农业部西南作物有害
       生物综合治理重点实验室）

      罗孝贵（四川省甘孜藏族自治州农业科学研究所）

      匡建康（四川省甘孜藏族自治州农业农村局植保植检站）

      杨　刚（四川省甘孜藏族自治州农业农村局植保植检站）

      雷　高（四川省甘孜藏族自治州农业科学研究所）

      李万方（四川省甘孜藏族自治州农业科学研究所）

      高明文（四川省甘孜藏族自治州农业科学研究所）

      向明华（四川省甘孜藏族自治州农业科学研究所）

      刘虹伶（四川省农业科学院植物保护研究所，农业部西南作物有害
       生物综合治理重点实验室）

三、撰写小组

  主　任：刘　旭（四川省农业科学院植物保护研究所，农业部西南作物有害
       生物综合治理重点实验室）

      罗孝贵（四川省甘孜藏族自治州农业科学研究所）

      石万成（四川省农业科学院植物保护研究所，农业部西南作物有害
       生物综合治理重点实验室）

副主任：戴贤才（四川省甘孜藏族自治州农业科学研究所）

      杨　刚（四川省甘孜藏族自治州农业农村局植保植检站）

      雷　高（四川省甘孜藏族自治州农业科学研究所）

      刘虹伶（四川省农业科学院植物保护研究所，农业部西南作物有害
生物综合治理重点实验室）

研究与撰写人员：

      杨永利（四川省农业科学院植物保护研究所，农业部西南作物有害
生物综合治理重点实验室）

      陈庆东（四川省农业科学院植物保护研究所，农业部西南作物有害
生物综合治理重点实验室）

      陈　松（四川省农业科学院茶叶研究所）

      杨永建（四川省甘孜藏族自治州九龙县农牧科技局）

      吴康生（四川省甘孜藏族自治州康定市农牧科技局）

      汪为民（四川省甘孜藏族自治州康定市农牧科技局）

      张翠翠（四川省农业科学院植物保护研究所，农业部西南作物有害
生物综合治理重点实验室）

      刘悦月（四川省农业科学院分析测试中心）

      李　超（中化现代农业四川有限公司）

      杨东升（四川省农业科学院植物保护研究所，农业部西南作物有害
生物综合治理重点实验室）

      蒋文平（四川省农业科学院植物保护研究所，农业部西南作物有害
生物综合治理重点实验室）

      雷应华（四川省农业科学院植物保护研究所，农业部西南作物有害
生物综合治理重点实验室）

      胡　伟（四川省农业科学院植物保护研究所，农业部西南作物有害
生物综合治理重点实验室）

      陈倩颖（四川省农业科学院植物保护研究所，农业部西南作物有害
生物综合治理重点实验室）

      向　娟（四川省农业科学院植物保护研究所，农业部西南作物有害
生物综合治理重点实验室）

      叶升洪（四川省农业科学院植物保护研究所，农业部西南作物有害

　　　　　　　生物综合治理重点实验室）

柳　　江（四川省农业科学院植物保护研究所，农业部西南作物有害
　　　　　　　生物综合治理重点实验室）

易春燕（四川省农业科学院植物保护研究所，农业部西南作物有害
　　　　　　　生物综合治理重点实验室）

李万方（四川省甘孜藏族自治州农业科学研究所）

高明文（四川省甘孜藏族自治州农业科学研究所）

李国钰（四川省甘孜藏族自治州农业科学研究所）

钟　　敏（四川省甘孜藏族自治州农业科学研究所）

李相宽（四川省甘孜藏族自治州农业农村局种子站）

魏崇林（四川省甘孜藏族自治州农业农村局）

刘志喜（四川省甘孜藏族自治州农业科学研究所）

彭福成（四川省甘孜藏族自治州农业科学研究所）

周小林（四川省甘孜藏族自治州农业科学研究所）

晏克莊（四川省甘孜藏族自治州农业科学研究所）

霍永海（四川省甘孜藏族自治州农业科学研究所）

韦金华（四川省甘孜藏族自治州农业农村局植保植检站）

张　　磊（四川省甘孜藏族自治州农业农村局植保植检站）

何　　毅（四川省甘孜藏族自治州农业农村局农安中心）

李坤儒（四川省甘孜藏族自治州炉霍县农牧科技局）

刘　　忠（四川省甘孜藏族自治州政协）

苟安春（四川省甘孜藏族自治州炉霍县农牧科技局）

杨新元（四川省甘孜藏族自治州炉霍县农牧科技局）

杨世荣（四川省甘孜藏族自治州炉霍县农牧科技局）

何　　岩（四川省甘孜藏族自治州道孚县农牧科技局）

童灯红（四川省甘孜藏族自治州道孚县农牧科技局）

邹山品（四川省甘孜藏族自治州理塘县农牧科技局）

余占刚（四川省甘孜藏族自治州理塘县农牧科技局）

兰永强（四川省甘孜藏族自治州康定市农牧科技局）

王玉华（四川省甘孜藏族自治州康定市农牧科技局）

黄玉华（四川省甘孜藏族自治州康定市农牧科技局）

罗思富（四川省甘孜藏族自治州得荣县农牧科技局）

刘成忠（四川省甘孜藏族自治州乡城县农牧科技局）

李乡康（四川省甘孜藏族自治州乡城县农牧科技局）

丹　林（四川省甘孜藏族自治州巴塘县农牧科技局）

序

甘孜藏族自治州（以下简称甘孜州）地处青藏高原东南缘，幅员辽阔，立体气候明显，生物资源种类多、数量大，农业主要为草地畜牧业和种植业，耕作制度以旱作为主，大部分地区一年一熟，农业有害生物中以土居害虫为主，其发生与危害尤为突出。

为促进甘孜州农、林、牧产业高效、优质、健康、持续发展，自20世纪50年代以来，在各级党委、政府的关心重视下，四川省、甘孜州相关单位通力合作，历经60多年，4代人的共同努力，摸索出了一套行之有效的以大栗鳃金龟、暗褐金针虫、铜绿丽金龟等为主的土居害虫绿色防控方案和技术措施，经大面积示范和推广，效果显著，挽回了大量经济损失，取得了显著的经济效益、社会效益和生态效益，为全州农业可持续发展、稳定增收做出了重大贡献。

《甘孜州土居害虫》是甘孜州农科所、四川省农业科学院植保所、甘孜州植保站和甘孜州各相关县农业部门等单位科技工作者对甘孜州土居害虫防治研究的历史性成果总结，也是甘孜州农业科技发展史上留下的一笔宝贵财富，更是一部具有指导意义和实用价值的好书。《甘孜州土居害虫》著作的出版必将为甘孜藏族自治州，乃至青藏高原农、林、牧特色产业发展，为广大农牧民群众脱贫奔小康，为乡村振兴起到巨大的保障作用。

中共甘孜州委常委、农工委主任

锁朗大春

2018 年 11 月

前　言

　　土居害虫也称土壤害虫，通常称为地下害虫。我国已知的土居害虫有 8 目，38 科，约 320 种，其中以蛴螬种类最多，共有 110 余种，是危害严重的一大类害虫。其他主要有蝼蛄、金针虫、地老虎、根蛆、根蟥、根蚜、拟地甲、蟋蟀、根蚧、根叶甲、根天牛、根象甲、白蚁等 10 多类。土居害虫分布广，食性杂，全国各地均有分布，旱地、水地、丘陵、山坡、林地、果园、草原及自然界的其他陆地，甚至阳台的花盆内都有蛴螬等土居害虫的危害。由于长期受土壤环境条件的制约，土居害虫形成了与其他害虫不同的食性，主要危害植物的种子、根际、幼苗、幼果等，常造成作物地下块茎、块根及幼果损伤或幼苗死亡、缺苗断垄等，如小麦拔节前死苗，或拔节后形成枯穗、白穗，大豆结荚鼓豆期死亡，花生结荚形成空壳，草坪出现失绿、萎蔫，甚至大面斑秃和形成死亡。从全国看，花生荚果受害率平均在 15.00% ~ 35.00%，严重的可达 70.00% ~ 80.00%，甚至绝收。发生严重的地块占总面积的 30.00%；涪江流域花生平均受害率为 33.40%；嘉陵江流域花生受害率为 20.62%，个别地区达 54.93%；沱江流域花生果荚受害率为 18.21% ~ 45.36%，平均 33.46%。大栗鳃金龟危害严重（李坤儒），1951 年甘孜州康定县营官乡 1 483.00 亩（1 hm^2 = 15 亩）作物有 444.00 亩绝收；1954 年，炉霍县虾拉沱村 2 709 亩（小麦、青稞）粮食作物有 1 294.90 亩受害，有的还不够播种量的种子，有的绝收；1957 年，雅江县 3 个乡受害面积达 40.03%。甘孜县因暗褐金针虫危害麦类受害面积一般在 16.00% 以上。一头暗褐金针幼虫平均取食麦种 4.50 粒，平均取食幼苗 2.20 ~ 2.70 株，麦类植株 3 叶期前形成枯死，3 叶期以后形成枯苗，对产量造成很大的损失。

　　土居害虫的防治与地面害虫防治一样，应采取以预防为主、综合防治的植保方针。土居害虫生物学特征和发生规律有其自身独特性，一直以来，我国土居害虫防治策略仍采用 20 世纪 80 年代以前的药剂拌种、毒饵诱杀、撒施毒土、毒液

1

浇灌、冬灌、地膜覆盖等控制措施和方法防治幼虫，采用灯光诱杀等物理防治方法和林区田边药剂防治成虫。这些措施虽能有效地控制土居害虫种群数量和危害，但由于药剂和药物毒性残留问题，导致防治效果下降和对环境带来不安全的负面影响。因此，植保工作者加强对农药新剂型和高效、低毒药剂种类的筛选和应用研究工作显得十分重要，并取得了较好的成绩。如颗粒剂：克百威 45.00 kg/hm^2、甲拌磷 67.50 kg/hm^2；粉剂：地虫克 15.00 kg/hm^2；乳油：辛硫磷 3.00 kg/hm^2、毒死蜱 1.50 kg/hm^2；可湿性粉剂：阿克泰 45.00 kg/hm^2；土壤熏蒸剂：威百亩 500.00L/hm^2 等，对土居害虫（幼虫）防治效果可达 80.00% 左右。在筛选药剂的同时，注意对土壤中病害的兼治研究。近年来，我国开始注重生物防治的研究，并开展对蛴螬、金针虫、蝼蛄等天敌的调查和致病微生物的研究，对线虫的防治等应用方面在国内已有许多报道，并取得了明显的效果。

《甘孜州土居害虫》的内容分为四章：

第一章，绪论。介绍土居害虫的发生特点、发生因子及防治措施。

第二章，甘孜州自然概况。重点介绍甘孜州地理位置与地形地貌、山脉、河流、气候、植被和农耕制度、土壤的基本情况。

第三章，甘孜州土居害虫区系组成概况。该区系有三大特点：一是金龟子为区系的主要成分占 92.50%，能造成经济损失的金龟子又占 51.40%，主要是 Rutelidae 科和 Melolonthidae 科的绝大多数种群；二是土居害虫区系分布空间狭窄，这与甘孜州地形、地貌、气候等环境条件有关系，如大栗鳃金龟（*Melolontha hippocastani mongolica* Menetries）、小云斑鳃金龟（*Polyphylla gracilicornis* Blanchard）、甘孜鳃金龟（*Malolcntha permira* Petter）、暗褐金针虫（*Selatosomus* sp.）等仅分布在狭窄的地域生态地带，呈孤岛状分布；三是甘孜州 18 个市县的土居害虫的区系 C 值（$C = \dfrac{2W}{a+b}$）很低，即相似系数低，基本没有相关性。

任何一种昆虫种群都需要占据一定的生殖场所、食物供给范围及活动领域，即一定的空间，从生态学意义上讲，指具有的生态条件，只有当所作用的有机体存在时，才能表现出生物学意义。因此，就不难理解甘孜州土居害虫的区系特点。

书中分析了甘孜州土居害虫区系的归属和类型。甘孜州土居害虫区系在世界陆地昆虫区（界）共有 26 种类型，其中东洋区（界）中分布的比例最高占 30.09%，古北区（界）中占 20.69%，甘孜州特有种成分占第三位为 20.00%，在东洋区（界）和古北区（界）中共占比例也比较重，为 12.33%，其余 16.94% 为其他 22 种类型所占据，但一般比例都很低。由此可以看出，甘孜州土居害虫区系主要归属于东洋区（界）和古北区（界）中，恰好甘孜州地理位置就在东洋区（界）之中。甘孜州土居害虫区系在我国陆地昆虫区中可归属为 33 种类型。在这些类型中，西南区所占比例最高为 14.37%，其次是青藏区为 8.75%，所占比例最低是华中区，华南区仅为 0.63%。

了解甘孜州土居害虫的区系与世界陆地昆虫中国陆地昆虫地理区系的关系，从而就可以提出甘孜州土居害虫及整个陆地农业害虫的区划建议，以及用于甘孜州土居害虫及整个农业害虫的预测和防治的指导建议。

第四章，甘孜州土居害虫。重点描述了甘孜州 4 目 100 多种土居害虫重要种类的形态特征、生活习性，尤其对大栗鳃金龟、甘孜鳃金龟、丽腹弓角鳃金龟、翠绿金龟和青稞萤叶甲、暗褐金针虫等几十种害虫作了较为详细的介绍，暗黑鳃金龟、小地老虎和白蚁虽然与上述几种金龟子相比其经济价值要低一些，但可能是一类具有潜在危害性的害虫。与此同时，在描述这几类害虫时，把一些基础性的昆虫知识和植保知识亦介绍给读者。由于历史原因，有的科中某些种类标本霉烂与破损和鉴于当时的条件所限，形态特征和生活习性描述简单，只对科的主要特征和习性进行了描述。因此，书中有的种甚为详细，有的种过于简单，请读者理解，这些内容均对甘孜州重要土居害虫种类的防治具有重要的指导意义和应用价值。

《甘孜州土居害虫》一书的出版得到了甘孜州农业科学研究所、四川省农业科学院植物保护研究所领导的大力支持，昆虫标本承蒙中国科学院动物研究所研究员章有为、马文珍，沈阳农业大学教授张治良，西南农业大学（现西南大学）教授封昌远、朱文炳，广东省昆虫研究所研究员林平，中国农业科学院研究员魏鸿钧鉴定，在此深表谢忱！

编著者　谨识

2018 年 9 月 于成都

调查研究记事简介

　　甘孜藏族自治州（以下简称甘孜州）地处中国最高一级阶梯向第二级阶梯云贵高原和四川盆地过渡带，属横断山系北段川西高山高原区。东邻阿坝藏族羌族自治州（以下简称阿坝州）和雅安市，南接凉山彝族自治州（以下简称凉山州）和云南迪庆藏族自治州，西沿金沙江和西藏自治区的昌都市相邻，北与青海省玉树藏族自治州和果洛藏族自治州接壤，全州面积 15.3 万 km^2。州内群山巍峨，气候严酷，交通不便（指中华人民共和国成立前），但它具有神奇、美丽、独特的自然景观，生境万千，生物多样性十分丰富，昆虫区系复杂，不仅有地域性差异，垂直分布十分明显，具有天然基因库和自然博物馆的内涵，而且有一曲优美动听的《康定情歌》，名扬海内外。一直以来，吸引着众多国内外学者来甘孜州进行科学考察和科学研究，并取得具有重要学术价值和实践意义的成果。

一、调　查

中华人民共和国成立之前

　　1923～1930 年间，葛维汉（Grahan，美国）等美籍华人到康定县、汶川县考察，采集昆虫标本。

　　1934～1936 年间，霍恩（Home，德国）等外国专家在康定县、巴塘县一线，采集昆虫标本。

　　1939 年，四川大学教授周尧、郑风赢、郝天和等专家到康定县、汶川县、理县考察农业昆虫。

　　1939～1941 年间，李传隆进行了蝴蝶考察，到康定县、理县、松潘县采集蝶类标本。

中华人民共和国成立之后

1952 年，农业部组织麦类考察组在康定县、道孚县、炉霍县、甘孜县、新龙县、雅江县、理塘县、巴塘县调查，调查报告指出麦类的主要害虫是老母虫（注：金龟子幼虫）。

1954 年和 1955 年，西康省（后撤销并入四川省）农业厅在植保工作方案和工作总结中，要求西康省农技站在藏区人民政府领导下，在有条件的县开展"土居害虫调查和研究"。

1955 年 3 月，西康省农试站刘养正、晏克莊等到炉霍县（虾拉沱村）开展大栗金龟甲防治研究（注：1975 年，山西省忻县全国土居害虫协作组会议将大栗金龟甲更名为大栗鳃金龟）。

1959～1960 年，中国科学院动物研究所邓国潘教授等，先后调查了甘孜州和阿坝州有关县的农业昆虫（重点是螨类）。

1958～1960 年，四川省农科院植保所等组织全省植保专家第一次调查全省农业害虫种类，甘孜州农科所、农业局植保站参加，调查了甘孜州农业害虫种类和分布。

1960 年，甘孜州炉霍县成立防治大栗鳃金龟指挥部，开展林区防治金龟子（成虫）工作，当年共投农药（六六六粉剂）1 500 kg、劳动力3 870 个，人工捕捉成虫 6 万 kg。

1963 年、1979 年，南开大学郑禾治教授两次到康定县、丹巴县和马尔康县、小金县、红原县调查半翅目昆虫区系。

1964 年，甘孜州农科所、甘孜县植保站开展甘孜鳃金龟防治研究，后因"文革"停止，1972 年又恢复该课题研究。

1975 年，中国农科院植保所在山西省忻县主持召开全国土居害虫防治研究协作组会议，甘孜州农科所戴贤才同志、四川省农科院植保所石万成和其他地市农科所派人参加会议。

1970 年，四川省农科院植保所石万成立项"金龟子防治研究"课题，开题立项准备工作已完成，但因改研究其他课题而停止。

1977 年、1981 年，分别在河北省沧州地区、陕西省咸阳地区召开全国"土居害虫防治研究"协作组会议，甘孜州农科所戴贤才、四川省农科院植保所石万成（只参加了 1977 年在河北省沧州地区会议）参加了会议。

1980～1982 年，四川省农科院植保所等 13 个科研、教学单位和 18 个（地、市）州农科所、农业局植保站开展第二次"四川省农业害虫及天敌资源调查"。

甘孜州农科所、农业局植保站组织 18 个县植保站开展本州农业害虫及天敌资源调查。该项课题列为四川省重大研究课题。

1979～1982 年，"甘孜州农业病虫及害虫天敌资源调查"中各县采集了部分标本，并在康定县用灯光诱集方法进行验证。

1981～1984 年，中国科学院动物研究所王书永、张学忠、崔云琦、柴怀成、陈元清、王瑞琪等专家，先后在泸定县、康定县、雅江县、理塘县、巴塘县、乡城县、道孚县、炉霍县、甘孜县、德格县及马尔康县、红原县、若尔盖县、理县、松潘县、汶川县等地采集昆虫标本 17 万余号。

1980 年，根据九龙县有关部门的反映，结合农作物病虫及天敌资源调查结果，由甘孜州农科所主持，州植保植检站和九龙县农技站参加，在九龙县水打坝村（海拔 2 250 m）设点，开展了"九龙河流域金龟甲优势种发生规律的研究"，同时在乌拉溪乡（海拔 1 950 m）、五百尼村（海拔 3 020 m）设点饲养观察。到 1982 年，查明了翠绿丽金龟、灰胸突鳃金龟、小云鳃金龟、大云鳃金龟、大栗鳃金龟在九龙河流域的生活习性和垂直分布规律。探明了九龙河流域的翠绿丽金龟双年虫害重、单年虫害轻的初步规律，为防治提供了依据。

1984～1985 年，石万成两次到丹巴县、康定县和泸定县等（甘孜州、阿坝和凉山州）调查，为上报省重点课题做准备。

1988 年 5 月，由四川省植保学会虫害害虫专业委员会主任石万成主持，组织 20 余位省内专家调查了泸定县、康定县（新都桥镇、姑咱镇）、丹巴县和道孚县的果树害虫，这次调查发现大渡河沿岸（泸定县和康定县）核桃天牛危害重，并采集到 100 多号土居害虫标本。戴贤才、刘华国和丹巴县林业局简明鑫参加了调查和组织协调工作。

1988 年 11 月，四川省植保学会昆虫专委会在四川省射洪县农技中心召开了四川省第一次土居害虫防治研讨会，刘旭和戴贤才等 30 余人参加会议，沈阳农业大学张治良教授作了"金龟子分类学、形态学"的专题报告，石万成介绍了四川省农田蛴螬防治研究的设想和打算。会议还讨论了四川农田蛴螬防治协作事宜。会议期间，石万成和张治良教授还商定了四川省派人去沈阳农业大学深造，第二年石万成举荐刘旭考取了沈阳农业大学张治良教授硕士研究生，并由张治良教授和石万成共同指导。

1989 年，四川省科委（现四川省科技厅）下达了省重点课题——"农田蛴螬种类调查和优势种群控制技术研究"，石万成主持，刘旭和李建荣以及有关地

（县）农科所 15 人参加课题研究。

1990 年 10 月，在四川省乐至县召开四川省第二次"土居害虫防治"研讨会，会议由石万成主持，刘旭、戴贤才、李相宽、李坤儒等 24 人参加，石万成介绍课题"农田蛴螬种类调查和优势种群控制技术"研究进展，戴贤才、李相宽和李坤儒等分别递交了"甘孜州农耕地蛴螬垂直分布规律""大栗鳃金龟预测预报及防治""防治大栗鳃金龟三十二年的效果"论文，会议还收到总结文章共 17 篇。乐至县、内江市、绵阳市、南充市和甘孜州有关人员作交流发言。

1991 年，在四川省农科院静园宾馆召开了"西南地区金龟子防治"研讨会，会议由石万成主持，参加会议的有广西壮族自治区、贵州省、云南省和四川省的科技人员，共 32 人。沈阳农业大学张治良教授作了"金龟子分类和全国土居害虫防治"的讲座，石万成作了蛴螬调查方法的报告，戴贤才作了"甘孜州川西北高原金龟子研究"报告，刘旭和李建荣等为会议召开做了大量准备工作。

1991 年戴贤才和刘旭会同松潘县植保站人员在松潘县、茂县（松坪沟、大坪乡）考察大栗鳃金龟发生危害情况。

1991~1992 年，甘孜州科委列项进行"南路土居害虫补充调查"课题，甘孜州农科所、甘孜州农业局植保站组织有关部门植保专家十余人，先后去新龙县、雅江县、巴塘县、德荣县采集标本，调查发生危害情况。

1992 年，甘孜、阿坝两州农科所和两州植保植检站组成联合调查组，先后去小金县、阿坝县、松潘县、茂县调查青稞害虫，特别是金龟子的种类和发生危害情况。

1992 年，戴贤才等到甘孜州雅江县、巴塘县、得荣县、九龙县等南路县补充调查土居害虫种类。

1993 年，得荣县农技土肥站，在子庚乡土改村调查了金龟子优势种类发生情况。

1992~1993 年，得荣县农技土肥站在子庚乡土改村对得荣褐色鳃金龟（暂名、学名待鉴定）进行了调查和饲养观察。查明褐色鳃金龟在得荣县子庚乡两年发生一代，以三龄幼虫越冬。单年虫害重，双年虫害轻。双年地膜覆盖栽培比露地栽培虫口密度小、虫害轻。

在进行各项研究的同时，结合采集标本，进行区系调查。先后在丹巴县、泸定县、康定县、道孚县、德格县、白玉县等县采集标本，调查区系组成和发生危害情况。

1996～1999 年，四川省科委下达的"杂粮（青稞、荞麦）害虫防治关键技术研究"后更名为"青稞害虫及其防治研究"课题，石万成主持，刘旭、李国钰、罗孝贵、杨刚等及有关县植保站人员参加，调查了康定县、丹巴县、道孚县、炉霍县、九龙县、甘孜县等青稞害虫种群，研究了青稞优势种群生物学、生态学特性。

1997～2000 年，甘孜县、道孚县、炉霍县 3 县开展了"青稞害虫防治关键技术的研究"。

2000～2003 年，全州 18 个县开展了"农作物种子处理技术推广"。

2001～2003 年，3 次调查了康定县（新都桥镇）、道孚县（八美镇和鲜水河沿岸）、炉霍县（城点关、虾拉村）青稞、小麦和马铃薯病虫害种类、发生和危害情况，以及小麦条锈病菌生理小种调查。参加人员有石万成、刘旭、姚革、毛建辉、蒋国荣、罗孝贵、杨刚、刘忠、杨新元、何岩、兰永强等。

2006 年，甘孜县、道孚县、康定县、泸定县等开展"频振式杀虫灯示范实验及推广应用"研究。

参加单位和人员：

甘孜州植保植检站：匡健康、杨刚、李相宽、韦金华、张磊、何毅；

炉霍县：李坤儒、刘忠、苟安春、杨新元、杨世荣；

道孚县：何岩、童灯红；

理塘县：邹山品、余占刚；

康定县：兰永强、土土华、汪为民、黄玉华；

九龙县：杨永健；

得荣县：罗思富；

乡城县：李乡康、刘成忠；

巴塘县：丹林；

州农科所：戴贤才、罗孝贵、霍永海、晏克莊、周小林、高明文、李国钰、钟敏、彭福成、李万方、刘志喜。

（注：上述人员名单，均由甘孜州农牧局植保站提供）

二、论文和成果

论文

戴贤才：大栗鳃金龟甲生活史的研究，昆虫学报，1956，14（3）：274 -
284。

刘旭：在甘孜州炉霍县虾拉沱村，采取控制性饲养和田间观察相结合方法，
弄清了大栗金龟甲生活史。在虾拉沱村 6 年完成一个世代，成虫历期约 300 天，
卵历期 45～64 天，幼虫历期约 1 650 天，蛹历期约 60 天。

刘养正、晏克莊：分别于 1955 年和 1958 年参加了研究；西南农业大学植保
系封昌区教授鉴定标本，四川省农科院植保所陈方洁教授指导研究并修改全文。
（1975 年山西省忻县全国土居害虫协作会议，将大栗金龟虫甲更名为大栗鳃金龟
Melolontha hippocastani mongolica）。

戴贤才：大栗金龟甲在甘孜高寒地区的发生情况，植物保护，1984，10
（2）：22 - 23。本文论述了康定县新都桥镇、理塘县、濯桑乡三地大栗金龟甲发
生和危害情况，并制定了"以猖獗区为单位，以猖獗世代为对象，大力防治成虫
狠治一龄幼虫"为防治策略。

方连伦：皱异跗萤叶甲的发生及防治，昆虫知识，1953，20（2）。

刘旭：经饲养和田间调查弄清了皱异跗萤叶甲生活史，在马尔康地区一年发
生一代，以卵越冬。成虫历期平均 41 天，6 月历期平均 29 日，幼虫历期平均为
34 天，蛹历期平均为 17 天。黏土有利于皱异跗萤叶甲活动。学名由中国科学院
动物所姜胜巧先生鉴定。

李坤儒、刘述英、阴廷民：青稞萤叶甲的生物学特性及防治研究，植物保
护，1992，18（6）：24～25。本文记述青稞萤叶甲在甘孜州炉霍县一年发生一
代，以卵越冬。一头幼虫可危害 4 株青稞，老熟幼虫内作一圆形蛹室，耕地四周
杂草多危害重；成虫不能飞翔，仅作飞行运动觅食和寻偶交尾。

石万成：川西北高原青稞害虫区系调查摘要，《中国昆虫学会第 5 次全国代
表大会论文摘要》选编 1998（中国·黄山）。本文系四川省科委重点课题"杂食
性害虫防治关键技术研究"的一部分，初步查明川西北（甘孜）高原青稞害虫
43 种，土居害虫占 63%，金龟子区系成分与江南亚热带稻区相似，既有古北区

东方种与东洋区印度马来西亚成员，还有许多种为高山特有种，如：*Geinilaam-rennata chen*，*G. jacobsoni ogloblin*。

石万成、刘旭、罗孝贵、钟敏、李国钰、刘忠川：川西高原青稞害虫及发生特点的研究，西南农业大学学报，1999，21（1）：43－48。

戴贤才：大栗金龟甲——中国森林昆虫学，中国林业出版社，1980。

戴贤才：川西高原耕地蛴螬垂直分布规律，甘孜州科技，1991（1）：25－29。

戴贤才：大栗金龟甲在甘孜高寒地区的发生情况，植物保护，1984，10（2）：22－23。

戴贤才：大栗金龟甲种群数量变动的研究，甘孜州科技，1990（4）：12－17。

戴贤才，李相宽：当前老母虫危害情况及防治意见，甘孜州农业科技，1990（2）：20－24。

戴贤才，霍永海等：甘孜鳃金龟生物学特性研究，甘孜州农业科技，1991（2）：19－26。

李相宽，戴贤才：大栗鳃金龟的生活规律及预测预报，甘孜州科技，1990（6）：8－12。

钟鸿斌：大栗鳃金龟的预测预报，甘孜州农牧校校刊，1980（1）：15。

乔光辉：松土灌根防治大栗鳃金龟幼虫危害云冷杉幼苗的试验，甘孜州科技，1984（4）：7。

甘孜州农科所：九龙河流域金龟子优势种发生规律及防治方法研究总结报告，1982，打印件。

甘孜州农业病虫及害虫天敌调查组：甘孜州农业病虫及害虫天敌名录，1984，铅印内部资料。

甘孜州农科所：大面积防治大栗鳃金龟调查总结，1991，打印件。

四川省植保学会、松潘县年农业局等：松潘县大栗鳃金龟发生危害情况简报，1991，打印件。

甘孜、阿坝州农科所：川西高原青稞害虫调查报告，1991，打印件。

甘孜州农科所：甘孜州雅江县、巴塘县、得荣县、新龙县等南路主要土居害虫补充调查，1992，打印件。

得荣县农技土肥站：得荣县子庚乡土改村金龟甲优势种的调查报告，1993，打印件。

炉霍县植保植检站：炉霍县大面积防治大栗鳃金龟总结，1996，打印件。

甘孜州农科所：川西北高原金龟子，1997，打印件。

甘孜州农科所：青稞病虫害，1993，打印件。

获奖项目

甘孜州植保站主持的获奖项目：

2000年，在甘孜州炉霍县、道孚县、甘孜县等县开展"青稞害虫防治关键技术研究"，获甘孜州科技进步二等奖。主要技术：田内害虫田外治，灭寄控害。

2003年，在甘孜州18个县开展"甘孜州农作物种子处理技术推广"，获甘孜州科技进步二等奖；主要技术：种衣剂包衣，拌种毒土。

2006年，在甘孜州炉霍县、道孚县、康定县、泸定县开展"频振式杀虫灯试验示范及推广应用"，获甘孜州科技进步二等奖。主要技术：频振式杀虫灯诱杀成虫。

甘孜州农科所主持的获奖项目：

川西北高原金龟子，获甘孜州人民政府一等奖。

暗褐叩头甲及其防治研究，获甘孜州人民政府二等奖。

大面积防治老母虫，获甘孜州人民政府三等奖。

九龙河流域金龟甲优势发生规律及防治方法，获四川省人民政府四等奖。

甘孜州农业病虫及天敌资源调查，获四川省农业厅三等奖。

四川农业害虫和天敌资源调查研究，获农牧渔业部一等奖。

青稞主要病虫害防治，获甘孜州人民政府二等奖。

麦类作物病虫害综合防治，获四川省农业厅三等奖。

四川省农科院植保所主持的获奖项目：

四川农业害虫和天敌资源调查，获四川省人民政府二等奖。

四川丘区农田蛴螬优势种群控制技术，获四川省人民政府三等奖。

目　　录

第一章 绪 论

一、土居害虫发生特点

土居害虫是指一生中大部分时间在土壤中生活、危害植物地下部或地面附近根茎部的害虫，亦称地下害虫或土壤害虫。

土居害虫的种类多，分布广，危害时间长，食性杂，危害重。

根据资料记载：20 世纪 90 年代初步统计约 320 余种，分属 8 目 36 余科。包括：金龟子（蛴螬）、金针虫、地老虎、蝼蛄、根蛆、拟地甲、根蟥、根蚜、根象甲、根叶甲、根天牛、白蚁、根粉蚧、蟋蟀、蝉尾虫和白蚁等。本书共记录甘孜州土居害虫 160 种，分属 4 目 18 科 57 属。

土居害虫发生遍及全国各地，无论平原（平坝）、丘陵、山地、高原、旱地及水田都有不同种类发生。甘孜州内 18 市（县）均有土居害虫发生危害。在众多土居害虫中，金龟子（蛴螬）种类最多，从全国范围看蛴螬占总虫量的 70.00% ~ 80.00%，甘孜州 160 种土居害虫蛴螬为 142 种，占总种类数的 92.50%。在四川省内经调查蛴螬种类约 180 种，全省各地均有分布和危害，其中以沱江、涪江、嘉陵江、岷江、大渡河、雅砻江、金沙江流域及其支（干）流域分布最多，暗黑鳃金龟（*Holotrichia parellela* Motschulsky）和甘孜州大栗鳃金龟（*Melolontha hippocastani mongolica* Menetries）为优势种类，是甘孜州海拔 3 000 ~ 3 900 m 高寒地区农牧林区危害严重的土居害虫。根据调查，每平方米有大栗鳃金龟幼虫（蛴螬）1.60 ~ 3.20 头，1958 年 5 月，在康定县林区用药和人工捕捉方法，消灭成虫 10 余万 kg（戴贤才）。

土居害虫可危害粮食、棉花、油料、蔬菜、糖料、烟草、麻类、中草药、牧草、花卉、草坪等多种植（作）物，也是固沙植物、果树、林木苗圃的大敌。土居害虫危害时期长，从春季到秋季，从播种至收获，春、夏、秋三季均能危害，咬食植（作）物的幼苗、根、茎、种子及块根、块茎等。苗期受害，造成缺苗断垄；生长期受害，破坏根系组织，使植株矮小变黄；啃食嫩果，降低产量，影响品质，部分严重地块可造成绝收。

大栗鳃金龟在甘孜州的发生和危害呈明显猖獗区和猖獗世代。

猖獗区 大栗鳃金龟分布区域内，由于成虫的生物学特性和高山峡谷阻隔，存在互相隔离的猖獗区。康定市新都桥镇、理塘县濯桑乡是大栗鳃金龟的猖獗区之一。康定市新都桥镇猖獗区位于雅砻江东岸支流尼曲河上游，沿河长约95.00 km，两岸沿支流纵深10.00~20.00 km，谷地海拔3 050.00~3 500.00 m。理塘县濯桑猖獗区位于雅砻江两岸支流理塘河上游，沿河长约35.00 km，两岸支流纵深10.00~20.00 km，谷地海拔3 450.00~3 650.00 m。两区直线距离约120.00 km，中间的高山峡谷地带没有大栗鳃金龟的分布或种群数量在经济危害水平以下。

猖獗世代 大栗鳃金龟是多年发生一代的害虫，在各猖獗区内世代重叠，但都有一个数量在总体内占90.00%以上的世代，有时在取样点内只获得一个世代。

种群组成中占绝对优势的世代称猖獗世代。它的生长发育阶段，决定害虫发生时间，虫的种群数量影响虫害发生程度。各猖獗区内猖獗世代的生长发育阶段不同，康定县新都桥镇猖獗世代成虫飞行是1973年、1978年，理塘县濯桑乡猖獗世代成虫飞行是1974年、1979年。

在一个猖獗区内，大栗鳃金龟的危害呈明显的周期性，当猖獗世代生长发育进入第五年，即三龄幼虫第二次越冬后，变为前蛹。蛹、成虫不取食危害，翌年成虫越冬后出土、飞行、取食、交尾产卵，孵化的幼虫主要取食腐殖质、杂草、作物须根，春播作物逐渐成熟不出现被害状，故第一、第五年两年对作物不危害，为间歇周期。一龄幼虫越冬后的第二年，至三龄幼虫第二次越冬前的第四年，幼虫危害农作物，为虫害周期。

金针虫发生趋势值得重视，从全国范围看，金针虫危害有加重趋势。20世纪70年代后，山东省胶东市大面积发生危害；1983年河南省35个县调查，密度上升的有24县；其他如京、冀、陕、皖、甘等地也有类似情况。从虫种类看，沟金针虫仍为优势种，但很多地区细胸金针虫密度却很大。如豫北和冀中南1983年秋调查，有的麦田受害率为25.00%~80.00%，多的每亩有虫万余头；有的地块金针虫占土居害虫总数的94.50%，由此来看，金针虫，特别是水浇地扩大的地方（如陕西省关中平原），喜湿的细胸金针虫已成为潜在性的威胁。

在甘孜州甘孜县、德格县，暗褐金针虫（*Selatosomus* sp.）是麦类作物的重要土居害虫，平均每头幼虫（3、4 年生幼虫）可取食小麦或青稞萌发的种子 4.50 粒，幼苗 22~27 株。青稞作物生长期，3 叶期以前被侵害后幼苗枯死，3 叶期以后受害呈枯心。暗褐金针虫可危害植物 5 科 11 种。

地老虎幼虫食性很杂，可取食作物的子叶、嫩叶、嫩茎、幼根、幼苗等，危害多种作物，如大豆、棉花、玉米、蔬菜等。通常在近地面将硬化后的茎秆咬断，使作物严重缺苗或植株发育受影响。老熟幼虫对新鲜的泡桐叶和花有一定趋性；成虫对黑光灯有较强的趋性，喜欢取食花蜜，对糖酒醋液有明显趋性。

蝼蛄是较活跃的土居害虫，不仅咬食刚播种的种子，还取食作物的根茎，危害症状是将根茎咬成乱麻状，使幼苗生长不良至死亡。蝼蛄在土壤近地面活动，隧道纵横，使种子不能发芽或根系脱离土壤，缺水肥而死亡。成虫对香甜物质和未腐熟的厩肥有较强的趋性。

土居害虫生活方式隐蔽，生活周期长，给研究和防治带来难度。蛴螬、金针虫、蝼蛄，一般为 1 年 1 代，4~5 年 1 代，5~6 年 1 代，甚至个别的达 10 年之久，才完成其生活周年。黑蚱蝉（*Cryptotympana atrata* Fabricius），其若虫在土壤中取食林木、果树根部汁液，秋凉温度变低，下移潜入土壤中越冬，春季气温回升上，又上移至林木、果树等根部危害，如此反复上下移动达 10 余年之久，若虫才爬上树头部。大栗鳃金龟（*Melolontha hippocastani mongolica*），在甘孜州的炉霍县、道孚县地区 6 年完成 1 个世代，一、二龄幼虫各越冬 1 次，三龄幼虫越冬 3 次，成虫越冬 1 次；在甘孜州的理塘县和阿坝州的松潘县 5 年完成 1 个世代，一、二龄幼虫各越冬 1 次，三龄幼虫越冬 2 次，成虫越冬 1 代。灰胸突鳃金龟（*Hoplosternus incanus* Motschulsky），在甘孜州九龙县 2 年完成 1 个世代，在四川省涪江流域 3 年完成 2 代。甘孜鳃金龟（*Melolontha permira* Reitter），在甘孜州甘孜县 3 年才能完成 1 个世代，一、二龄幼虫各越冬 1 次，三龄幼虫越冬 1 次，成虫越冬 1 代。暗褐金针虫（*Selatosomus* sp.）在甘孜州的甘孜县 6 年才能完成 1 个世代，少数 7 年才能完成 1 个世代。

土居害虫生活方式极其隐蔽，蛴螬成虫金龟子短暂时间（晚上 8 时至午夜 1~2 时）在地面活动，其余各虫态大部分生活在土壤中。因此，给种群数量调查及各虫态发育的调查带来不便，也给防治带来一定的难度。

二、土居害虫发生的因子

（一）生物学因子

土居害虫大发生是害虫种群数量繁殖到一定数值迅速超过死亡的结果。衡量一个种群的昌盛、兴衰与否通常系以两个因子来决定：一是内在因子，二是外在（环境和人为）因子。简单地可解释为一定空间和时间一些有生物学和生态学关系的昆虫数量。也就是说一方面反映时间的长短和对空间变异的活力，同时也反映出时间因素在数量积累上的作用。通常表现种群变化简单的方式有两个：①空间相关的种群，例如：种群变化 $= \dfrac{\text{种群个体数}}{\text{空间}}$；②时间相关的种群，例如：空间内平均增长速度 $= \dfrac{100(P_2 - P_1)}{P_1(T_2 - T_1)}$ 或种群增殖速率 $\dfrac{\delta N}{\delta t} = N(\gamma_m - CN) = \gamma N$（$T_1$、$T_2$ 为先后时期，P_1、P_2 为 T_1、T_2 时的虫口密度，N 为虫量，t 为时间，γ_m 为无限空间适宜条件下生殖速率，C 为随密度增加而降低的生殖系数，γ 为实际生殖速率）。

生物学因子（素）是单位时间内的生殖量及发生世代数，二者合成为繁殖速率。若一个种群在某一地区的发生代数变化不大，则繁殖速率主要决定于种群内雌体比例以及每雌的生育力，每雌的生育力又因初、壮、衰期而不同。衰亡系生命的结局，各种昆虫的寿命长短虽有不同，但都有其生物学极限，当种群内在无人为或其他因素的抑制下，亦发生波动，波动幅度的大小决定于新生个体与衰老个体的比例。在世代交错的种群内，如新生个体比例占优势，在缺乏外力的影响下，种群可一直保持增长势力。种群内的年龄比例占优势，在缺乏外力的影响下，种群可一直保持增长势力。种群内的年龄比例和生殖比例为种群结构的基本内容。系统地分析种群内生殖结构，已成为预测种群数量变动的一个常用指标。

在有限的虫口基数内，老幼个体在种群内所占总虫口的比例系互相增减，若再考虑到因条件隔离而出现的有限空间的作用，大比例衰老个体的存在，不仅意味着种群内生殖个体的减少，而且因有害物质积累还可能降低已有生殖体的生殖能力。雌雄比例对种群繁殖率所起的作用，又视该种昆虫的生殖特性而有一些区别，进行有性生殖的虫类要求具有一定比例的雄个体，其中有些虫类的雄虫仅交尾一次，而另一些种类则可与多雌交尾，此二类种群中雄体比例所起的作用不一致。对于进行无性生殖的种群，雄体数量的增加，在某种程度上可能意味着有效生殖体的减少，或预示由于环境条件变化引起种群行将变化的到来。

　　一个种群内滞育体和滞育解除体所占的比例，是分析有滞育特性的种群结构应该考虑的一项内容，在某些单世代昆虫中如大栗鳃金龟（*Melolontha hippocastani mongolica* Menetries）和暗褐金针虫（*Selatosomus* sp.）等甚至是一个重要指标。由于许多昆虫在某一地区所完成的世代数常随当年气候情况而变动，或在同世代的发生期中有初、盛、末期之分，因而产生不同比例的滞育体和不同程度的滞育，并由于解除滞育条件的到来及其左右都有一定的时间性，以致造成同一种群在滞育比例上出现变幅较大的差异。这种差异并在各年间有所增减。无滞育特性的虫类亦常因为进入冬眠、夏蛰的种群生理结构不同，存活率即发生差异。另一值得注意的则是种群遗传结构，如在种群空间结构一段中所述，遗传结构差异联系到许多影响数量的生物学特性，从生态学的角度考虑，种群内遗传组成发生变化的重要性，在于影响到 r 值（种群增长率），即生殖率和死亡率的差距，因此，种群遗传结构的改变，以及对于若干环境选择因素的适应，可造成一个种群在数量的增减上达到一新的稳定水平。这些都是属于种群分析中无论异型种群（heterotypic population）或同型种群（holotypic population）所应考虑的内容。

　　种群密度与种群数量变化的关系。种群数量增加或减少过程中的变化关系，反映在种群的繁殖率和死亡率的一定的平衡性上，失去平衡时，即出现数量的增加与减少。因此，在任何对繁殖与死亡有不同作用的生存条件发生改变的影响下，就会引起动物数量的某种改变。昆虫有机体一方面是空间的栖居者，同时又是组成该空间环境条件的成员，作为有限空间的栖居者，密度增加后常是不可避免地发生种群内和中间关系的变化。作为构成环境的成员，任何环境因素在量或强度上的变化，必然直接或间接地导致环境在不同程度上趋向于良化或恶化方面转变，并可能在一个或若干个方面离开了适度，导致生殖力或死亡率的变化。另一方面，数量增加后扩大了种群内个体的差异，这种差异表现在活动力、发育速度及对于不良环境条件的抵抗等方面，所以种群结构的质变常伴随着种群数量的改变。种群数量增加后密度影响环境条件的选择作用，选择影响遗传性的生存，种群内的遗传结构又直接关联到种群密度的水平，动物数量自身也可被认为是促使遗传改变的因素。这种数量关系因虫类的习性及遗传型（genotype）而不同，有的适宜拥挤状态，而另一些则适宜于低密度情况。为此产生了密度制约因素与非密度制约因素的争论。

　　种群数量增加在许多情况下引起空间上的扩散，扩散到适宜环境以外的种群，其增加速度即又行降低。一些具有异地迁移习性的昆虫，迁移行为可以降低在有限空间内当密度增加时所产生的压力。天敌与宿主相遇在某种程度上也有概率的关系，种群数量增加后常伴随天敌致死率的上升。食物以及空间联系的一切影响因素，诸如生殖场所、活动场所都将因种群密度的增加，突出这些因素的作用。

种群内竞争只是在种群数量或密度与环境资源的比例到达某一水平时方发生，这个比例可能维持很低的水平。此外，许多媒介因素亦可减少或防止竞争的发生，如气象或其他物理因素、捕食及寄生天敌、其他竞争者、环境资源的迅速增加、有机体自身繁殖率的调节以及群体间生活状态的改变等。

昆虫的生活习性及其生活空间与种群的数量波动有直接而重要的关系，扩散力弱及习惯群聚生活的昆虫，种群密度所起的环境恶化作用是明显的，在种群密度的影响下，基于雌体生殖力变化的种群生长类型，可从低密度下出现最高繁殖速率的 Allee 型转变成随种群密度增加而降低繁殖速率的 Drosophila 型。种群数量波动的复杂关系，不仅因昆虫种类而异，并有一定的时间和空间序列性。

（二）生态学因子

昆虫的生态学特性是历史环境所形成的，基本的生态学特性是种的特征之一，所以每种昆虫都有它生活必需的环境条件，以及它所能忍耐或抵抗的不良环境的阈限，但由于自然环境经常在变化，包括周期性的和非周期的，顺时序的和临时发生的，使得此历史环境所形成的生态特性与现实环境处于不断发生的矛盾之中。这是最常见的一类矛盾。此种恶化对昆虫生理生态特性亦具有筛选作用，正如许多学者（Pimentel，1961；Wellington，1960；Chitty，1960 等）所指出，种群密度影响选择，选择影响遗传性的生成，因而种群数量的改变常伴随着质变。另一些昆虫特别在大量繁殖之后所发生的空间扩散，是昆虫越过分布区边缘以及接触新环境的一个方式，在边缘区对该种昆虫不利因素的成分增大，所以在边缘区死亡数常常大于成活数。在新环境内可能存在有利因素或不利因素，其中包括气象、寄主物候、天敌以及耕作制度等人类活动，这也是昆虫在发生及发展中所遇到的另外两类矛盾。比如滞育是许多昆虫所具有的特性，这种特性使昆虫在自然界的季节循环中能保持生活周期，并使个体在不良的生活条件下具有抵抗性，使昆虫在不利于其积极生活的时期具有较高的存活率，因此被认为是昆虫渡过不良环境的基础。无疑，任何昆虫发育周期中所包含的滞育皆导致繁殖和活动的某种限制，即个体数量的限制，构成种群发展中的矛盾。矛盾的解决可能在上述三个适应类型的基础上，因而使作者获得如下的概念，即正由于这些矛盾所给予的选择与锻炼作用使昆虫新的生态特性得以形成，使适合于变动环境的特性得以巩固下来，亦正是生活在此种变动的生境内加强了昆虫生命抵抗力和种群的生活力，并形成了某些种群的多型号结构。

有些昆虫的生态学特性系通过栖居地的转移而保持下来，这种栖居地转移可解释为有机体保存遗传性对环境的主动选择，迁移扩散是昆虫主动适应空间动态的一种方式，移地生活也可使昆虫种群得以避免由于当地不良条件所造成的大量死亡。

一个种群在该种昆虫分布区内的分布常呈点片状态。由于每一分布区内有一共同因素起着大范围的作用，如气象或者系大地形，这类因素可称为第一类因素。在第一类因素的作用下，又产生了因小地形、土壤或植被等差异，构成了具有不同生态条件的生境，栖居着不同生态学特性的虫类，性质相同的生态因素在不同量的组合下，将构成不同生态条件的生境。反之，具有相同生态功能的综合环境条件亦可在不同量的组合下构成，因此当生境的某一因素在性质或数量上发生变化，即可导致整个生境的空间亦发生变化，其中包括栖居其间的昆虫等有机体。另一方面若在不同的空间结构中存在有共同的因素或者组成部分，则彼此间即可能互相转化。

任何一个地带内的任一生境，在不同程度上都有季节和年间的变化，呈现年相或季节相。相邻的一些生境可能在不同时间内具备相似的形态结构，相距较远的自然地理带在同一时期内亦可具有环境条件相似的生境，这些生境的变动规律是互异的，因此，这些在某一时期相同的环境，不一定向着同一方向转变，但都沿着各自的必然变化规律发展。此类平行与交互的关系即是预测种群空间变化的基础。

近年来，随着生态环境的治理、退耕还林和环境绿化力度的加大，林区和道路村庄绿化面积不断扩大，为金龟子等土居害虫成虫提供了有利的栖息地、取食场所和繁殖场所。特别是由于免耕、浅耕和地膜覆盖等栽培措施的大面积推广，以及不合理使用化学农药，使蛴螬等土居害虫幼虫的抗药性增强，部分地块虫害连年加重。此外，全球气候变暖，也有利于蛴螬的越冬及发育，导致虫口基数增加，蛴螬危害逐年加重，对农作物的产量和品质造成了较大影响。同时，也严重阻碍了农林经济的发展。因此，做好蛴螬的防治工作，已成为当前我国农作物安全生产的重大需求。

归结起来，影响土居害虫发生的生态因子有以下几点：

1. 土壤因子

土壤是金龟子等土居昆虫的一个特殊的生活环境。与昆虫生存有关系的主要是土壤温度、湿度（土壤含水量）和理化性质。这些条件形成了各种土内各种特殊的生态系统和生存群落。本书根据土居昆虫的生活方式，可分为两大类群：一是终生在土境中生活仅偶尔露出地面，如植食性金龟子（成虫）昼伏夜出，一般在日落之后的黄昏前至第二天天明时间进行取食补充营养和寻偶交配外，其余时间均在土中生活，其卵、幼虫和蛹亦均在土中生活，白蚁和蝼蛄亦属于此类型；二是仅生活史中的一部分是在土中或土表度过，如地老虎类、麦奂夜蛾、金针虫等。据统计，有95%以上的昆虫种类在它的生活史中某一时期与土壤的关系密切。

土壤的温度 土居害虫在土壤中生命活动与土壤温度关系密切。土壤温度影响蛴螬在土壤中垂直活动，如大栗鳃金龟在自然条件下，呈季节性（土壤温度升和降）垂直活动，10月中旬下降至冻土层以下活动，4月中下旬上升至表土层取食危害。铜绿丽金龟在19.00~31.00℃范围内，随着温度的升高，各虫态发育历期逐渐缩短。黑绒鳃金龟成虫危害与地温关系紧密，调查分析表明，从4月1日起5.00 cm地温积温达19.45℃时，黑绒鳃金龟成虫开始对杨树截干造林苗进行危害。草坪地厚厚的草垫层可有效地保持地温，故蛴螬对草坪的危害比大田要早一些，10.00 cm土温达13.00~18.00℃时活动最盛，23.00℃以上则往深土层移动，至秋季土温下降到其活动适宜范围时，再移向土壤上层。李兴权等研究发现，成虫活动适温为25.00℃以上，低温与降雨天很少活动，闷热、无雨天夜间活动最盛。因此，蛴螬发生最重的季节主要是春季和秋季。

又如，大黑鳃金龟幼虫（蛴螬）在各类土壤中的活动情况，土温24.00~30.00℃时，在3.00~5.00 cm土中活动；25.00℃，在2.00~7.00 cm中活动；22.00℃以下，10.00℃以上时，在20.00 cm土壤中蛰伏。一般土居害虫秋季以后，气温下降时，就下移，气温越低，下移就越深，春季气温暖和时，土居害虫开始上移，但是当夏季气温高时，又往下移。大栗鳃金龟从9月开始下潜，11月至第二年2月下潜到70.00 cm深度，到翌年4月开始上移，到5~6月上移至作物耕作层，约离土表10.00 cm，每年如此上下作垂直移动生存繁衍后代。小云斑鳃金龟幼虫一般在日平均气温11.00℃，25.00 cm土温15.00℃，开始下迁越冬，当日平均气温达-2.00℃时，25.00 cm土温2.00℃时，基本停止下迁，在原处作土室越冬，翌年春季，当日均气温达11.00℃，25.00 cm土温达14.00℃时又开始上迁，各龄越冬的幼虫上迁到土层5.00 cm处，到5月上旬上迁至耕作层 10.00～15.00 cm 处活动和危害。

土壤湿度 研究表明，土壤湿度对 *Holotrichia convexpy* Moset 卵发育影响较大。土壤湿度为 18.00% 时，卵的孵化率最高，可达 75.60%，过干、过湿都不利于卵的孵化。研究还发现，土壤湿度为 15%～18% 时最有利于幼虫的生长发育，高于或低于这一湿度范围，幼虫的死亡率均增加；其卵期适宜土壤含水量为 10.00%～20.00%；幼虫期、蛹期适宜土壤含水量分别为 10.00%～15.00% 和 15.00%～20.00%；土壤含水量为 15.00% 时，世代存活率最高。土壤含水量（绝对含水量）为 18.00%～20.00% 是 *Holotrichia* Motschulsky 和 *Anomala conalenia* Moschulsky 幼虫生长发育的最适土壤条件，且前者在此条件下，可将 1 个世代缩至 180 天。

金针虫在土壤含水量 50.00%～60.00% 时处于生活最适宜，土壤干燥，则往下移，土壤过干或过湿都会引起死亡，金针虫不可能在早春活动。如果 2～3 月雨水多，小麦受害最重，凡是下雨，尤其大雨后，金龟子大量出土活动，因此土壤湿度与土居昆虫的关系非常密切。

暗黑鳃金龟的发生数量，一般取决于除越冬基数的多少外，还与成虫产卵期和幼虫孵化期的降雨量有关系。降雨量的多少关系到土壤含水量的高低，土壤含水量高，卵的孵化率低，幼虫死亡率就大。尤其初孵幼虫至二龄期，死亡率较高。在室内进行初步研究，得出一个结论：分别将卵粒放于接近含水 10.00%、12.0%、14.00%、16.00%、18.00% 和 20.00% 的土壤中，其卵粒孵化率分别为 63.50%、71.50%、81.30%、35.00%、11.00%、1.00%，初龄幼虫其存活率分别为 61.50%、72.50%、85.90%、25.40%、21.50%、0。在田间情况，通过多地观察烟田在团棵期至旺长初期有 2～3 次较强降雨（雨量 100 mm 以上）和低洼地，暗黑鳃金龟等多种土居害虫数量少，危害较轻。土壤含水量对暗褐金针虫卵的影响很大，含水量 20.00%，其孵化率达 90.00%；含水量在 10.00% 和 30.00%，其卵孵化率为 87.50%；含水量 40.00%，孵化率为 82.50%；烘干土不能孵化，全部死亡。含水量 30.00% 时，卵期平均 32.30 天；含水量 100.00%、20.00% 时，卵期平均为 21.00 天；含水量 40.00% 时，卵期平均 25.50 天（石万成，刘旭）。

土壤湿度来自雨水、积雪和灌溉等。大云斑鳃金龟，在一般情况下，在干旱年份，灌溉水后则有利于成虫产卵和幼虫孵化。据资料，7～8 月共降水 142.00 mm，此时正是成虫产卵和卵孵化时期，未灌水地有幼虫 2.35 头/m²，灌水地则有 5.40 头/m²。雨量的多少，直接影响到土壤的含水量，土壤湿度适宜，有利于雌虫掘土、产卵；土壤湿度低，干旱、坚硬，增加了雌虫的掘土难度，对其成虫产卵和孵化不利。特别是一龄虫，在干旱情况下极易死亡。根据资料，年降水量在 500.00 mm 以下，一龄幼虫仅占总虫量的 35.00% 左右。雨量对二、三龄虫影响不十分明显。

土壤理化性质　土居害虫是在土壤里活动，其发生与土壤性质有着密不可分的关系。凡土层厚、较湿润、有机质含量高的肥沃中性土壤，蛴螬发生普遍。而有机质含量低、土壤黏重的黏土和沙土，蛴螬危害则轻。华北大黑鳃金龟幼虫最喜在壤土中生存，其次是沙壤土，最后是黏土。这是因为壤土土质疏松，保水性适中，作物生长好，适合蛴螬生长发育。

金龟子成虫产卵对土壤条件有一定的选择性，中壤偏酸的粉沙质土质黄土虫口密度最大。根据戴贤才在甘孜州九龙县调查：土质对金龟子的发生影响，九龙县土壤普查结果，全县有 6 个土类，13 个土属，33 个土种，在九龙河流域作物常受蛴螬危害的主要是卵石土、灰包土、石沙土、夹石大土、黄泥土等土种；蛴螬群落组成为翠绿彩丽金龟占 54.70%，云斑鳃金龟和小云斑鳃金龟占 30.10%，大栗鳃金龟占 8.20%，灰胸突鳃金龟占 7.00%；不同土种的虫口密度是灰包土 6.60 头/m²，卵石土 6.40 头/m²，石沙土 3.40 头/m²，夹石大土和黄泥土分别为 2.70 头/m² 和 0.70 头/m²。可能有多种蛴螬生长在相同土种的地块内，卵石土云斑鳃金龟占 49.80%，其他土种翠绿彩丽金龟占优势。

暗褐金针虫在土壤肥力高的卵石黄土中其虫口密度最大，一般背风向阳地的蛴螬虫量高于迎风背阴地，坡地的虫量高于平地。地势与蛴螬发生量的关系，其决定因素归根结底是土壤温湿度，特别是土壤含水量。平川地、洼地土壤含水量较大，而阳坡不仅含水量适宜，且土温较高，有利于卵和幼虫的生长发育，这就构成了阳坡的虫量明显大于平川地、洼地的虫量。

大栗鳃金龟在川西北高原猖獗区位于雅砻江、大渡河和岷江的高原河谷和高山峡谷地带，土质以山地棕褐土为主，有冲积性壤土、细沙土和石沙土，海拔 3 600.00～3 900.00 m，两岸山地阴坡生长成片的云杉、向桦、红桦、落叶松及其灌木丛，阳坡生长牧草，树林上缘为草原。在河谷地带种植青稞、豌豆、小麦、马铃薯、蚕豆、玉米等，满足了多种土居害虫发生的生态条件的需要，所以发生的数量大，危害重而成为猖獗区。

除上述生物学和生态学因子影响土居害虫发生外，还有天敌和人为因素影响土居害虫的发生。

2. 天敌因子

蛴螬的天敌包括寄生性天敌和捕食性天敌。目前的研究报道了蛴螬的寄生性天敌有盗蝇、黑土蜂、寄生蝇、寄生螨虫和线虫类；蛴螬的捕食性天敌有食虫虻、鸟类、刺猬、黄鼠狼、青蛙、蟾蜍、蛇、虎甲、螳螂等等。此外，如白僵菌（*Beuaveria bassiana*）、绿僵菌（*Metarhizium anisopliae*）、黏质沙雷氏杆菌（*Serratia marcescens*）等土壤中的病原菌微生物也是蛴螬常见的致病菌，这些病原菌的侵染可导致其死亡。蛴螬的发生量与天敌的关系呈现出此起彼伏消长的趋势，即天敌种群密度越大，蛴螬的发生量就相对较少。

3. 人为因素

随着退耕还林政策的实施及城市绿化建设的扩大，耕地内种植杨树等不断增多，城市园林植物、地被材料也不断丰富，这不仅为土居害虫成虫提供了充足的食物，有利于其大量繁殖，还增加了防治困难。如华北地区普遍种植榆、杨、刺槐及蔷薇科的许多树种，而这正是多种金龟子的食物来源。

不合理的防治措施 有些农户使用高毒、剧毒农药防治，虽然杀虫效果好，但药物残留降低了农作物的品质，也大量杀死了天敌，破坏了生态平衡；连年使用同一种或同一类药剂，使害虫的抗药性成倍增加，导致防治效果逐年下降；只重视防治幼虫，而忽视防治成虫。大多数农民只采用土壤处理和药液灌溉两种方法防治作物蛴螬，这两种方法无法防治成虫。

农事操作 目前普遍采用机械化播种改变了人工点播的种植方式。机播不便于播种时沟施药剂和拌种，减少了春季防治。另外，农作物布局不合理、农事操作不当导致蛴螬危害加重。事实证明，套种田、长期不翻耕田虫口密度大、危害严重；深翻土、精耕细作地块的土居害虫发生危害较轻。这是因为耕作不仅有直接的机械杀伤作用，而且可以把休眠的虫态翻至土表，使其暴晒致死或冻死。

三、土居害虫的防治

我国有关土居害虫研究和防治方面的文字记载，可推溯到 3 000 多年前，如《诗经》中记述"去其螟螣，及其蟊贼"。蟊者，指的是蝼蛄，是土居害虫。又如《沈氏农书》（1603 年），已有"种芋岁一易土，则蛴螬不生"的记载。近代则是吴福桢先生于 1926 年开始研究地老虎防治，以后不断有零星报道，但真正研究和防治土居害虫还是在中华人民共和国成立后。

中华人民共和国成立后，我国土居害虫的研究工作在党和人民政府的领导下进展较快，各地科技工作者先后获得不少成果，20 世纪 50 年代初在钟启谦的主持下，研究出六六六毒谷、六六六拌种和六六六土壤处理等方法，并在生产上广泛应用。

1957 年，中国农业科学院植物保护研究所成立土居害虫研究课题组，1963 年将土居害虫研究列入十年科技规划中，1964 年（在安徽省合肥市）和 1965 年（在江苏省扬州市）召开了两次黄淮区土居害虫防治研讨会。1973 年受原农林部委托，中国农业科学院植物保护研究所在山东省泰安市召开了植保科研规划，再次将土居害虫研究纳入规划中。

1975 年，在山西省忻县召开了首次全国土居害虫防治科研会议，正式成立"全国土居害虫综合防治研究协作组"。此后，于 1977 年（在河北省沧州市）、1978 年（在广东省顺德市）、1979 年（在山东省济南市）和 1981 年（在陕西省咸阳市），接连四次召开了科研协作会，其中 1978 年是中国农业科学院植保所与中国科学院动物所共同主持召开的，主要研究部署蛴螬乳状菌的科研计划等。通过全国协作组努力，初步查明了主要土居害虫的种类和分布，以黄淮海和松辽平原调查时间较早，也较深入。四川省、陕西省、西藏自治区、广东省、桂林市以及福建等省（区），也进行了当地主要土居害虫种类的调查。全国协作组 1979 年组织了青海省土居害虫调查和 1981 年江苏省、山东省、河北省三省花生蛴螬的考察。

四川省土居害虫的研究开始于 20 世纪 50 年代初，甘孜州农科所 1955 年着手对甘孜州的重要的土居害虫大栗鳃金龟进行调查与研究，到 70 年代中期，四川省农科院植保所开始调查土居害虫的危害。到 80 年代，全省大规模开展了土居害虫研究防治，内江市（地区）、遂宁市、南充市、宜宾市相继开展以花生蛴螬为主的土居害虫研究与防治工作，并成立四川省土居害虫防治研究工作组，由四川省农科院植保所（石万成）主持。通过大量调查研究，弄清了四川省土居害虫（主要是金龟子）种群及地理分布，取得了显著的成效。

通过调查，初步查明四川省土居害虫约 180 种，甘孜州（川西北高原）有 160 种，占四川省种类总数 88.90% 左右，180 种土居害虫中，蛴螬（金龟子幼虫）有 161 种，占土居害虫（土居）总种类数的 94.00% 左右，甘孜州蛴螬种类占四川省蛴螬（金龟子幼虫）总数的 92.00% 左右，说明甘孜州蛴螬种群十分丰富，生态环境适合于金龟子生长发育。下面重点介绍甘孜州土居害虫种群组成地理分布概况。

（一）甘孜州土居害虫区系的归属问题

昆虫种群数量消长与每种昆虫对于所处的周围环境条件都有一定的适应范围

和适生范围，它在一个地区的出现，除具有生理学、遗传学等内在原因外，还必须有其生态学上的原因，这就是所说的昆虫区系。通过分析，甘孜州土居害虫区系在世界陆地昆虫区（界）共有 26 种类型。其中东洋区（界）中分布的比例最高，占 30.09%，其次是古北区（界）中占 20.69%，甘孜州特有种成分占第三位为 20.00%。在东洋区（界）和古北区（界）中所占比例也比较重要，为 12.33%，其余 16.94% 为其他 22 种类型所占据，但一般比例都很低。由此可以看出，甘孜州土居害虫区系主要归属于东洋区（界）和古北区（界）中，恰好甘孜州地理位置就在东洋区（界）和古北区（界）之中。

甘孜州土居害虫区系在我国昆虫区中，可归属为 33 种类型，在这些类型中西南区所占比例最高为 14.37%，其次是青藏区为 8.75%，华南区仅为 0.63%，所占比例最低的是华中区。

从整体看，甘孜州土居害虫区系的归类是东洋区。经统计，在东北区、华北区、蒙新区和青藏区，以及华北区、华南区、东北区、蒙新区和东北区、青藏区和东北区、华北区、蒙新区、青藏区的归属 36 种，占 22.50%；西南区，华中区和华南区，以及西南区，华中区、西南区，华南区和西南区、华中区、华南区为 41 种，占 25.63%，相差 3.13 个百分点。

甘孜州土居害虫区系的归属无论是在世界六大陆地昆虫地理区划或是我国七大陆地昆虫区划中都是东洋区和古北区成分，甘孜州特有种占强劲优势，其他零星分布于其他昆虫地理区划之中，也说明甘孜州土居害虫区系在世界和我国陆地昆虫地理区划之中具有代表性。

为了进一步认识甘孜州内土居害虫种群地理分布的差异，我们做了相似（相异）值（C）的测定（$C = \dfrac{2W}{a+b}$），其结果，甘孜州 18 个市县中的 160 种土居害虫分布比较狭小，相似程度很小，即 C 值均未达 0.80 以上（0.034 5 ~ 0.600 0）。说明每一种昆虫都各自占有一定的空间。在生态学上所谓的"空间"，是指一定的生态场所，这种空间是客观存在的，只有当所起作用的有机体存在，方能表现出它的生物学意义。这里所说生物学意义，是指一个微地理单位的不同种群个体，这种不同种群个体（每个种）相互竞争的结果，适合这个空间者，经过繁衍，以达到一定数量形成强大的种群。

（二）种群的生物学和发生规律

中华人民共和国成立以来，我国对土居害虫的生物学特性和发生规律进行研究，做了大量而有成效的工作，为土居害虫预测预报和防治积累丰富而又翔实的资料，为开展大面积防治提供了依据。

其研究对象主要有大云斑鳃金龟（*Polyphylla laticollis* Lewis）、小云斑鳃金龟（*Polyphylla gracilicornis* Blanchard）、大栗鳃金龟（*Melolontha hippocastani mongolica* Menetries）、灰胸突鳃金龟（*Hoplosternus incanus* Motschulsky）、二色希鳃金龟（*Hilyotrogus bicoloreus* Heyden）、鲜黄鳃金龟（*Metabolus tumidifrons* Fairmaire）、暗黑鳃金龟（*Holotrichia parellela* Motschulsky）、宽齿爪鳃金龟（*Holotrichia lata* Brenske）、铅灰齿爪鳃金龟（*Holotriehia plumbea* Hope）、四川大黑鳃金龟（*Holotrichia szechuanensis* Chang）、甘孜鳃金龟（*Melolocntha permira* Reitter）、棕色鳃金龟（*Holotrichia titanis* Reitter）、中华弧丽金龟（*Popillia quadriguttata* Fabricius）、铜绿丽金龟（*Anomala corpulenta* Motschulsky）、竖毛丽金龟（*Ischnopopillia exarata*）、翠绿异丽金龟（*Anomala millestriga* Bates）、暗褐金针虫（*Selatosomus* sp.）、青稞萤叶甲（*Geinula antennata* Chen）、麦奂夜蛾（*Amphipoea fucosa* Preyer）。此外，还对大豆根蛆（*Ophiomyia shibatsuji* Kato）和网目拟地甲（*Opatrum subaratum* Fald）发生规律进行了观察。上述研究，为拟定预测预报办法和制订防治措施提供了依据。

四川省农科院植保所石万成、李建荣、刘旭等对蛴螬种群的空间、时间、数量结构其季节动态规律进行了研究。研究分析了花生蛴螬的空间分布型、抽样技术，暗黑鳃金龟等金龟子的发生动态，并组建了暗黑鳃金龟室内和田间自然条件下生命表，这些研究结果为蛴螬单个种群和混合种群发生、预测预报和防治提供了丰富的资料。

（三）土居害虫综合防治

采取"农业防治与化学防治、物理防治与生物防治相结合，播种期防治与生长期防治相结合，防治成虫与防治幼虫相结合"的土居害虫防治策略，控制土居害虫的发生和危害。

1. 化学防治

目前，化学防治仍然是一种广泛应用的防治方法，特别是在蛴螬等土居害虫大量发生而其他防治方法又不能立即奏效的情况下是非常有效的，能在短时间内将蛴螬的种群密度降低到经济允许水平以下。但由于蛴螬在地下危害，土壤的隔离作用使得对农药的使用方法、使用剂量和使用时期及残留问题都提出了很高的要求，因此化学防治方法也具有一定的局限性。

我国土居害虫防治，以化学防治最为显著。20 世纪 50 年代初，在钟启谦的主持下，研究出六六六毒谷、六六六拌种、六六六土壤处理等方法，并在生产上广泛应用。回顾我国农作物化学防治的应用，大体可分为几个阶段：20 世纪 50 年代初以有机氯杀虫剂六六六为代表；60 年代初期，大力推行以有机磷杀虫剂，以 1605 为代表；70 年代以来，由于有机氯农药残留问题日益严重，推出辛硫磷、甲基异硫磷防治蛴螬、蝼蛄、金针虫等。化学防治通常采用的方法主要有药剂拌种、药剂灌根、植株喷雾、土壤处理、药剂诱杀、毒饵种衣剂、药剂涂抹茎干等。如 250.00 ~ 500.00 kg 的种子采用 50% 辛硫磷乳油 0.50 kg，并加 25.00 ~ 50.00 kg 水进行拌种，可以防治金针虫、蛴螬和蝼蛄。为了确保药剂的效果，应在暗处遮光的地方进行拌种，并放置 3 ~ 4 小时，等种子稍干后再进行田间播种。在苗期害虫猖獗时，可按每亩用 48% 毒死蜱乳油 0.05 kg 加水 40.00 ~ 50.00 kg 或 10% 吡虫啉可湿性粉剂 0.025 kg，浇灌在幼苗根系周围，对防治蛴螬、金针虫、蝼蛄等有较好的效果；选用 3% 氯唑灵颗粒剂、5% 辛硫磷颗粒剂、50% 辛硫磷乳油等，一般颗粒用量 30.00 ~ 90.00 kg/hm²，乳油用量为 3.00 ~ 7.5 L/hm²。冬小麦返青时期，可选用 50% 辛硫磷乳油按每亩田块用量 250.00 ~ 300.00 mL，边灌水边施入土中，可有效防治金针虫。

小地老虎要求在三龄以前用药，以卵孵盛期和二龄幼虫盛期用药为宜，这样可以及早地将小地老虎消灭在入土之前。当每平方米田块有虫（卵）1 头以上，或每 100 株植株上幼虫多于 2 头时，即需开展防治工作。

药剂选择 地面喷雾选用低毒高效药剂效果较好，如 48% 乐斯本（毒死蜱）乳油 1 000 倍液、50% 辛硫磷乳油 2 000 倍液、2.5% 高效溴氰菊酯乳油 3 000 倍液等；土壤处理可用 3% 乐斯本颗粒剂或 0.2% 联苯菊酯颗粒剂 0.40 kg/hm² 均匀撒施于植株周围，或采用 50% 辛硫磷乳油 600 倍液或 48% 乐斯本乳油 1 000 倍液进行灌根。农药应在晴朗无风天的下午使用，注意交替使用及安全间隔期，以免产生抗药性和农药残留。

毒饵诱杀就是将适量药剂加入炒香的麦麸或豆饼中混匀制成毒饵以诱杀害虫。如在 2.00 kg 米糠、0.50 kg 油饼中加入 50.00 g 温水溶化的 90% 晶体敌百虫和少量菜油炒香，即可撒在苗床上诱杀蟋蟀和蝼蛄。

用 50% 辛硫磷乳油（4.50 kg/hm²）拌细沙土（749.63 kg/hm²），在作物根旁开沟撒施药土，并随即覆土，以防小地老虎危害植株。毒饵诱杀幼虫，将鲜嫩青草或菜叶（青菜除外）切碎，用辛硫磷 0.10 kg 兑水 2.00 ~ 2.50 kg 喷洒在切好的 100.00 kg 草料上，拌匀后于傍晚分成小堆放置在田间，诱集小地老虎幼虫取食毒杀。在生长期，可用 80% 敌敌畏乳油或 50% 辛硫磷乳油（3.00 ~

4. 50 kg/hm^2）兑水6 000.00～7 500.00 kg灌根。

诱杀防治 根据小地老虎具有趋光和趋化性的特点，在成虫盛发期，利用糖醋液（糖6份、醋3份、白酒1份、水10份、90%敌百虫晶体1份混合调匀）进行诱杀。也可用毒饵诱杀成虫，药量为饵料的0.50%～1.00%，先将饵料（麦麸、豆饼、秕谷、棉籽饼或玉米碎粒等）5.00 kg炒香，用90%敌百虫原药30倍液拌匀，加水拌潮为度。毒饵用量约为30.00 kg/hm^2。药剂拌肥对土居害虫有良好防治效果，达到一次性肥药同施，省时省力，降低成本。如果基施还可以使种子安全出苗。庄春等在药剂拌肥基施防治花生蛴螬对比试验中发现，用40%甲基毒死蜱乳油15.00 kg/hm^{2}拌肥基施，对花生保苗率达97.50%且在防治蛴螬上效果达89.50%。

目前我国种衣剂用于防治病虫害方兴未艾。种衣剂是一种用于作物或其他植物种子处理，具有成膜特性的农药制剂。给种子包衣，不仅可以杀死土居害虫，还可以促进种子发芽，利于幼苗健康成长。此方法用药量少，还能减少农药扩散，达到保护环境的效果。

植物源农药开始用于防治土居害虫并初显成效。植物性农药就是植物中有杀虫活性的物质，可用于防治害虫。如臭椿和马醉木的茎干、根皮磨碎后的粉末，蓖麻叶和油桐叶用水泡后的水浸液，植物的下脚料、菜籽饼、油桐籽饼都可以用于防治土居害虫，且效果较好。其中植物的下脚料不仅可用于防治土居害虫，还可以作为肥料起到改良土壤的作用。

2. 生物防治

以蛴螬为主的土居害虫生物防治研究，起步较晚。1973年，邱世邦从美国引进蛴螬乳状杆菌（日本甲虫芽孢杆菌）（*Bacillus popilliae*）后，国内相继开展调查，针对蛴螬等土居害虫致病病原和昆虫天敌。目前，蛴螬的防治还是以化学防治为主，但过量地使用化学农药，导致土壤理化性质破坏，土壤微生态系统失衡，蛴螬的抗药性增加，生物防治技术正逐步受到农林从业者的重视。生物防治采取"以菌治虫，以虫治虫"的策略，对环境污染小，同时防治的靶向作用明显，对害虫的控制具有持续性。应用于蛴螬的生防因子主要包括：昆虫病原线虫、昆虫病原细菌、昆虫病原真菌等。随着基因工程和分子生物学实验技术的进步，对蛴螬生物防治技术的发展提出了新的要求。由于我国幅员辽阔，不同地区的主要植物种类不同，因此，要明确不同地区的蛴螬种类，开展有针对性的病原线虫、真菌和细菌的分离筛选工作；利用分子生物学技术对高效菌株进行基因改良，提高其对环境的适应能力和对昆虫的侵染水平；要加强对新菌剂剂型的研制开发力度，提高其货架期。

昆虫线虫 昆虫病原线虫对寄主具有主动搜索的能力，通过侵染快速杀死昆虫，对环境无害。目前在蛴螬上应用较多的病原线虫有两个科，分别是斯氏科和异小杆科，这两科的一些线虫种类或品系对蛴螬有很好的防治效果。针对不同植物的蛴螬危害，首先应以筛选高毒病原线虫株系为前提条件，刘树森在沧州市筛选得到强致病力的噬菌异小杆线虫沧州品系，生物测定结果，华北大黑鳃金龟、暗黑鳃金龟以及铜绿丽金龟一龄幼虫的死亡率分别为 48.33%、100.00% 和 71.67%。王宝升在室内条件下测定了 4 个昆虫病原线虫品系对北方地区主要蛴螬种类的致病性测定，结果表明，不同品系的致病力存在显著差异，其中 Steinemema glaser NC34 对暗黑金龟子幼虫具有较高致病力，致病力达到 90.00% 以上，大黑金龟子对供试的 4 个线虫品系均不够敏感，因此对某地区的蛴螬害虫如果需要使用昆虫病原线虫进行生物防治，首先要调查确定蛴螬的种类，而后进行线虫品系的室内生物测定，最后进行田间小区实验，以便发挥生物防治的最大效果。李俊秀在田间试验中利用病原线虫对花生蛴螬害虫进行防治，对蛴螬的防治效果达到 95% 以上，防治效果甚至好于化学农药辛硫磷，证明其强大的应用潜力。李晓巍利用 Steinemema glaser NC32 品系防治甜菜蛴螬害虫田间试验中，蛴螬防治效果达到 90.00% 以上，在控制蛴螬种群数量的同时，甜菜每亩增产 351.00 kg。土壤生态环境和生物防治的使用技术影响病原线虫生物防治作用的发挥，沙壤土更有利于线虫的运动和定位寻找寄主，而黏重的土壤不利于线虫生物防治作用的发挥。应用技术方面，病原线虫制剂施用后，应保持土壤较湿润的条件，同时线虫的施用量必须提前通过小区实验来确定。

昆虫病原真菌 昆虫病原真菌的表皮侵入机制和可人工大规模生产优势，使之成为最具有开发应用前景的生物防治资源。目前，研究较多的主要是白僵菌和绿僵菌。绿僵菌对昆虫的侵染作用在 1897 年首次发现后，通过菌株的分离和应用，可有效控制蛴螬的危害。经过多年的发展，目前白僵菌和绿僵菌的菌剂生产工艺已经成熟，形成了多个商品化的菌剂，并进行了大面积的推广使用，如 20 世纪中后期，欧洲部分地区主要应用布氏白僵菌来防治蛴螬的危害，在澳大利亚和新西兰的牧草场地金龟子危害地也应用病原真菌进行了防治。国内近年商品化菌剂也推出不少，如江西天人生态的球孢白僵菌可湿性粉剂，其主要防治对象为包括蛴螬在内的土居害虫。绿珑生物的球孢白僵菌粉剂，其主要防治对象为蛴螬、地老虎、韭蛆等。病原真菌的施用可在田间形成长效持续的作用，在澳大利亚牧场施用绿僵菌后当年减少虫害 57.80%，继续检测 3 年发现，田间仍能减少虫害 60.00% 以上，证明昆虫病原真菌在防治蛴螬危害中，可发挥稳定持续的作用。病原真菌需要高温高湿的环境来保证其孢子萌发和菌丝生长，而在北方地区的温湿度条件不适合病原真菌的使用，上述因素均限制了病原真菌在蛴螬生物防治中的应用。

昆虫病原细菌　苏云金芽孢杆菌（Bt.）是目前应用最广泛的昆虫病原细菌。据统计，以苏云金芽孢杆菌为主的生防菌剂产品占生物农药市场份额的 70.00% 以上，足见其在昆虫生物防治中的作用。苏云金芽孢杆菌最初应用在鳞翅目和双翅目害虫防治上，直到 20 世纪 90 年代初才开始出现蛴螬生物防治中使用苏云金芽孢杆菌的文献报道，国内在 90 年代末期开始进行相关研究，其中冯书亮利用分离筛选得到的苏云金芽孢杆菌对褐异丽金龟幼虫的毒杀作用可达 100.00%，后对杀虫谱测定结果，其对多种金龟子幼虫均有极高的杀虫活性。苏云金芽孢杆菌主要通过代谢具有杀虫活性的伴孢晶体蛋白，其容易见光分解，但是土居害虫主要是在地下活动，很少有接触阳光的机会，这也为苏云金芽孢杆菌在蛴螬生物防治中的应用提供了良好的外在条件，具有广阔的应用前景。

昆虫天敌　利用天敌防治害虫也是生物防治的一个重要手段。天敌昆虫防治害虫不仅不会污染环境，还能维持食物链的平衡，所以天敌昆虫也得到越来越多的重视。其中。钩土蜂科（Tiphiidae）土蜂是蛴螬的重要天敌。王卫国等调查发现，臀钩土蜂（Tiphia）是鳃金龟科的华北大黑鳃金龟、暗黑齿爪鳃金龟、毛黄鳃金龟、拟毛黄鳃金龟和丽金龟科的苹毛丽金龟的特定寄生蜂。这些天敌昆虫可有效地降低蛴螬的危害。

小地老虎天敌昆虫中捕食性天敌有 4 目（螳螂目、革翅目、鞘翅目、半翅目）7 个科（螳螂科、蠼螋科、虎甲科、步甲科、隐翅虫科、蜻科、姬蝽科），共有 29 种。代表种类有广腹螳螂（*Hierodula patellifera* Serville）、中华虎甲（*Cicindela chinenesis* Degeer）、细颈步甲（*Brachinus scotomedes* Bates）等。寄生性天敌昆虫分属于双翅目寄蝇科和膜翅目姬蜂科、茧蜂科、小蜂科、细蜂科、赤眼蜂科等。代表种类有灰等腿寄蝇（*Lsomera cinerascens* Rondani）、小地老虎大凹姬蜂（*Ctenichneumon* sp.）、螟蛉绒茧蜂（*Apanteles ruficrus* Haliday）、广赤眼蜂（*Trichogramma evanescens* Westwood）、拟澳洲赤眼蜂（*Trichogramma confusum* Viggiani）等，它们均为小地老虎卵寄生蜂。

3. **物理防治**

目前，采用最多的物理防治措施是灯光诱杀技术。在田间安装频振式杀虫灯或 20W 黑光灯，在灯下挖一个直径约 1.00 m 的坑，在坑内铺一层薄膜，注满水并加入少量农药，到傍晚时开灯诱杀金龟子和蝼蛄；或于金龟子和地老虎成虫盛发期，在田间安装频振式杀虫灯，高度 1.00～1.50 m，在灯下放一个装满水的水盆，傍晚开灯诱杀。

物理防治中除灯光诱杀外，还有糖醋液诱杀、人工捕杀。糖醋液诱杀是利用害虫对糖醋液的趋性，将糖、醋、酒、水按一定比例混合，并加入少量的药剂配制成糖醋液，诱杀土居害虫。人工捕杀是利用害虫趋性，进行人工捕捉。如金龟子具有假死性，根据金龟子成虫喜晚上飞出来交配，取食杨、柳、榆等树叶的习性，晚上扑打这类树的枝条，进行人工捕捉。

4. 农业防治

搞好农田基本建设，深耕改土，消灭沟坎荒坡，消灭土居害虫的滋生地；深耕翻犁，通过机械杀伤、暴晒、鸟类啄食等消灭土居害虫；合理施肥，深施有机肥既能提高肥效，又能因腐蚀、熏蒸杀伤一部分土居害虫；适时灌水，恶化害虫栖息环境，减轻危害。

另外，药枝诱杀就是用农药试剂浸泡杨、榆、柳等树枝后诱杀土居害虫。取杨、榆、柳等树枝长度 0.50 m 左右，用 40% 的氧化乐果乳油 30 倍液浸泡 12 小时取出，按照每亩田块插 5 把，在傍晚来临之前均匀插在田间，对金龟子可起到一定的诱杀效果。

泡桐叶诱杀法，小地老虎对泡桐树叶具有趋性，可取较老的泡桐树叶，用清水浸湿后，于傍晚放在田间，放 80～120 片/亩，第二天一早掀开树叶，捕捉幼虫，效果较好。如果将泡桐树叶先放入 90% 晶体敌百虫 150 倍液中浸透，再放到田间，可将地老虎幼虫直接杀死，药效可持续 7 天左右。

土居害虫，食性杂，危害隐蔽，危害时间、发生规律复杂，是国内公认的难于防治的一类害虫。近年来，我国土居害虫的防治，一直沿用 20 世纪 80 年代以前的药剂防治方法，虽然有效，但由于药剂的毒性、残留问题十分突出，已致某些措施效果不佳，不少单位已开始药剂的筛选和使用方法的改进研究，并注意到药剂的兼治问题，同时，重视到生物防治的重要性和新技术新方法的应用。随着分子生物学的兴起，昆虫信息素也逐步地引起了人们的重视。为了能够有效、持续控制土居害虫危害，随着农业生产结构的调整，耕作制度的调整以及天气自然条件不断变化，亟须加强土居害虫种群结构、发生规律与灾变规律基础研究。

第二章　甘孜州自然概况

一、地理位置与地形地貌

甘孜州地理坐标：介于北纬 27°58″~34°20″，东经 97°22″~102°29″。属横断山系北段川西高原区，青藏高原的一部分，是四川盆地西沿山地向青藏高原过渡的地带。东邻阿坝州和雅安市，南接凉山州和云南迪庆藏族自治州，西沿金沙江与西藏自治区昌都市相邻，北与青海省玉树藏族自治州和果洛藏族自治州接壤，全州行政面积 15.26 万 km²。

本区系横断山脉东段，由第一台阶向第二台阶的过渡地带，这一地带地形地貌变化明显，有极高峰、低海拔冰川、深切峡谷、湍急河流、高寒草原、溪流清泉。境内 70.00% 以上地面海拔为 1 000.00~3 330.00 m，但其间也有一些开阔山间盆地和谷地，高差可达 6 000.00 m，实为全国所罕见，其海拔高度仅次于青藏高原。高山与峡谷毗连，落差大，季节和昼夜温差大，地质环境典型，地表生态脆弱。而且由于这一地区道路受泥石流冲击路段较多，冰雪雨水侵蚀，路面损伤、塌方等时常发生，造成交通不便，长期受外界的影响小，保存了较好的自然面貌和保留着原有的人文历史。

形成这样独特的地形地貌，有确切证据的地质历史可以追溯到距今 4 亿~5 亿年前的奥陶纪，其后青藏地区各部分曾有过不同资料的地壳升降，或为海水淹没，或为陆地记载。川西大地构造属于青藏板块东南缘，巴颜喀拉褶皱系。

川西北高原的甘孜和阿坝中生代褶皱带、阿坝黑水槽向斜的西南缘。第四纪以来，随川西高原迅速抬升，形成海拔 4 000.00 m 的高原。出露地层主要为三叠系，第三系，第四系，构造较简单。其内部发育的火成岩岩体，主要为燕山期中酸性花岗岩，分布于上阿坝区的大石头山、柯河的小石头山和茸安乡等地的石头山。到2.80亿年前（地质年代的早二叠系），青藏高原是波涛汹涌的辽阔海洋。当时特提斯海地区的气候温暖，成为海洋动物、植物发育繁盛的地域。其南北两侧是已被分裂开的原始古陆（也称泛大陆），南边称冈瓦纳大陆。2.40亿年前，由于板块运动，分离出来的印度板块以较快的速度向北移动、挤压，其北部发生了强烈的褶皱断裂和抬升。约在2.10亿年前，特提斯海北部再次进入构造活跃期，横断山脉脱离了海浸。到了距今8 000万年，高原的地貌格局基本形成。地质学上把这段高原崛起的构造运动称为喜马拉雅运动。

总的地形特征是：川西北高原地势由西向东倾斜，分为丘状高原和高平原。丘谷相间，谷宽丘圆，排列稀疏，广布沼泽。川西山地西北高、东南低。根据切割深浅可分为高山原和高山峡谷区。川西高原上群山争雄、江河奔流，长江的源头及主要支流在这里孕育出古老与神秘的文明。

二、山　脉

甘孜州境内自西向东有雀儿山—沙鲁里山、大雪山—折多山，分别为金沙江、雅砻江、大渡河的分水岭。下面分别作介绍：

1. 雀儿山

雀儿山突兀于青藏高原东南缘，位于川西高原，横断山脉的背部，呈西北、东南走向。它北衔莫拉山，南接沙鲁里山，北侧是自西而东的雅砻江支流玉隆河，南侧是由北环流的金沙江支流夕河和麦宿河。雀儿山主峰海拔6 168.00 m，地理坐标为东经99°4″，北纬31°47″，坐落在雀儿山南段，德格县境内。山区海拔5 000 m以上雪峰有数十座之多，是康藏交通的要塞。雀儿山藏名"措拉"，意为大鸟羽翼。冰雪皑皑、巍峨雄伟的雀儿山居沙鲁里山的山系北段。

雀儿山，四川著名高山。位于沙鲁里山北段的甘孜县、德格县之间，北西绵延百余公里。原系古夷平面上的残余山，后随青藏高原上升而成为高耸于高原面上的巨大山体，山峰高度逾5 500.00 m，其中超过6 000.00 m的山峰有3座，故当地有"爬上雀儿山，鞭子打着天"之说。山麓海拔3 500.00～3 800.00 m，相对高差1 000.00～2 000.00 m。山体由花岗岩侵入体构成，经流水、冰川等作用后，石峰嶙峋，山脊呈锯齿状。有大小冰川30余条，分布面积达80.00 km²，仅次于贡嘎山。现代雪线分布于海拔5 100.00～5 200.00 m，是雪害严重地区之一。雀儿山多古冰川地貌，山麓则多重力堆积物。东麓的新路海系冰川湖，海拔

21

4 148.00 m，南北长约 3.00 km，东西宽 1.00 km，为四川省境内高海拔湖泊之一，风景绝佳，有"西天瑶池"之称。雀儿山川藏公路垭口海拔 4 889.00 m，是四川省最高的公路垭口，川藏公路上著名险关。

2. 沙鲁里山

沙鲁里山位于四川省西部，属横断山脉北端中部山脉。由北到南有雀儿山、素龙山、海子山、木拉山等。南北走向，海拔 4 000.00 m 以上，雪峰连绵。沙鲁里山是金沙江和雅砻江的分水岭，四川省境内最长、最宽的山系。位于甘孜州、凉山州西部，自巴颜喀拉山脉分出，东南走入川西高原，纵贯甘孜州，而尽于长江之曲。其主要高峰有格聂山、雀儿山与海子山主峰夏塞峰等。

沙鲁里山在金沙江和雅砻江分水山脊，出现不少山间盆地，冰川湖泊四处可见，仅巴塘县至稻城县间就有数以百计的冰川，是川西高原规模最大、温度最高、泉口最多的温泉泉群。在理塘县和巴塘县，原始情趣十分浓郁。

3. 格聂山

格聂山位于理塘县城西南边，海拔 5 716.00 m，在藏族地区的神山中，格聂山被封为"第十三女神"，是藏区有名的神山圣地。格聂神山具有神、奇、雄、秀的特色，主峰终年白雪皑皑，在阳光的照映下，金光闪闪，晴天在两三百千米以外也能观见主峰高耸入云的壮景。山腰以云杉、冷杉、高山栎为主的原始森林装点山色，其间飞泉瀑布倾泻而下，山下有广阔的草原和森林，清澈碧透的湖泊相交映，周围山形秀丽地貌奇特。格聂山冰碛地貌发育较全，终年白雪皑皑，冰川覆盖，其山势险峻陡峭，曾有日本、韩国、德国、英国、瑞士等登山队慕名而来，以攀登此峰为荣，但均未成功。紧靠格聂神山的四座峰，犹如四大金刚守护，顺山而上一排排雪山，像佛塔整整齐齐依次排列，又如众星捧月，奇妙无比。

4. 海子山

海子山自然保护区位于稻城县北部，总面积 3 287.00 km²，平均海拔 4 300.00 ~ 4 700.00 m。该高原面是青藏高原最大的古冰体遗迹，即"稻城古冰帽"。嶙峋怪石及大小海子星罗棋布，在平均海拔 4 500.00 m 高的山上，1 145 个大小海子如上帝失手撒下的千颗钻石闪烁在山间，其规模密度为中国之最。雅安海子山：位于雅安市南部的望鱼古镇旁，海拔 1 400.00 m。从望鱼古镇前行 15 分钟，寻一路口进山，沿山坳上行，旁边是竹林与茶地，耳边听着溪水潺潺，神清气爽。约 2 个小时，翻过山去，两山之间的一片谷地，就是海子山高山湿地。据说，这里有三个海子，"大海子""李海子""王海子"，至于名字的来历已经说不清了。

沙鲁里山地质地貌显示，第三纪晚期形成的夷平面在上新世末第四纪初解体，在夷平面的一些部位出现裂谷盆地，接纳河湖相沉积，这是本区对青藏运动A幕的响应。此后高原持续脉动上升，由于构造断陷作用，兼之金沙江和雅砻江一些大的支流的伸入切割，形成若干断陷－河流谷地以及最早的阶地，至少在昆黄运动后。本区夷平面一般达到3 500.00～3 700.00 m的高度，与全球冰期气候相迎合，发生横断山系迄今发现的最早的冰川作用，与此同时，本区北部甘孜一带，出现与冰川作用相伴随的黄土沉积。

末次冰期时，山谷冰川留下了青藏高原最壮观的冰川堆积，形成稻冰帽。

地处南亚季风区的沙鲁里山地区保留有丰富的第四纪冰川作用遗迹。通过ESR对冰碛物直接定年，结合冰碛地貌形态及风化程度差异，表明沙鲁里山地区可能经历了4次规模较大的冰川作用。

5. 大雪山

大雪山是大渡河和雅砻江的分水岭，四川省西部重要的地理界线。位于甘孜州内，介于大渡河和雅砻江之间，呈南北走向，由北向南有党岭山、折多山、贡嘎山、紫眉山等，其间脉牦牛山向南伸入凉山州，南北延伸400多km，是横断山脉的主要山脉之一。山体主要由砂板岩、花岗岩组成，多在5 000.00 m以上高峰。其中，主峰贡嘎山海拔7 556.00 m，5 000.00 m以上高山有现代冰川分布，多古冰斗、U形谷、角峰、冰碛垄、冰碛湖等古冰川地貌。大雪山东陡西缓，西高东低。西坡多宽缓的高原面以及断陷山间盆地，气候高寒，以牧业为主；东坡为深切割的高山峡谷，气候垂直分布明显。

6. 贡嘎山

贡嘎山坐落在青藏高原东部边缘，在横断山系的大雪山中段，位于大渡河与雅砻江之间。贡嘎山，藏语意为"最高的雪山"，山体南北长约60.00 km，东西宽约30.00 km，其主峰海拔7 556.00 m，地处北纬29°35′44″，东经101°52′44″，在四川省康定县、泸定县、石棉县、九龙县四县之间。贡嘎山是四川省最高的山峰，被称为"蜀山之王"。山区高峰林立，冰坚雪深，险阻重重，是中国海洋性山地冰川作用发育的高山之一，在登山运动和科学研究中占有十分重要的地位，是一座极受登山爱好者青睐的名山。

贡嘎山景区位于甘孜州泸定县、康定县、九龙县三县境内，以贡嘎山为中心，由海螺沟、木格错、五须海、贡嘎南坡等景区组成，面积1万km²，贡嘎主峰周围林立着145座海拔5 000.00～6 000.00 m的冰峰，形成了群峰簇拥、雪山相接的宏伟景象。贡嘎山景区内有10多个高原湖泊，著名的有木格错、五须海、人中海、巴旺海等，有的在冰川脚下，有的在森林环抱之中，湖水清澈透明，保持着原始、秀丽的自然风貌。景区内垂直带谱十分明显，植被完整，生态环境原始，植物区系复杂，已查明的植物有4 880种，属国家一、二、三类保护的动物有20多种。景区内温泉点有数十处，水温介于40~80℃之间，有的达到90℃以上，著名的有康定二道桥温泉和海螺沟温泉。贡嘎山周围著名山峰有：中山峰海拔6 886.00 m，爱德嘉峰6 618.00 m，热德卖峰6 549 m，笔架山5 880.00 m，蛇海子山5 878.00 m，白海子山5 924.00 m，田海子山6 070.00 m。景区内还有跑马山，有贡嘎寺、塔公寺等藏传佛教寺庙，有藏族、彝族等丰富多彩的民族风情。贡嘎山为国家级风景名胜区。

7. 折多山

折多山有"塞外屏障"之称。海拔4 000~5 000 m，山上终年积雪、空气稀薄，气候严寒，荒无人烟。中国工农红军长征时曾经过此山。折多山是大渡河与雅砻江的分水岭，也是传统意义上的藏汉分界线。以此山为界，东、西两个方向的藏族民俗风情差异很大：东面的藏民生活方式已经很现代，而西面的藏民至今还完整地保留着古朴的藏民族习惯。折多山一线的地理地貌由于受雅砻江、大渡河等水系的强烈切割，地形高差大，沟壑密布，山岭纵横。

三、河流

甘孜州江河湖泊众多，流经境内的河流主要有金沙江、雅砻江、大渡河，均为长江上游主要支干流。"两江一河"自西向东，南北向平行排列，汹涌湍急，支流甚多，流经甘孜州18个（市）县，流域面积14.61万 km²，占全州行政面积的96.00%左右。中等河流有大小金川、折多河、鲜水河、无量河、硕曲河、巴楚河、九龙河、色曲河、泥曲河等。各支流的山溪广布，水流急，落差大，水量丰沛，水源较稳定。

1. 大渡河

大渡河，古称北江、载水、沫水、沫水、大渡水、蒙水、泸水、泸河、阳山江、羊山江、中镇河、鱼通河、金川、铜河。位于四川省西北部，历史上被作为中国长江的最大支流，但从河源学上应为岷江正源。

大渡河发源于青海省玉树藏族自治州境内阿尼玛卿山脉的果洛山南麓，经四川阿坝县于马尔康县境接纳梭磨河、绰斯甲河（杜柯河、多柯河）后称大金川，向南流经金川县、丹巴县，于丹巴县城东接纳小金川后始称大渡河，再经泸定县、石棉县转向东流，经汉源县、峨边县，于乐山市城南注入岷江，全长1 062.00 km（一说1 050.00 km），流域面积7.77万 km²。大渡河支流较多，流域面积在1 000.00 km²以上的28条，10 000.00 km²的2条，河网密度0.39。

甘孜州位于大渡河上游段，在河源学上在泸定以上的上游段，在甘孜州内的主要干（支）流有：

绰斯甲河　源于青海省班玛县，自四川省色达县东北进入四川境内，经金川县于金川可尔因注入大渡河（大金川），占365.00 km，是大渡河上游段最大支流。

东谷河　大渡河上游右岸一级支流，发源于道孚县境内大雪山以及丹巴县与康定县交界的大炮山等山脉，河流分为两源，南源称牦牛河，西源为沙冲沟，至陡水岩处两河汇合后即称为东谷河。自西南往东北方向经东谷、水子等乡后于丹巴县城西端注入大渡河。东谷河全长83.40 km，天然落差约2 750.00 m，河道平均坡降27.34‰，河口以上控制流域面积1 840.00 km²，河口以上多年平均流量38.6 m³/s。主源牦牛河台站——陡水桥汇口，河长40.97 km，天然落差1 303.00 m，河道比降31.80‰；次源沙冲沟的祖尤沟口——陡水桥汇口，河长15.50 km，天然落差575.00 m，河道比降37.10‰；东谷河干流陡水桥——河口，河长22.50 km，天然落差363.00 m，河道比降16.10‰。

小金川　发源于邛崃山，向西流到丹巴附近入大金川，小金川沿河产沙金。又为土司名，今四川小金，清乾隆年间改土归流，为懋功屯务厅。小金川为大渡河左岸一级支流，干流长151.00 km，自然落差2 340.00 m，流域面积5 323.00 km²，河口处多年平均流量每秒103.00 m³，多年平均年径流量29.00亿 m³。

绰斯甲河　源于青海省班玛县，上游称杜柯河（多柯河）自色达县东北进入四川省境，向东南流经壤塘接纳色曲河后始称绰斯甲河，渐转东流，经金川县境，于金川可尔因注入大渡河（大金川），长365.00 km，流域面积1.96万 km²，是大渡河上游最大支流。

康定河　大渡河支流，又名瓦斯沟河，因流经康定城，故名。位于四川省西部，康定县东北部，大雪山的折多山东坡。源自康定市、丹巴县交界处的大炮山南麓、海子山东侧垭日阿错以北海拔4 800.00 m处。上游名雅拉河，向东南流经中谷、王母、雅拉等村乡，至康定县纳折多河后为下游，始称康定河，转东流经升航、日地、瓦斯，至冷竹关汇入大渡河。全长 78.00 km，流域面积 1 530.00 km²。

磨西河 其主流有 2 条，一条发源于黑海子，纳大杆沟、小河子沟、喇嘛沟，流经雅家埂，称为雅家河；另一条为冰川型河源，发源于贡嘎山北坡冰川雪山口，为燕子沟、纳南门关沟、磨子沟、海螺沟。两支流于磨西镇吊嘴汇合，称磨西河。流经大乌科，从金光、繁荣两地之间穿过汇入大渡河。磨西河全长 43.00 km，有支流 26 条。

南桠河 发源于甘孜州的九龙县，流经凉山州的冕宁县，再到雅安市的石棉县后，就注入了大渡河。全长 78 km。

河道特征（上游上、下段） 大渡河流域内地形复杂，经川西北高原、横断山地东北部和四川盆地西缘山地。在绰斯甲河口以上上游上段属海拔3 600.00 m以上丘原，丘谷高差100.00 ~ 200.00 m，河谷宽阔，支流多，河流浅切于高原面上，曲流漫滩发育。至泸定为上游下段，河流穿行于大雪山与邛崃山之间，河谷束狭，河流下切，岭谷高差在 500.00 m 以上，谷宽 100.00 m 左右，谷坡陡峻，河中巨石梗阻，险滩密布。其中马奈至长河坝一段落差 562 m，比降 4.60‰，两岸山地高出江面1 000.00 ~ 2 000.00 m，谷坡40° ~ 80°之间，丹巴县附近有壁立的悬崖，谷宽 300.00 ~ 800.00 m，河中水深、流急。中游泸定县至石棉县，蜿蜒于大雪山、小相岭与夹金山、二郎山、大相岭之间，地势险峻，谷宽 200.00 ~ 300.00 m，谷坡40° ~ 70°，水面宽60.00 ~ 150.00 m，河中水深流急。沿河有多处面积较广的冲积堆、洪积扇，向南河面逐渐展宽。

水文特征

大渡河上游上段（泸定县以上），冬冷夏凉，为少有的高原性气候，年降水量为500.00 ~ 700.00 mm，以降雪为主，积雪期可达 5 个月。

2. 雅砻江

雅砻江是金沙江的最大支流，又名若水、打冲江、小金沙江，藏语称尼雅曲，意为多鱼之水。中国水能资源最富集的河流之一。发源于巴颜喀拉山南麓，经青海省流入四川省，于攀枝花市三堆子入金沙江。石渠县以上为石渠河，流经丘状高原地区，河床宽浅，水流漫散。石渠县以下称雅砻江，由于山原地貌逐渐进入高山峡谷地带，为横断山区北南向的主要河系之一。全长1 571.00 km，于攀枝花市雅江桥下注入金沙江。

雅砻江有众多的支流，流域面积大于 100.00 km²的支流有 290 条，其中大于 500.00 km²的有 51 条，大于或接近 1 万 km²的主要支流有鲜水河、理塘河、安宁河等。

在甘孜州境内的主要有：

鲜水河　为雅砻江左岸支流，古称鲜水、州江。源于青海省达日县巴颜喀拉山南麓，北源称泥曲（泥柯河），流入四川省色达县境，在炉霍与南源达曲汇合后称鲜水河。再南流经道孚县至雅江县以北27.00 km的两河口处汇入雅砻江。该河长541.00 km，落差1 340.00 m，流域面积约19 338.00 km²。

理塘河　理塘河又名无量河、勒曲，是雅砻江一级支流。源于甘孜州理塘县西沙鲁里山中段雪山桠口，从木里县唐史乡流入州境，流经木里县东子、沙湾等13个乡，于盐源北部洼里乡欧家湾注入雅砻江。木里境内称木里河，卧落河入汇后称小金河。州内长242.30 km，水面平均宽66.00 m，流域面积1.085万 km²，落差1 331.00 m。主要支流有卧落河、羊奶河、陈昌沟、苦巴店沟、瓦厂河等。理塘河属高山峡谷型河流，滩多流急，河床狭窄，水量较丰且稳定，主要是降水、少量融雪补给。理塘河出口多年平均流量290.00 m³/s，径流量50.86 m³。

雅砻江河道特征

雅砻江是金沙江最大的一级支流，发源于青海省称多县巴颜喀拉山南麓，自西北向东南流经尼达坎多后进入四川省，至两河口以下大抵由北向南流，于攀枝花市雅江桥下注入金沙江，是典型的高山峡谷型河流。流域地势北、西、东三面高，向南倾斜，河源地区隔巴颜喀拉山脉与黄河流域为界，其余周边夹于金沙江与大渡河流域之间，呈狭长形，流域面积约13.60万 km²。流域涉及青海、四川两省，91.50%的流域面积属四川省。

雅砻江干流全长1 571.00 km，河源至河口大然落差3 830.00 m，其中呷衣寺至河口，河长约1 360.00 km，落差3 180.00 m，平均比降2.34‰。干流尼拖以上为上游，尼拖－理塘河口为中游，理塘河口以下为下游。上游呈高山及高原景观，河谷多为草原宽谷和少量浅丘峡谷，径流补给以冰雪为主。中下游为高原、高山峡谷河流，河宽100.00～150.00 m，在支流中有宽谷和盆地出现。支流呈树枝状均匀分布于干流两岸，流域面积在10 000.00 km²以上的有鲜水河、理塘河和安宁河3条。

雅砻江水文特征

雅砻江流域属川西高原气候区，降雨量在上游区为600.00～800.00 mm（河源为500.00～600.00 mm），中游区1 000.00～1 400.00 mm，下游区900.00～1 300.00 mm。雅砻江径流的一半由降水形成，其余为地下水和融雪（冰）补给，径流年际变化不大，丰沛而稳定，河口多年平均流量1 890.00 m/s，年径流量

596亿 m^3。丰水期（6~10月）径流量占全年的77.00%。

3. 金沙江

金沙江的发源地（即长江的发源地），20世纪70年代定于青海省唐古拉山主峰各拉丹冬雪山，正沱沱河。2008年调查建议，当曲的上源且曲为正源，发源青海省唐古拉山脉东段北支5 051.00 m的无名山地东北处，行政隶属青海省玉树州杂多县结多乡。

金沙江穿行于四川、西藏、云南三省（区）之间，其间最大支流雅砻江汇入（攀枝花市雅江大桥下），至四川省宜宾市纳岷江始名长江。

金沙江上段

金沙江从青海省玉树巴塘河口流向东南，过玉树州直门达，至真达（石渠县真达乡）入四川省石渠县境，然后介于四川省与西藏自治区两地之间奔流，经西藏江达县辖邓柯乡、川藏要塞岗托镇，过赠曲河口后，折向西南，至白玉县城西北的欧曲口，又折向西北，不久又复南流，至藏曲口、热曲口，再径直向南经巴塘（巴曲河口）至德钦县东北入云南省境，过松麦河口、奔子栏，直至石鼓（玉龙纳西族自治县石鼓镇）止，为金沙江上段。

金沙河上段在甘孜境内的主要有：

赠曲 又名直曲、昌曲，是本段左岸重要支流，源出四川省新龙县沙鲁里山，北流转西入白玉县河境在波乡附近汇入金沙江，河长228.00 km，流域面积5 470.00 km^2。

巴曲 又称巴塘河、巴楚河、曲戈河，源出四川省理塘县西北、海子山北拉桑堆喀哈逮山扎金呷博冰川，北流转西北入巴塘县境，在茶雪下从左岸汇入金沙江。巴曲河长144.00 km，流域面积3 180.00 km^2。

金沙河下段支流在甘孜州境内的支流有：

雅砻江 雅砻江是金沙江的最大支流，也是长江8条大支流之一，在青海省内称清水河，至四川省甘孜州石渠县境始称雅砻江。雅砻江源远流长，支流多，水网比较发育，如鲜河、理塘河、达曲（鲜水河一级支流）、卧龙江（理塘河一级支流）。

松麦河 松麦河是金沙江左岸一级支流，亦称定曲。该河位于四川省西南部川、滇、藏交界处，发源于四川省理塘县热柯区沙鲁里山西侧，上源称大朔河，向西转南流入巴塘县境，乃称定曲。该河长241.00 km。主要支流有马衣河和硕衣河。

水落河（水洛河） 水落河（水洛河）是金沙江左岸一级支流，位于四川省西南部。该河源于稻城县北海子山，流经稻城县、理塘县、木里县，至川滇交界处的三江口汇入金沙江。该河长321.00 km。

四、气 候

甘孜州地处川西高山高原地带，形成了干湿交替的亚热带西南季风和西北寒冷的高原大陆性气候。其特征是：长冬无夏，春秋连季，干雨季节分明。冬半年（11月～次年4月）寒冷干燥，夏半年（5～10月）阴雨连绵，在东经和北纬之间，垂直温差大，有"一山有四季，十里不同天"之说。这就是甘孜州气候的写照。

1. 气温低，温差大

甘孜州的年平均气温南高北低，反映出纬度的影响，也可看出在一同纬度线几乎相同的情况下，随海拔高度的上升，温度随之而降低。甘孜州年平均气温为8.70 ℃。最高全年平均气温为泸定县城16.00 ℃，最低年平均气温为石渠县城 -0.40 ℃。几乎多在同一纬线上的理塘县北纬30°，海拔高度为2 948.90 m，年平均温度为4.60 ℃，而巴塘县城（北纬30°）海拔高度为2 589.20 m，年平均温度为13.80 ℃。两县城海拔高差为359.70 m，年平均气温相差9.60 ℃，这种情况在甘孜州还很多。

甘孜州境内年平均温度亦差甚大，如泸定县年平均温度为16.00 ℃，而石渠县城年平均温度仅 -0.40 ℃，两县的 ≥10.00 ℃ 的积温相差甚高（泸定为4 764.60 ℃，石渠县城为104.70 ℃），相差4 649.90 ℃。

2. 光照长，霜雪多

甘孜州全年平均日照时数为2 172.96 小时，泸定县日照时数低于全州平均日照时数仅为1 196.50 小时，理塘县高于甘孜州全年平均日照时数为2 837.30 小时，比泸定县多1 640.80 小时。

甘孜州全年有霜期平均为120.92 天，石渠县全年霜期最长达337.00 天，而丹巴县城全年霜期最短仅44.00 天，两县相差292.00 天。

甘孜州全年降雪多、雪量大。全年平均降雪天数为32.166 天，降雪最少的是巴塘县，全年仅1.00 天，而石渠县达全州之最，全年降雪达到119.00 天，但雪量最大应是色达县，积雪厚度达到82.00 cm。

3. 雨水少，干湿分明，湿度低

甘孜州全年平均降水量为 617.00 mm，九龙县降水量是全州第一，全年为 932.10 mm，最少的是得荣县，全年仅 310.80 mm。降水量均集中在 5 ~ 9 月，全州全年 5 ~ 9 月降水量占全年降水量达 91.00% ~ 97.00%。

干燥分明，湿度低，全州平均相对湿度仅 53.16%，色达县年均相对湿度是全州最大，但也才 69.00%，得荣县最低，年平均相对湿度仅 38.00%。

五、植被和农耕制度

在甘孜州大部地区仍保存着原始而又古老的植被，直接反映了当地自然生态环境和土居昆虫的组成性质。高原、山原、高山峡谷的生态环境和温热、寒冷的生态环境决定了甘孜州植被类型。其森林上限（海拔4 000.00 ~ 4 200.00 m）的高山地带及在辽阔的高原内部，大多数为灌木丛、草本植物，具有特殊的形态和生理机能，植株低矮丛状、垫状、莲座状，地下根系发达，植物体具刺具毛，叶片小，生长期短，所有这些都是长期适应的结果。

植被的生存生长伴随海拔的变化而变化，一般呈垂直分布规律，在甘孜州由南向北，海拔高度不断提升，从河谷海拔1 150.00 m（泸定县得威镇）到极高山（海拔7 556.00 m的贡嘎山）分布着热带、温带林木到极寒冷的荒凉的高山稀疏的垫状植被带，中间也依次出现常绿阔叶树（林）、针叶阔叶混交林、灌丛草甸、草原等自然的植被带。

1. 夏绿阔叶林果植被带

在折多山以东、二郎山以西的大渡河上段，磨西大渡河入口向北东谷河大渡入口之间，海拔1 150.00 ~ 1 950.00 m 的河谷地带，气候湿热，从高山到河谷植被富郁，四季葱绿。主要树种有云南松、木荷、香樟、南木、桦树以及柑橘、核桃、梨树、苹果、葡萄和樱桃等。林内层次多、阴湿，林内植物丰富，林相多为郁湿交错。

2. 针、阔混交林和高山草甸植被带

在甘孜州的沙鲁里山脉—大雪山脉—折多山以西，地带、地貌特征是山高深谷，地形破碎，海拔3 000.00 ~ 4 000.00 m（最高贡嘎山海拔7 556.00 m），气候变化特别明显，年平均气温在 10.00 ~ 15.00 ℃，甘孜州的森林主要集在这一片区，又是林、牧、农错交区。此外，地区分水山脊亦多山间盆地。林区主要有冷

杉、鳞皮冷杉、长苞冷杉、川西冷杉、丽江云杉、黄松冷杉以及云南松、高山松、落叶松亲针叶林和高山栎、桦木。大雪山野生古茶群落，是目前世界发现的海拔最高、密度最大的大理茶种群落。草场面积也较大，为当地的主要牧场。

3. 森林、草甸植被带

该区域地势高亢，海拔3 300.00 ~ 4 500.00 m，年平均汽温度为 –4.00 ~ 6.00 ℃，≥10.00 ℃的积温84.00 ~ 104.00 ℃。雀儿山就坐落在本区内，是康藏交通要塞。故有"爬山雀儿山，鞭子打着天"之说。本区森林面积大，是四川省主要林区之一。主要以云杉、冷杉为绝对优势种。草场属高原和高山草甸。可利用草场面积很大，亦是四川省最重要的草场之一。

总之，在甘孜州由南向北，生活着从温带到亚寒带的所有植物带谱，各类植物种类独自成林交相辉映。如柑橘、苹果、梨等果树和高山松林、冷云杉、高山栎、杨桦林、落叶松林，高山灌丛等植物数以千计。

4. 农耕制度

土居昆虫区系的组成与耕作制度关系密切，在甘孜州许多农耕地仍具有原始生态的特征，给土居昆虫生长发育营造了有利条件。甘孜州总土地面积有15.23万 km^2（1 524.525万 hm^2），农耕地占1.06%，面积小，分散，像银河的星星镶嵌在河谷两岸、林间、草地间。

甘孜州农作物以低海拔区域种植为主，可分为一年两熟区、一年一熟区和二年三熟区。

一年两熟区 一年两熟区是高山峡谷区的基带。主要分布在大渡河丹巴县以下，雅砻江龙乌拉溪乡以上，金沙江河谷得荣县以下，海拔1 000.00 ~ 2 000.00 m。耕地零星分布在两岸河谷及其支流域溪沟出口处。

气候属山地亚热带，条件较好，四季分明。东南部的泸定县、丹巴县年均温15.40 ~ 14.50 ℃，≥10.00 ℃积温4 788.40 ~ 4 437.70 ℃，年降水量分别为636.80 mm、593.90 mm。西南部得荣县年均温14.50 ℃，≥10.00 ℃积温4 458.30 ℃，年降水量324.70 mm，是川西高原降水量最少的地区，也是全省降水量最少的地区。

作物有水稻、玉米、小麦、豆类、薯类、油料、烟叶、麻类、药材等，种类较多。粮食作物大春以玉米为主，水稻约1万亩，小春以小麦为主。主要实行小麦—水稻、小麦—玉米制。

一年一熟区 一年一熟区大部分为山原地貌，位于雅砻江及其支流流域，有串珠状断陷盆地，盆地大小不等，但谷底比峡谷宽敞，盆地内阶地发育较好，保存比较完整。更低的大部分分布在这些阶地上，比较平坦、连片、集中。在洪坡和洪积扇上也有耕地分布，但比较分散、零星，地块也较小。耕地集中分布在海拔3 000.00～3 600.00 m，最高达3 800.00 m，是种植分布最高的上限地区。

气候跨山地凉温带和高山亚寒带两种气候类型。年均温4.10（稻城县海拔3 727.00 m） ～7.80 ℃（道孚县海拔2 957.00 m），≥10.00 ℃积温626.60～2 066.60 ℃，年降水量分别为637.70 mm、578.60 mm。康定县营关区、道孚县八美区年降水量达900.00 mm。农作物有青稞、小麦、豌豆、马铃薯、油菜、元根、箭舌豌豆等，粮食作物约占播面的97.00%，青稞占播面的50.00%左右。随着海拔的升高，作物更为单一，只能种植耐寒的青稞。主要轮作方式为豌豆、马铃薯—青稞—小麦，休闲—青稞—小麦—元根—青稞，元根—青稞—小麦，以休闲、豌豆、马铃薯、元根等养地作物恢复地力。

两年三熟区　两年三熟区位于高山峡谷区的中、高山，分布在甘孜州高原地带的东南和西南边缘，海拔2 000.00～3 000.00 m。耕地分布在大渡河、雅砻江、金沙江及其支流的河谷、谷坡、洪积扇上，零星分散。

气候跨山地暖温带和山地温带。总的趋势是气温随海拔升高而降低，降水量随海拔升高而增加。东南部的得荣县（海拔2 987米）、雅江县（海拔2 601 m）年均温分别为8.80 ℃、10.90 ℃，≥10.00 ℃积温分别为1 955.00 ℃、3 098.3 ℃，年降水量分别为892.8 mm、705.7 mm。西南部分域（海拔2 842.00 m）、巴塘县（海拔2 589.00 m），年均温分别为10.60 ℃、12.50 ℃，≥10.00 ℃积温分别为2 979.90 ℃、3 608.0 ℃，年降水量分别为461.90 mm、474.40 mm。

作物主要为玉米、麦类（小麦、大麦、青稞）、豆类、马铃薯、荞子等。主要粮食作物东南部为玉米，西南部为麦类。熟制因温度、降水量、关爱条件不一，比较复杂。低海拔区与一年两熟穿插交替，高海拔地区与一年一熟玉米和一年一熟青稞，豆薯作物穿插交替，中部过渡地带两年三熟的主要轮作方式是冬麦（小麦、大麦、青稞）—玉米—冬麦—休闲（或绿肥、饲料）。

六、土　壤

土壤的形成和发展，同自然环境、社会活动相关联。甘孜州境内有高山峡谷，有山原地貌和高原地貌以及干湿交替的亚热带西南季风和西北寒冷的高原大陆性气候等影响，则形成不同母质土壤模型的潮土类，因河水作用多次沉积而成。这类土壤由不同母质形成的潮土类，理化性质也不一样。一般上层多为沙粒相间，底层卵石夹沙，多零星分布于棕土壤、暗棕壤土、灰褐土，亚山高草甸的河流边缘多为非耕地，经过开垦后可种植麦类作物。

1. 褐土类

褐土类一般为半干旱温带条件林地土壤，成土母质多为砂岩、板岩，千枚客风化的残坡积，冲积和洪积物。植被多为针阔叶混交林，并有多年旱生灌丛和多年生牧草，在断续狭窄的河谷阶地，可种麦类作物。

2. 灰褐土类

灰褐土类土壤发育于半湿润寒温带气候条件，母质多为泥盆系、三叠系和志留系的绢云千枚岩、炭质千枚岩和沙松岩等变质岩的风化物。该土类系最干旱河谷地带形成，干燥，土质松散，易风蚀和水蚀。植被为川西云杉、冷杉、高山松为主，伴生桦、山杨、高山栎，林下生多年生牧草，在河谷、肩坡可种麦类作物及豆、薯和元根等。

根据成土过程中附加条件的不同，灰褐土类可划分为生草棕壤、山地棕壤和粗骨性棕壤三个亚类。

生草棕壤亚类　生草棕壤亚类是棕壤地带类的森林被破坏或为灌丛、杂草所更替后发育形成的，或者是由森林空带中原生草本植被下发育形成的。其特点是，表层生草作用强烈，形成生草层，呈黑棕色或黑褐色，心土层棕黄色，底层黄棕色，除表层外，层次过渡不明显。宜于发展林业（特别是人工用材林）。

山地棕壤亚类　山地棕壤亚类是在林坡下发育形成的，为棕壤土类正统代表，上面有明显的估值落叶层和棕色沉积层，其形成环境、形态特征与棕壤土相同。

粗骨性棕壤　粗骨性棕壤为森林植被下棕壤带内的棕壤土，坡度达40°以上，石块、砾石占本土体30.00%以上。由于陡坡、粗骨性强、土层薄，森林砍伐后难于恢复，人工造林困难，应注意保护。

3. 暗棕壤土类

暗棕壤土位于棕壤之上，灰化土之下，分布于山地、高山峡谷和山原区山体上部。植被有冷杉、云杉、杜鹃和箭竹。地表有深厚的枯枝落叶层和苔藓。母质为变质岩、灰岩、花岗岩风化的残坡积。土壤酸性，淋溶强烈。在腐殖质层下，或在分解较好的枯枝落叶层下，酸质较高，呈现灰化斑块或灰化条纹的弱灰化层。这一层内，pH值明显降低，一般在4.50左右。从不同发育程度和附加的成土过程，还可为暗棕壤五类：其成土质为片岩、砂岩、千枚岩、泥岩、花岗岩风化的残坡积水渍、老冲积、洪积物和利冲积,林被厚度高于灰褐土和棕壤土。枯枝落叶厚度层高,草甸暗棕壤五类:成土条件与暗棕壤五类基本相同,但由于原生植被破坏后,生草化过程较强盛,是暗棕向草甸土的过渡类型。

灰化暗棕壤亚类 该亚类是暗棕壤亚类进一步被有机酸淋溶分解而产生的淋溶层,具有灰化白斑或条纹,但未形成一个完整的层段。植被有冷杉、云杉、杜鹃等。母质为花岗岩坡积物。

4. 亚高山草甸土类

亚高山草甸土类是牧区的主要土壤,分布于海拔3 200.00～3 700.00 m的高原、山原区以及海拔3 700.00～4 300.00 m的高山峡谷区。成土母质有三叠系变质岩的残积坡积、第四系的冲积物、黄土母质、湖积、洪积等。土壤有明显的草根盘结层和较深厚的腐殖质层。有机质含量高,层次过渡明显。呈微酸至中性。一般无碳酸盐反应,但因受母质、水文地质的影响,部分亚高山草甸土中也残留有碳酸盐。根据发育程度及附加的成土过程,亚高山草甸土可以划分为以下二个亚类。

亚高山草甸土亚类 分布于高山峡谷区山体上部的阳坡及林线以上4 300.00 m以下地区。土体较干燥,结构呈粉状和团粒状。以轻壤、中壤为主,微酸性至中性。土层较厚、肥沃,腐殖质染色层达 60 cm,有机质含量约 10%,使蔬丛型禾草得以较好的发展。

亚高山灌丛草甸亚类 分布于林线以上或高山的阴坡面,土壤粒亚高山草甸潮湿、冷凉,好气微生物的活动受到一定抑制,土表一般未形成草皮层;冲积型亚高山草甸亚类:多分布于高原平坎以及沿河两岸的一、二阶地,是在河流冲积、河湖沉积及一部河洪母质上,草甸植被发育而形成的。

5. 高山草甸土类

高山草甸土类分布在海拔4 200.00～5 000.00 m的高山及丘原上部,同流石滩成犬牙状,不成片。在土壤垂直带中,处于高山寒漠土之下,亚高山草甸土之上。气候严寒,少雨。日照强,融冰作用强,冻土作用强。位于亚高山草甸土之上,寒漠土之下。植被为高山草甸和高山灌丛草甸。成土母质由花岗岩、砂岩、泥岩、千枚岩等风化的冰渍物、残坡积、河湖相沉积物、冰水沉积物和洪积物。植被有高山蒿草、圆穗蓼、高山葵陵菜、羊矛、早熟禾、香青、火绒草和多种凤毛菊等。

6. 沼泽土类

沼泽土类主要分布于排水不良的地势低洼地带,为非耕地土壤。该土壤是在水分长期或季节性处于饱和或过饱和情况下形成的沼泽土壤。成土母质为河湖相

表2-1 四川省甘孜州各县气象要素表

项目 各市县	地理位置 北纬	东经	海拔高度(m)	气温(℃) 全年平均	最冷月平均	最热月平均	极端最低温度	极端最高温度	≥10℃积温(多年)	无霜期	降雨(mm) 全年降水	1~9月占%	平均相对湿度(%)	降雪量(cm) 天数	最大积雪厚度	日照数 全年日照时数(h)	占全年(%)	备注
康定市	30°03'	101°58'	2 615.7	7.7	-2.3	15.8	-13.1	27.5	1 682.9	194	867.4	94	69	62	35	1 686.7		
泸定县	29°55'	102°14'	1 321.2	16.1	6.7	22.9	-3.4	37.6	4 764.6	289	666.3	94	59	4		1 196.5		
丹巴县	30°53'	101°53'	1 949.7	14.7	4.4	22.0	-6.3	39.1	4 304.1	321	648.7	91	54	4	2	2 020.3		
九龙县	29°00'	101°30'	2 925.0	9.6	1.5	15.4	-12.6	31.5	2 161.8	185	932.1	94	61	22	17	2 028.6		
雅江县	30°02'	101°01'	2 600.9	11.0	2.0	17.8	-11.5	37.4	2 993.9	200	739.0	94	51	5	1	1 928.4		
稻城县	29°03'	100°18'	3 727.7	5.5	-4.1	12.5	-21.7	26.4	917.6	123	571.1	97	52	38	20	2 631.4		
道孚县	30°59'	101°07'	2 957.2	8.3	-1.8	16.1	-15.9	32.0	2 165.1	131	667.3	94	56	16	9	2 450.3		
炉霍县	31°24'	100°40'	3 250.0	7.1	-2.9	15.1	-18.1	31.3	1 671.4	142	756.2	91	54	40	10	2 570.1		
甘孜县	31°37'	100°00'	3 393.5	6.5	-3.5	14.5	-20.2	29.5	1 389.6	120	741.1	91	53	41	7	2 562.4		
色达县	32°17'	100°20'	3 893.9	1.2	-10.0	10.5	-27.4	24.3	220.1	54	709.9	95	62	82	12	2 318.5		
德格县	31°48'	98°35'	3 184.0	7.2	-2.2	15.0	-16.5	30.3	1 604.8	145	681.9	95	50	31	1	1 619.2		
得荣县	28°43'	99°17'	2 422.9	15.2	5.9	21.9	-6.6	36.9	4 520.8	231	310.8	97	38	3	3	2 000.2		
白玉县	31°13'	98°50'	3 260.0	8.7	-0.8	16.6	-15.7	35.0	2 081.2	177	635.6	94	53	22	4	2 175.6		
新龙县	30°56'	100°19'	3 000.0	8.1	-1.1	15.5	-17.1	34.8	1 930.7	158	631.0	94	52	22	3	1 953.0		
理塘县	30°00'	100°16'	3 948.9	4.6	-4.1	11.4	-19.2	24.5	443.8	84	712.4	95	51	57	19	2 837.3		
巴塘县	30°00'	99°06'	2 589.2	13.8	4.9	20.4	-9.5	37.0	3 731.0	193	404.5	96	40	1		2 445.5		
乡城县	28°56'	99°48'	2 842.0	11.4	2.6	17.9	-11.9	33.0	3 008.2	154	437.6	97	46	10	1	2 204.6		
石渠县	32°59'	98°06'	4 200	-0.4	-12.0	9.6	-35.2	23.3	104.7	28	633.6	92	56	119	14	2 484.6		

沉积物、冰水沉积物和新冲积。生长喜温性的灯芯草、苔草、大蒿草等。

7. 石灰岩土类

石灰岩土类呈块状分布于亚高山草甸土和高山草甸之中。该土壤属于富含碳酸钙的母岩发育形成的土壤。主要植被为四川蒿草、高山蒿草、羊矛、高山柏、团枝柏等。

8. 寒漠土类

寒漠土类分布地区一般在海拔5 000.00 m左右及其以上的寒冻风化地带，在高山草甸土之上，冰雪带之下，由花岗岩、砂岩等风化的冰渍母质发育。裸露岩石在强烈的融冻风化，以及低等植物及少量微生物作用下解体的岩石、土屑。植被以耐寒苔藓、雪莲花、红景天以及垫状点地梅等组成。

9. 红壤和黄壤土类

红壤和黄壤土类其主要特点：黏、酸、瘦、板结。在这样的土壤中，种植作物和林树苗其成功率极低。这类土壤比例很小，仅为甘孜州土地间的 0.016% 左右。

虽然红土和黄土的成因研究了多年，但仍没有得出一个结论。红土成因在争论之中。目前有三种观点：晚第三纪的气候为暖湿，而第四纪为冷干，红土表面吸附的铁锰物质来自土壤的淋溶，红土是暖湿气候的产物；红黏土序列物质主要来源于风力携带的粉尘，以"覆盖式"披盖在原始地貌上，粉尘在风力和水流作用下被搬运堆积；红土的形成与气候变化无关，吸附在红土颗粒表面的 Fe^{2+}、Mn^{2+} 等离子来自玄武岩等岩浆岩，超临界态的生态循环地下水通过"气孔"进入到玄武岩中，将"气孔"走遍玄武岩中 Fe、Mg、Mn、Ca 等元素萃取，浴蚀，带有"气孔"的玄武岩被超临界水萃取成为孔洞型玄武岩。被萃取出的 Fe、Mg、Mn、Ca 等随着热液涌出地盐等，古气候信息反映的应该是深循环地下水补给源区的水温与水量等信息。

总之，土壤是土居昆虫的一种特殊的生活环境，如土壤的理化性质、结构、土壤的类型等的不同，就形成了土内各种特殊的生态系统和生物群落。本书有关章节已叙述了，金龟子类、叩头虫、叶甲以及白蚁、蟋蟀和蝼蛄等都对土壤的类型有一定需求即生存空间，本处就不再赘述。

第三章 甘孜州土居害虫区系组成概况

根据历史记载和几十年的调查资料，对甘孜州土居害虫区系做进一步分析，可以了解甘孜州土居害虫的区系与世界陆地昆虫和中国陆地昆虫地理区系的关系，从而就可以提出甘孜州土居害虫及整个陆地农业害虫的区划建议，用于甘孜州土居害虫及整个农业害虫的预测和防治的指导。但由于作者的调查和掌握的资料有限，对甘孜州土居害虫的认识难免带来局限性。作者相信通过本书出版后可以起到抛砖引玉之作用，我们更希望同仁继续调查和查阅历史资料做进一步补充和完善。

一、甘孜州土居害虫区系的组成

甘孜州土居害虫共调查到 160 种，分属 4 目，18 科，57 属（表 3 - 1）。4 目是等翅目 ISOPTERA、直翅目 ORTHOPTERA、鞘翅目 COLEOPTERA 和鳞翅目 LEPIDOPTERA。18 科是 Tormitidae、Gryllidae、Gryllotalpidae、Lucanidae、Trapgidae、Trichidae、Valgidae、Cetonidae、Hopliidae、Rutelidae、Sericidae、Melolonthidae、Aphocdiidae、Ceotrupidae、Scriabaeidae、Elateridae、Chrysomelidae、Noctuidae。重要的种类有：*Melolontha hippacstani* Menetries，*M. permira* Peittre，*Polyphila laticotis* Lewis，*P. gracilicornis* Blarchard，*Phyllopertha horticola* Linne，*Selatsomas* sp.，*Geinula anennata* Chen，*Amphipoea fucosa* Projer 等。全州内最重要的是大栗鳃金龟，分布在海拔 2 300.00 ~ 3 600.00 m 的川西北高原河谷、高山峡谷地区，成虫在林区活动上限可达海拔 4 200.00 m，幼虫分布下限海拔 1 800.00 m。在这些地区内，由于山谷的存在，构成间断的面积不等的危害猖獗区；暗褐金针虫分布在甘孜州的甘孜县和德格县海拔 3 300.00 m 左右，幼虫食性杂，是青稞小麦的主要害虫；麦央夜蛾是青稞、小麦的幼苗期的重要害虫。

表3-1 甘孜州土居害虫地理分布表

种名	得荣县	乡城县	稻城县	九龙县	巴塘县	理塘县	雅江县	泸定县	康定县市	丹巴县	道孚县	新龙县	白玉县	炉霍县	甘孜县	德格县	色达县	石渠县	东北区	华北区	蒙新区	青藏区	西南区	华中区	华南区	古北区	新北区	东洋区	非洲区	澳洲区	新热带区	甘孜州特有种
黑翅土白蚁 *Odontotermes formosanus* Shiraki				0	0	0	0																0	0	0			0				
油葫芦 *Cryllus testaceus* Walker	0	0	0	0	0			0	0												0	0	0	0	0	0		0				
东方蝼蛄 *Gryllotalpa orientalis* Burmeister					0			0	0										0	0	0	0	0	0	0	0		0		0		
烂锹甲 *Lucanus lesnei* Planet								0	0																							0
锹甲 *Lucanidus* sp.									0																							0
戴疾锹甲 *Prismoqnathus davidis* Deyr								0			0												0	0								
鲍皮金龟 *Trox boucomonti* Paulian						0							0							0	0	0				0		0				
点蜡斑金龟 *Gnorimas anoguttalus* Fairmaire						0							0										0					0				
短毛斑金龟 *Lasiotrichius succinctus* Pallas							0												0	0	0	0	0	0	0	0		0				
褐点环斑金龟 *Paratrichius castanus* Ma									0														0									0
褐翅环斑金龟 *Paratrichius pauliani* Tesar														0									0									0
小黑环斑金龟 *Paratrichius septemdecimguttatus* Snellen												0											0	0								
黑绿拟环斑金龟 *Pseudogenius viridicatus* Ma												0											0									0
三带斑金龟 *Trichius trilineatus* Ma												0										0	0									0
褐红毛弯腿金龟 *Dasyvalgus kanarensis* Arrow												0									0		0					0				
斑驼弯腿金龟 *Hybovalgus bioculatus* Kolbe																		0					0	0				0	0			

续表

种名	甘孜州 得荣县	乡城县	稻城县	九龙县	巴塘县	理塘县	雅江县	泸定县	丹巴县	道孚县	康定市	新龙县	白玉县	甘孜县	德格县	色达县	石渠县	中国 东北区	华北区	蒙新区	青藏区	西南区	华中区	华南区	古北区	世界 东洋区	非洲区	热带区	新澳洲区	甘孜州特有种
黄边食蚜花金龟 Campsiura mirabilis Faldermann				0																		0				0				0
白斑跗花金龟 Clinterocera mandarina Westwood								0														0	0	0	0	0				
绿凹缘花金龟 Dicranobia potanini Kraatz									0	0											0	0			0	0				
宽带鹿花金龟 Dicronocephalus adamsi Pascoe							0																0	0		0				
黄粉鹿花金龟 Dicronocephalus wallichii Keychain				0						0												0	0	0	0	0				0
光斑鹿花金龟 D. dabryi Ausaux								0														0	0		0	0				0
黄斑鹿突花金龟 Glycyphana fulvistemma Motschulsky									0									0						0		0				0
褐色头短花金龟 Mycteristes microphyllus Wood－mason										0												0				0				
斑青花金龟 Oxycetonia bealiae Gory et Percheron								0										0	0	0		0	0	0	0	0				
小青花金龟 Oxycetonia jucunda Faldermann				0	0	0	0		0	0								0	0	0	0	0	0	0	0	0				
六斑绒毛花金龟 Pleuronota sexmaculata Kraatz											0											0		0		0				
白星花金龟 Protaetia brevitarsis Lewis				0	0	0	0		0	0	0							0	0	0	0	0	0	0	0	0				
多纹星花金龟 Potosia famelica Janson						0	0											0	0			0	0	0	0	0				
亮绿星花金龟 Protaetia (Calopotosia) nitididorsis Fairmaire									0									0				0	0	0	0	0				
暗绿星花金龟 Protaetia (Liocola) lugubris orientalis Medvedev	0																	0	0	0	0	0	0	0	0	0				

续表

种名	甘孜州																		中国							世界					甘孜州特有种
	得荣县	乡城县	稻城县	九龙县	巴塘县	理塘县	雅江县	泸定县	康定县市	道孚县	新龙县	丹巴县	白玉县	炉霍县	甘孜县	德格县	色达县	石渠县	华东区	蒙新区	青藏区	西南区	华南区	华中区	华北区	古北区	东洋区	非洲区	澳洲区	新热带区	
褐诱花金龟 *P. philidol rustieota* Burmeister	0	0																							0 0	0					
长胸罗花金龟 *Rhomborrhina fuscipes* Fairmaire								0														0 0		0		0					
日罗花金龟 *Rhomborrhina japonica* Hope								0														0 0		0		0	0				
黄毛罗花金龟 *Rhomborrhina fulvopilosa* Moser				0				0	0	0												0	0 0				0				
绿罗花金龟 *Rhomborrhina unicolor* Motschulsky				0			0	0	0													0 0		0		0	0				
橄罗花金龟 *Rhomborrhina olivacea* Janson				0			0	0	0													0		0	0 0	0	0				
细纹罗花金龟 *Rhomborrhina mellyi* Gory et Percheron												0								0 0						0	0				0
漆亮罗花金龟 *Rhomborrhina vernicata* Fairmaire				0							0											0					0				0
短体唇花金龟 *Trigonophorus gracilipes* Westwood							0															0					0				0
明亮长脚丽金龟 *Hoplia spectabilis* Medvedev	0	0											0									0 0					0				0
脊纹异丽金龟 *Anomala virdicostata* Nonfried									0														0	0	0	0	0				
腹毛异丽金龟 *Anomala amychodes* Ohaus											0												0	0	0	0	0				
古墨异丽金龟 *Anomala antiqua* Gyll	0	0																					0	0	0	0	0				
绿脊异丽金龟 *Anomala aulax* Wiedemann							0																0	0	0	0	0				
月斑异丽金龟 *Anomala bilunata* Fairmaire								0															0	0	0	0	0				

续表

种　名	甘孜州																		中国							世界					甘孜州特有种
	得荣县	乡城县	稻城县	九龙县	巴塘县	理塘县	雅江县	泸定县	康定县市	丹巴县	道孚县	新龙县	白玉县	甘孜县	炉霍县	德格县	色达县	石渠县	华东区	蒙新区	青藏区	西南区	华南区	华中区	古北区	新北区	东洋区	非洲区	澳洲区	新热带区	
铜绿丽金龟 Anomala corpulenta Motschulsky									0	0									0	0	0	0	0		0		0				
漆黑异丽金龟 Anomala ebenina Fairmaire								0	0													0					0				
深绿异丽金龟 Anomala heydeni Frivaldszky				0																		0					0				0
侧皱异丽金龟 A. kambeitina Ohaus	0								0							0						0					0				0
侧肋异丽金龟 Anomala latericostulata Lin								0	0													0					0				
翠绿异丽金龟 Anomala millestriga Bates	0			0	0	0	0	0	0													0					0				0
黑斑异丽金龟 A. nigricollis Lin	0																					0									0
黄带丽金龟 Anomala obenina Fairm			0						0													0			0		0				
陷缝异丽金龟 Anomalaru fiventria Redtenbacher			0	0				0														0					0				
三带异丽金龟 Anomala trivirgata Faimaire								0														0					0				
黑跗长丽金龟 Adoretosoma atritarse Fairmaire											0											0					0				
小蓝长丽金龟 Adoretosom chromaticum Fairicaire	0							0														0		0			0				
黄边长丽金龟 Adoretcsoma perplexum Machatschke	0																								0		0				
透翅藜丽金龟 Blitopertha conspurcata Harold		0									0									0		0			0		0				
蓝边矛丽金龟 Callistethus plagiicollis Fairmaire								0			0	0										0	0	0	0		0				
红斑矛丽金龟 Callistethus stoliczkae Sharp	0							0														0	0		0		0				

41

续表

种名	甘孜州																	中国							世界						甘孜州特有种
	得荣县	乡城县	稻城县	九龙县	巴塘县	理塘县	雅江县	泸定县	康定市	丹巴县	新龙县	道孚县	白玉县	甘孜县	德格县	色达县	石渠县	东北区	华北区	蒙新区	青藏区	西南区	华中区	华南区	古北区	新北区	东洋区	非洲区	澳洲区	新热带区	
硕沟丽金龟 Ischnopillia atronitens Machatschke																						0			0						
竖毛丽金龟 Ischnopopillia exarata		0	0								0	0	0						0			0			0						0
沟丽金龟 Ischnopoillia sulcatula Lin	0	0	0					0	0												0	0					0				0
毛额丽金龟 Ischnopoillia suturella Machatschke			0	0											0	0					0	0					0				
中华彩丽金龟 Mimela chinensis Kirby								0																0			0				
粗绿彩丽金龟 Mimela holosericea Fabricius		0	0									0	0					0	0	0	0				0						
草绿彩丽金龟 Mimela passerinii Hope							0	0	0											0					0						
墨绿彩丽金龟 M. Splendens Gyllenhal						0																0					0				
川草绿彩丽金龟 Mimela passerinii pomacea Bates				0				0	0									0				0			0		0				
皱点彩丽金龟 Mimela rugosopunctata Fairmaire				0					0								0					0	0				0				
筛点发丽金龟 Phyllopertha cribrioollls Faimaire	0							0	0					0	0							0					0				
光裸发丽金龟 P. glabripennis Medvedev									0			0											0				0				
园林发丽金龟 Phyllopertha hortioola Linne	0						0	0			0			0								0		0			0				
宽带发丽金龟 Phyllopertha latevittata Fairmaire										0											0				0						
点宣发丽金龟 Phyllopertha puncticollis Reatter			0							0												0					0		0		
峄须发丽金龟 Phyllopertha suturata Fairmaire									0													0					0				

续表

种名	甘孜州																	中国							世界						甘孜州特有种
	得荣县	乡城县	稻城县	九龙县	巴塘县	理塘县	雅江县	泸定县	康定市	丹巴县	道孚县	新龙县	白玉县	甘孜县	德格县	色达县	石渠县	东北区	华北区	蒙新区	青藏区	西南区	华中区	华南区	古北区	东洋区	非洲区	澳洲区	新热带区	新北区	
云臀弧丽金龟 Popillia anomal oides Kraatz	0																					0				0					
蓝黑弧丽金龟 Popillia cyane Hope				0																			0	0	0	0					
筛点弧丽金龟 P. cribricollis Ohaus			0					0														0	0			0					
琉璃弧丽金龟 Popillia atrocoerulea Bates			0					0										0	0			0				0					
川臀弧丽金龟 P. fallaciosa Fairmaire								0														0				0					
弱斑弧丽金龟 Popillia histeroidea Gyllenhal								0														0	0	0		0					
瘦足弧丽金龟 Popillia leptotarsa Lin											0	0										0	0	0		0					
棉花弧丽金龟 Popillia mutans Newman											0	0						0		0	0	0	0	0	0	0					
毛怪弧丽金龟 Popillia pilifera Lin				0																						0					0
中华弧丽金龟 Popillia quadriguttata Fabricius									0									0		0	0	0	0	0	0	0					
幻点弧丽金龟 Popillia varicollis Lin									0	0												0				0					
齿怪弧丽金龟 Popillia viridula Kraatz								0	0										0			0				0					
川绿弧丽金龟 Popillia sichuanenis Lin									0									0								0					0
曲带弧丽金龟 Popillia pustulata Fairmaire									0	0		0										0				0					0
藏畸绒金龟 Anomatophylla thibetana Brenske	0	0		0		0			0			0										0				0					0
海登毛绒金龟 Trichoserica heyden Reitter	0	0	0	0																						0					0

续表

种名	得荣县	乡城县	稻城县	九龙县	巴塘县	理塘县	雅江县	泸定县	康定县	丹巴县	新龙县	道孚县	炉霍县	白玉县	甘孜县	德格县	色达县	石渠县	东北区	华北区	蒙新区	青藏区	西南区	华中区	华南区	古北区	东洋区	非洲区	澳洲区	新热带区	甘孜州特有种
灰胸突鳃金龟 Hoplosternus incanus Motschulsky				0															0		0	0	0	0		0	0				
日胸突鳃金龟 Hoplosternus japonicus Harold		0																					0	0			0				
胸突鳃金龟 H. sp. nov								0														0	0	0			0				
阔缘齿爪鳃金龟 Holotrichia cochinchina Nonfried			0																				0				0				
宽齿爪鳃金龟 Holotrichia lata Brenske			0					0															0	0			0				
巨狭肋鳃金龟 Holotrichia maxina Chang			0																				0	0			0				
长切脊头鳃金龟 Holotrichia longinscula Moser												0											0			0	0				
峨眉齿爪鳃金龟 Holotrichia omeia Chang																			0				0				0				0
齿爪鳃金龟 Holotrichia sp.			0								0												0				0				0
玛绢鳃金龟 Maladera sp.					0							0											0				0				0
大栗鳃金龟 Melolontha hippocastani mongolica Menetries			0	0	0	0					0	0	0	0	0								0				0				
大褐鳃金龟 M. sp.	0			0																			0				0				
甘孜鳃金龟 M. permira Reitter			0														0	0					0				0				0
鲜黄鳃金龟 Metabolus tumidifrons Fairmaire				0											0								0			0					
棕色鳃金龟 Holotrichia titanis Reitter	0	0	0								0	0										0	0				0				0
麻绢鳃金龟 Ophthalmoserica sp.							0															0	0				0				0

续表

种　名	得荣县	乡城县	稻城县	九龙县	巴塘县	理塘县	雅江县	康定县市	泸定县	道孚县	丹巴县	新龙县	白玉县	炉霍县	甘孜县	德格县	石渠县	色达县	东北区	华北区	蒙新区	青藏区	西南区	华中区	华南区	古北区	东洋区	非洲区	澳洲区	新热带区	甘孜州特有种
暗黑鳃金龟 *Holotrichia parellela* Motschulsky	0	0	0	0	0	0	0	0											0	0	0		0	0	0	0	0				
大云斑鳃金龟 *Polyphylla laticollis* Lewis		0		0	0														0	0	0			0	0	0	0				0
小云斑鳃金龟 *Polyphylla gracilicornis* Blanchard	0	0			0		0												0	0			0			0	0				0
中索鳃金龟 *Sophrops chinnsis* brenske							0													0			0			0	0				
丽腹弓鳃金龟 *Toxospathius auriventris*		0	0	0			0	0												0			0			0	0				
绿腹弓角鳃金龟 *Toxospathius inconstans* Fairmaire	0	0	0	0			0	0						0						0			0			0	0				
雅蜉金龟 *Aphodius elegans* Allibert	0	0															0			0			0			0	0				
游荡蜉金龟 *Aphodius erraticus* Linnaeus		0				0	0										0		0	0			0			0	0				
端带蜉金龟 *Aphodius fisciger* Harold				0						0		0					0			0			0			0	0				
粪堆蜉金龟 *Aphodius fimetarius* Linnaeus													0					0		0			0			0	0				
煽动蜉金龟 *Aphodius instigator* Balthasar	0														0					0			0			0	0				
黑背蜉金龟 *Aphodius melanodiscus* Zhang		0													0				0	0			0	0		0	0				0
直蜉金龟 *Aphodius rectus* Motschulsky	0							0										0	0	0			0	0	0	0	0				0
四川蜉金龟 *Aphodius sichuanensis* Zhang										0				0						0			0			0	0				0
凶狠蜉金龟 *Aphodius truculentus* Balthasar	0	0						0					0			0				0			0			0	0				0
波婆鳃金龟 *Brahmina potanini* Semenov	0	0										0								0			0			0	0				0
波鳃金龟 *Brahmina* sp.												0								0			0			0	0				

续表

种　名	得荣县	乡城县	稻城县	九龙县	巴塘县	理塘县	雅江县	泸定县	康定市	丹巴县	道孚县	新龙县	白玉县	甘孜县	炉霍县	德格县	色达县	石渠县	东北区	华北区	蒙新区	青藏区	西南区	华中区	华南区	古北区	新北区	东洋区	非洲区	澳洲区	新热带区	甘孜州特有种
	甘孜州																		中国								世界					
毛缺鳃金龟 Diphycerus davidis Fairmaire										0	0																					0
双抚平爪金龟 Ectinohoplia tuberculicollis Moser		0																								0						
影等鳃金龟 Exolontha umbraculata Burmeister																										0		0				
长角希鳃金龟 Hilyoirogus longiclavis Bates			0																							0		0				0
一色希鳃金龟 Hilyotrogus bicoloreus Heyden	0									0	0															0		0				0
希鳃金龟 Eillyotrogus sp.	0	0															0															0
双斑单爪鳃金龟 Hoplia bifasciata Medvedev									0													0										0
单爪鳃金龟 H. sp.				0					0																							0
毕武粪金龟 Enoplotrupes bieti Oberthur															0							0										0
多色武粪金龟 Enoplotrupes variicolor Fairmaire					0																		0									0
齿股粪金龟 Geotrupes armicrus Fairmaire																0							0									0
不等蜣螂 Copris inaequeabilis Zhang						0																	0									0
魔蜣螂 Copris magicus Harold								0															0	0	0	0		0				
奥蜣螂 Copris obenbergri Balthasar											0												0									
阿怪蜣螂 Drepanocerus arrowi Balthasar	0																								0			0				
躁侧裸蜣螂 Gymnopleurus mopsus Fairmaire	0																			0	0					0	0	0	0			
牛角利蜣螂 Liatongus bucerus Fairmaire								0																	0			0				

续表

种　名	甘孜州																		中国							世界					甘孜州特有种
	得荣县	乡城县	稻城县	九龙县	巴塘县	理塘县	雅江县	泸定县	康定县	丹巴县	道孚县	新龙县	白玉县	甘孜县	炉霍县	德格县	色达县	石渠县	华东区	华北区	蒙新区	青藏区	西南区	华中区	华南区	古北区	东洋区	非洲区	澳洲区	新热带区	
发利蜣螂 Liatongus phanaeoides Westwood																			0	0						0					
前翘嗡蜣螂 Onthophagus Procurvus Balthasar				0																			0								0
长角嗡蜣螂 Onthophagus productus Arrow						0																	0				0				
扎嗡蜣螂 Onthophagus zavreli Balthasar						0		0															0				0				
戴联蜣螂 Synapsis davidis Fairmaire							0	0								0						0									
遗蜣蜣螂 Sisyphus neglectus Gory																0						0									0
三齿联蜣螂 Synapsis tridens Sharp								0															0								0
褐纹金针虫 Melenotus canalicalatus Fald														0			0					0				0					0
暗褐金针虫 Selatsomas sp.														0			0					0									0
皱异跗萤叶甲 Apophylia rugiceps Gressittand Kimoto					0																		0				0				0
青棵萤叶甲 Geinula antennata Chen									0													0									0
绿翅短鞘萤叶甲 Geinula jacobsoni Ogloblin					0								0									0									0
八字地老虎 Agrotis cnigrum Linnaeus	0		0	0	0	0	0	0	0										0	0	0	0	0	0	0	0	0				
小地老虎 Agrotis ypsilon Rottemberg		0	0	0	0	0	0	0	0		0								0	0	0	0	0	0	0	0	0	0	0	0	
黄地老虎 Agrotis segetum Schiffermuller			0	0	0	0	0	0	0										0	0	0	0	0	0	0	0	0	0	0	0	
麦奂夜蛾 Amphipoea fucosa Preyer											0								0	0	0	0	0	0	0	0	0	0	0	0	0

注:0 表示有分布,空格表示无分布。

二、甘孜州土居害虫区系的归属

昆虫种群数量消长与每种昆虫对于所处的周围环境条件都有一定的适应范围和适生范围。它在一个地区的出现，除具有生理学、遗传学等内在因子外，还必须有其生态学上的因子，这就是所说的昆虫区系。

（一）世界六大昆虫地理区（界）和我国七大昆虫地理区的范围

1. 古北区

古北区包括欧洲、撒哈拉沙漠以北的非洲；小亚细亚，中东、伊朗、阿富汗、俄罗斯、蒙古、中国（北部）、朝鲜、日本。从欧洲东部一直延伸到亚洲东部。本区昆虫组成颇相一致，如川西北高原的大菜粉蝶（*Pieris brassicas* Linnaeus）、黄粉蝶（*Eurema blanda* Linnaeus），金龟子总科中的小青花金龟（*Oxycetonia jucunda* Faldermann）等。根据中国科学院地理所《中国自然地理》（1979年），对中国动物地理区划的意见，古北界（区）在我国部分可再分为东北区、华北区、蒙新区、青藏区四个亚区。

2. 新北区

新北区包括北美大陆，北自阿拉斯加，南至墨西哥（北回归线），还包括东北方的一些岛屿如格陵兰，但不包括夏威夷。在气候上与古北界（区）相似，昆虫群落组成也有相似之处，但相同的种类却不多见。

3. 东洋区

东洋区几乎全部位于热带、亚热带境内的动物地理分布区，包括中国南部和热带亚洲，斯里兰卡、菲律宾以及相邻的小岛，东达帝汶的西里伯斯和小巽他群岛，南与澳洲界（区）相邻，喜马拉雅山以及它的东部和西部延伸部分。四川西部在古北区和东洋界（区）之间形成一条从东到西的屏障，甘孜州就夹在其中之部分。翠绿丽金龟（*Minede passerinili*）、青稞萤叶甲（*Geinula antennata* Chen）、草履硕蚧（*Drosich corpulenta* Kuwana）均具有古北界（区）和东洋界（区）成分。东洋区在我国部分可再分为西南区、华中区、华南区三个亚区。

4. 非洲区

撒哈拉沙漠以南的非洲南部属之。另外三角被海洋所隔。非洲区与东洋区存在亲缘关系，整个非洲区有各种各样的白蚁，种类和数量十分丰富，非洲区丛林中的白蚁群可以咬死一头大象，说来好像是神话，但确有其事，并不是虚构。

5. 新热带区

新热带区包括北起墨西哥的北回归线以南的中美洲和南美洲，以及印度洋群岛、波利维州、巴拉圭、巴西南部。这个区有着十分丰富的热带昆虫区系，也是美丽灿烂的蝶类如大翅蝶科（Brassolidae）、透翅蝶科（Ithomiiciae）分布的区域，这与世界上任何一个地区不同，白蚁类分布地也十分丰富，有一种行军蚁（Eciton 属）。

6. 澳洲区

澳洲区主要由澳洲大陆、塔斯马尼亚及巴布亚新几内亚所组成。这个区由于长期将种类（群）个体相隔于岛上，故只能同种间进行繁衍，结果在当地大多数昆虫形成有别于任何地方找不到的种类。但特别值得注意的是：由于世界上交往频繁，必须加强口岸检疫，一旦带入一个新的物种，其后果十分严重。

7. 中国陆地昆虫区系

中国陆地昆虫区系是世界陆地动物区系的一部分，分属于世界六大动物区系的古北界（区）和东洋界（区），关于这两个界（区）在我国境内的分界问题。国内外众多学者发表过许多文章（如 Boopnitei），看法不一，有的主张以南岭为界，有的主张以长江流域为界，马世骏（1959）认为在北纬 28°左右较为合适，以北为古北区，以南为东洋区。

中国科学院《中国自然地理》（1979 年），古北区在我国分为东北、华北、蒙新、青藏四个区；东洋区分为西南、华中、华南三个区。下面作简介，以便读者了解：

古北区

东北区：包括大小兴安岭，张广才岭、老爷岭、长白山以及松花江和辽东平原，南面约北纬 41°起至直南伸入少数东洋区系的广布种，如亮绿丽金龟（Mimela splendens Gyilcmhal）等。

华北区：北界起于燕山山脉，张北台地、吕梁山、六盘山北部，向西止于祁连山脉东端，南抵秦岭、淮河，东临黄河、渤海，包括黄土高原冀热山地及黄淮平原。本区东洋区种类伸入较多，如东亚飞蝗（Locusta migratoria manilensis Meyen）、黑绒金龟（Serica orientalis Motschulsky）等。

蒙新区：包括内蒙古高原、河西走廊、塔里木盆地、准格尔盆地和天山山脉，南界为青藏高原，北界与俄罗斯联邦和蒙古人民共和国毗邻。在农业昆虫组成上，东西两部有区别，西部分别是华中、华南，各地常见的害虫在本地区也可采到，如黑绒金龟、黏虫（*Mythimna separata* Walker）、蝼蛄（*Gryllotalpa gryllptalpa*）等。

青藏区：由帕米尔高原向东延伸，接祁连山为其北缘，南界以喜马拉雅山，东与东西侧以四川省西部（甘孜州、阿坝州和凉山州及雅安一部分，以及云贵高原西北部高山及康滇峡谷森林草地相隔等）。本区昆虫大多数属中国喜马拉雅山区系的东方种，也有较多中亚细亚成分及地区特有种，蝗虫在本区种类丰富，金龟子中可在本区找出部分接近东洋区系的特有种。金龟子和草履虫（*Paramecium caudatum*），在甘孜州草原上危害很重。

东洋区

西南区：包括四川省西部，西藏自治区昌都东部，北起青海省、甘肃省东南缘，南抵云南省中北部，向西直达东喜马拉雅南坡，本区基本上是高山与峡谷。

本区昆虫组成复杂、丰富，半数以上是东洋区的印度、马来西亚种，也有一定数量的喜马拉雅种。甘孜州此段基本上属于本区，据作者掌握的资料，本区农林昆虫在 600～800 种，而土居害虫则占 1/3 左右，大栗鳃金龟（*Melolontha hippocastani mongolica* Menetries）是甘孜州重要的土居害虫，还有暗褐金针虫（*Selatosomus* sp.）危害也很重。

华中区：四川盆地及长江流域诸省（市），西部以北秦岭、东半部为长江中下游，包括东南沿海丘陵半部，南与华南区相邻。本区农林昆虫与华南区和西南区相同较多。

华南区：包括广东省、广西壮族自治区、海南省和云南省南部、福建省东南沿海、台湾及南海各岛，属南亚热带及热带。白蚁种类较多。

根据中国科学院成都地理所《四川农业地理》（1979 年）报道，将四川省分为两个部分（当时含重庆市的市区、江津、涪陵、万州和黔江），即东部盆地区和西部高山高原区。两区大体以平武—天全—筠连的连线为界。四川省西部又分为 4 个亚区：以西南中山山地林、牧、农业亚区；川西中山宽谷粮食、热作亚区；川西高山深谷林、农、牧亚区；川西北高原牧业区。甘孜州应属川西高山深谷林、农、牧亚区和川西北牧业区两区之大部分，即在川西北高原西北部。

（二）甘孜州土居害虫的归属及类型

根据目前掌握的资料，将甘孜州 160 种土居害虫，按每一个种群生态特性分化和占有的空间（本文空间是指一种土居害虫的地理分布范围）进行归类分析，在世界与我国陆地昆虫地理区划所占的比例得表 3－2 和表 3－3。

表3-2　甘孜州土居害虫区系在世界昆虫区（界）上的归属及类型

序号	归属类型	数量	比例（%）	序号	归属类型	数量	比例（%）
1	甘孜州特有种	32	20.01	14	新北区、东洋区	2	1.25
2	古北区	33	20.64	15	新北区、非洲区	1	0.80
3	新北区	3	1.61	16	新北区、澳洲区	1	0.80
4	东洋区	48	30.09	17	新北区、新热带区	1	0.80
5	非洲区	2	1.25	18	新北区、东洋区、非洲区、澳洲区、新热带区	1	0.80
6	澳洲区	1	0.80	19	东洋区、非洲区	2	1.25
7	新热带区	1	0.80	20	东洋区、澳洲区	1	0.80
8	古北区、新北区	2	1.25	21	东洋区、新热带区	1	0.80
9	古北区、东洋区	19	12.33	22	非洲区、澳洲区	1	0.80
10	古北区、非洲区	2	1.25	23	非洲区、新热带区	1	0.80
11	古北区、澳洲区	1	0.80	24	东洋区、非洲区、澳洲区、新热带区	1	0.80
12	古北区、新热带区	1	0.80	25	非洲区、澳洲区、新热带区	1	0.80
13	古北区、新北区、东洋区、非洲区、澳洲区、新热带区	1	0.80	26	非洲区、新热带区	1	0.80
合　计						160	100.00

　　种群的分布（在分化）一般起源于空间（地理分布）限制或隔离。其中作用的因素如气候、食物或生境（在地形、地貌、土壤类型、酸碱度、肥力等）。每一个种类（种群）都有它一定的特殊生态条件，如 *Melolontha hippocastani* Menetries 分布在北纬30°及其以上地带，又如 *Odontotrmes formosonus* Sbirak 分布于棕壤土类和有鸡枞菌生长的地方，这些都是昆虫种群长期对环境适应的结果。

　　甘孜州土居害虫区系在世界陆地昆虫区（界）共有26种类型。其中东洋区（界）中分布的比例最高占30.09%，其次是古北区（界）中占20.64%，甘孜州特有种成分占第三位为20.01%。在东洋区（界）和古北区（界）中所占比例也比较重要，为12.33%，其余16.94%为其他22种类型所占据，但一般比例都很低。由此可以看出，甘孜州土居害虫区系主要归属于东洋区（界）和古北区（界）中，恰好甘孜州地理位置就在东洋区（界）之中。

甘孜州土居害虫区系在我国昆虫区中可归属为33种类型。在这些类型中西南区所占比例最高为14.37%，其次是青藏区为8.75%，所占比例最低是东北区，为3.75%。

表3-3　甘孜州土居害虫区系在我国昆虫区中的归属及类型

序号	归属类型	数量	比例（%）	序号	归属类型	数量	比例（%）
1	东北区	6	3.75	18	华北区、西南区	5	3.13
2	华北区	7	4.37	19	华北区、华南区	3	1.87
3	蒙新区	7	4.37	20	华北区、蒙新区、青藏区、西南区、华中区、华南区	2	1.25
4	西南区	23	14.37	21	蒙新区、青藏区	4	2.5
5	青藏区	14	8.75	22	蒙新区、西南区	3	1.87
6	华中区	7	4.37	23	蒙新区、华南区	2	1.25
7	华南区	7	4.37	24	蒙新区、青藏区、西南区、华中区、华南区	2	1.25
8	东北区、华北区	5	3.12	25	青藏区、西南区	5	3.13
9	东北区、蒙新区	4	2.50	26	青藏区、华中区	3	1.87
10	东北区、西南区	4	2.50	27	青藏区、华南区	4	2.50
11	东北区、青藏区	2	1.25	28	青藏区、西南区、华中区、华南区	2	1.25
12	东北区、蒙新区、华中区	3	1.87	29	西南区、华中区	7	1.25
13	东北区、华南区	1	0.63	30	西南区、华南区	6	3.75
14	东北区、华北区、蒙新区、青藏区、西南区	2	1.25	31	西南区、华中区、华南区	4	2.50
15	华中区、华南区	2	1.25	32	华中区、华南区	5	3.12
16	华北区、蒙新区	4	2.50	33	蒙新区、华中区	2	1.25
17	华北区、青藏区	3	1.87		合计	160	100.00

从整体看，甘孜州土居类害虫区系的归类分属是东洋区。经统计，在东北区、华北区、蒙新区和青藏区以及华北区、华南区、东北区、蒙新区，和东北区、华中区、蒙新区、青藏区为36.00%。东北区、青藏区的归属36种占22.50%；西南区、华中区和华南区，以及西南区、华中区，西南区、华南区和

西南区、华中区、华南区为 41 种，占 25.63% 相差 3.33 个百分点。

甘孜州土居害虫区系的归属无论是世界六大陆地昆虫地理区划或是我国七大陆地昆虫区划中都是东洋区和古北区种为主要成分，甘孜州特有种占强劲优势，其他就零星分布在其他昆虫地理区划之中，也说明甘孜州土居害虫区系在世界和我国陆地昆虫地理区划之中具有一定代表性。

三、甘孜州土居害虫区系在州内各小区的分布及其特点

（一）小区域划分的依据

根据甘孜州的自然概况及交通、人文、地理和土居害虫区系特点等，分为东路小区、南路小区和北路小区三个小区。东路小区包括：丹巴县、康定市、泸定县、九龙县；南路小区包括雅江县、理塘县、巴塘县、乡城县、稻城县、得荣县；北路小区包括石渠县、色达县、德格县、甘孜县、白玉县、炉霍县、新龙县、道孚县。将这三个小区土居害虫区系成员在世界和我国陆地昆虫区（界）所占比例列表 3 - 4。

表 3 - 4 甘孜州各小区土居害虫区系所占比例　　　　　单位（%）

小区名称	古北区	东洋区	新北区	非洲区	澳洲区	新热带区	东北区	华北区	蒙新区	青藏	西南区	华中区	华南区
东路小区	11.76	21.17	2.35	1.16	1.17	1.17	12.92	4.70	3.52	8.33	21.18	7.05	3.52
南路小区	8.70	19.56	2.17	2.15	2.14	2.19	4.34	6.52	6.53	11.06	19.56	11.74	4.14
北路小区	17.24	13.79	3.44	3.41	3.39	3.52	3.47	6.89	9.00	17.74	13.81	3.44	3.42

甘孜州土居害虫区系中，东洋区系成员以东部小区占主导地位，古北区系成员则以北路小区占主导位置，南路小区在东洋区系中则占第二位，总的看来，东洋区系成员仍占主导地位，这是在世界陆地昆虫区（界）中的情况。在中国陆地昆虫区系中，西南区在各路小区所占的比重比其他两个小区都重，紧跟其后的是青藏小区。

1. 东路小区

地处北纬 29°00′ ~ 30°3′，东经 101°30′ ~ 120°14′ 位置。海拔 1 321.20 ~ 2 950.00 m，年平均温度 17.70 ~ 16.10 ℃，≥ 10.00 ℃ 积温 1 682.00 ~

4 764.60℃，年降水量 648.70 ～ 932.00 mm，全年日照时数 1 196.50 ～ 2 026.60 小时。大渡河上游段流经丹巴县、康定县、泸定县。段内许多支流在东路小区内如绰斯甲河、冬谷河、小金河、康定河、磨西河、南桠河等流域内地形复杂，穿行大雪山与邛崃山之间，河谷狭长、河流下切、峻谷高山在 500.00 m以上，谷宽 100.00 m 左右，谷坡陡峻。大渡河上游段，冬冷夏凉，为少有的高原性气候。大雪山之边缘亦在东路小区境内。大雪山是大渡河和雅砻江的分水岭，折多山（海拔4 500.00 m）山顶终年积雪，处于大渡河和雅砻江之间，折多山以东和以西则呈现两重天。甘孜州重要土居害虫 Melolontha hippocastani 在折多山西南的新都桥危害猖獗，折多山东面则尚未有此虫的危害。在折多山以东、二郎山以西的大渡河上游段，磨西河大渡河入口向东谷河大渡河入口之间，海拔 1 150.00 ~ 1 950.00 m之河谷地带，气候湿热，从高山到峡谷，植被丰郁，四季葱绿，为夏绿阔叶林带，林内层次多，阴湿，林内植被丰富，林相间多为郁湿交错，农作物为一年两熟，是高山峡谷之基带。土壤类型为褐土类，并有灰褐土类。

东路小区土居害虫区系基本特点是：金龟子成分占主导地位，为该小区土居害虫种类近90%，而花金龟又为甘孜州土居害虫中金龟子的78.95%。主要种类有 Oxycetonia jucunda、Potosia brevitarsis、Oxycetonin bealiae、Clinterocara mandarius、Campsiura mirabicis、Dioranobia potaanini、Dicranocephalulus anami、Mycteristes raicrophyllus、Rhombarrhina fuscipes。花金龟一年发生 1 代，幼虫为腐食性，成虫取食各种花蜜，少数为捕食性，因此，对农作物危害不重，可以不防治；丽金龟成员亦很多，是甘孜州重要的植食性金龟子，其成虫取食多种作物和林果叶片和花，幼虫危害农作物、林果、牧草及草坪等地下部分，许多种是农业大害虫。在东部小区主要有：Anomala corpulenta、A. miestriga、A. viraicostata、A. ebenina、A. bilunata、A. haydeni、A. kambeitrina、A. latericostulata、A. erivirgata、Adoretosoma chrocoaticus、Callistethus plagiicollis、Ischncpcpillia exaratce、I. sulcatula、Mimela passerinii、Phyllopertha cribricollis、P. glabripenni、P. harticolla、P. laterrittata、P. sutarata、Popillia cribricollia、P. havosellate、P. fallaciosa、P. mitans、P. histeroiaes 等。鳃金龟亦是甘孜州重要的植食性金龟子，其危害程度仅次于其北路小区。鳃金龟种类多，食性杂，生活史长，一般有一年发生 1 代，也有多年发生 1 代。主要种类有：Brahmina potanini、Diphycerus daridis、Hilyotrogus iongiclars、Hilyotrogus bicoloreus、Hoplostermus incomes、Helatrichia maxna、Melolontha hippocastani、Naitarichia intantula、Polynylia laticotis、P. gralicornis、Sophrops chi-

nnsis。大栗鳃金龟，仅发生于折多山以西的新都桥镇。锹甲科、皮金龟科、弯腿金龟科、蜉金龟科、金龟科等均有分布。而金龟科（Scarabaeidae）多数种类分布在东路小区之内，共有 5 种，占甘孜州境内金龟科的 66.70%。主要有 *Copris magicus magicus*、*Copris obenbergri*、*Drepanocerus arrcwwi*、*Liatongus buceras*、*cmthophgus procurvus*、*Onthophags vavreli*、*Synapsis davidis.* ，等翅目的黑翅土白蚁 *Odontotermes formosanus* Shiraki，直翅目的油葫芦和东方蝼蛄主要分布在东路小区。

2. **南路小区**

地处北纬 28°43′~30°22′，东经 99°06′~101°01′。海拔高度 2 422.90~3 948.90 m，年均温度 4.60~13.80 ℃，≥10.00 ℃积温 443.80~4 520.80 ℃，全年降水量 310.80~739.00 m，全年日照时数 1 928.40~2 837.30 小时。该区位于沙鲁里山南端，为我国横断山区的一部分，地貌特征是山高谷深，地形破碎。谷底与山岭的相对高差为 1 200.00~3 000.00 m，最大高差可达 6 000.00 m 左右。沙鲁里山为金沙江和雅砻江分水之山脊，境内很多山间盆地，冰川湖泊四处可见，巴塘县至稻城县间就有数以百计的冰川。雅砻江贯穿于此小区境内，其中鲜水河下游流入雅江，理塘河又名无量河，此河属高山峡型河流。植被为针叶和暗针叶林及亚高山草甸，土壤有褐土类、暗棕壤土类和亚高山草甸土。

南路小区土居害虫区系基本特征是种类少于东路小区，金龟子仍占主导地位。主要是鳃金龟和丽金龟类，有少量的花金龟、绒金龟、蜉金龟和金龟科等种类分布。黑翅土白蚁分布比较多，麦奂夜蛾和地老虎类也有分布。丽金龟科主要有：*Anomala miestriga*、*A. nigricollis*、*Adoretosome chromaticum*、*A. chromaticum*、*A. perplecum*、*Ischnopoillia I. suturella* 、*Mimela honsericea*、*M. passerinii*，绒金龟科中的 *Anomatophlylla thibetana*；鳃金龟科种类较少分布，主要有：*Holotricha* sp，*Melolontha hippocatant*，是甘孜州重要土居害虫，在南路小区的理塘一线（濯桑乡）形成危害猖獗区，主要危害区域在理塘区（雅砻江支流）两岸南北长大约 35.00 km 地带，危害严重。另外，*Nocitrichia infantula*、*Polynhylla laticotis*、*P. gracilicornis*、*Toxospathius auriventris*、*T. inconstans* 危害较轻。蜉金龟科的 *Aphcadius elegans*、*A. erraticus*、*A. sichuanensis* 及麦奂夜蛾在雅江县和理塘县有分布和危害。

3. **北路小区**

地处北纬 30°56′~32°59′，东经 98°.06′~100°20′。年平均温度 -0.40~8.70 ℃，≥10 ℃积温 104.00~2 165.00 ℃，年降水量 631.00~756.20 mm，全年日照时数 1 619.20~2 570.30 小时。该区属川西北高原的北端，为青藏高原东部，

地形高亢，著名的雀儿山和沙鲁里山脉就坐落在境内。大雪山北端在北路小区。金沙江上游段的支流和雅砻江上游段都要流经北路小区。本区植被由亚高山草甸向高山灌丛草甸过渡。土壤为暗棕土壤的亚高山草甸土，向高山草甸土及寒漠土过渡，也出现红（黄）土类。

本区境内土居害虫区系特点在世界昆虫区（界）中，古北区占优势（17.24%）；在我国昆虫区系中，青藏区占优势（17.74%）。土居害虫区系种类少于东路和南路小区，但甘孜州土居害虫种群数量和危害程度却大于其他小区，而且重要的土居害虫也分布在本区。如金龟子类的大栗鳃金龟（*Melolontha hippocastani*）在炉霍县—道孚县一线危害程度高于其他区。又如 *Melonota permira* 在甘孜县、德格县和石渠县危害很严重，可危害 6 科 16 种农作物。*Nolitrichia infantnla*、*Forospathius auriventris* 及丽金龟科在本区内分布不多，危害不严重，筛点丽金龟分布范围小，粪金龟科和金龟子科有少数种类分布。青稞萤叶甲（*Geinula antennata* Chen）和绿翅短鞘萤叶甲（*Geinula jacobsoni* Ogloblin）以及暗褐金针虫（*Selatosomus sp*）、麦奂夜蛾等在本区是防治重点。

（二）甘孜州土居害虫区系各小区的相似性

甘孜州土居害虫区系相似性是在不同生态条件小区（以县为单位为一个小区，全州共 18 个市县，即划为 18 个小区）之间两两相比较而存在的相似程度的定量指标，在一定度量（空间种类数量）上反映小区之间的相互关系以及演替变化。衡量两个小区之间的相似程度的数量指标，称之为群落指标。昆虫学者将相似程度的群落指标，叫作区系指标。这种指标有两个含义：一种是真正的相似指标，它的大小直接反映出两小区之间种群（本指的种类），种群可以简单地解释为一定空间内一些有生态学和生态学关系的昆虫个体。虽然也有人把同处在一个微地理单位不同种的个体——即本书中所指的为混合种群，但通常所说的种群（population）应系指同属于一个种的个体，而这些个体之间并且有一定的生理遗传学及物候学关系；另一种叫相异指标，其值的大小则是反映出两个小区之间的差异程度。

在数学上讲相似和相异是互补概念。这两个指标都相同衡量相似性。相似性系数越大，说明这两个小区的土居害虫的组成程度就越相似，相异系数越大，说明这两个小区的土居害虫的组成的相似程度就越低。我们设两个小区的害虫种群之间相似（异）系数为"*w*"，这两个小区之间的种类则在 0~1 之间取其数值，用 1 减去上线（相似系数）值，就得出下线相异系数值。我们将甘孜州 18（市）县之间的种类用下面公式进行统计，得出表 3 – 5。

$$C = \frac{2w}{a + b}$$

式中：C 值为两个小区（县与县）的相似系数；

w 值为两个小区（县与县）相同种类数；

a 值为第一个小区［县（市）］的种类数；

b 值为第二个区［县（市）］的种类数。

经统计计算结果：甘孜州土居害虫区系在各个小区［县（市）］之间相似程度很小，只有 S2 小区和 S3 小区之间的种类组成相似系数达 0.6 左右，S3 与 S5 及 S4 与 S5 之间在 0.5 以上。作者认为，每种昆虫都可占据一定的空间。在昆虫生态学上所说的空间，指具有一定生态场所，这种空间是客观存在的，但是只有当起作用的有机体（指昆虫个体）存在时，方表现出它的生物学意义，所说的生物学意义只指在一个微地理单位的不同种类个体。这种不同种类之间存在相互竞争，互相之间竞争的结果，唯有强者生存弱者被淘汰。强者经不断繁衍和适应这个空间后（指一个地域），生存下来，并经繁衍达到一定数量后，形成所谓的种群。

经过对甘孜州土居害虫区系的归属、各小区在各个归属类型所占比例和各小区［县（市）］之间相似相异的测定结果，看出甘孜州土居害虫的种群的适应性和分化现象。所谓昆虫种类（种群）的适应性，就是对环境的适应，从程度和性质上来说大致可以认为有三种（类）：一种是生理生态上的适应，通过气候与食性等条件的锻炼与适应（accomonodation）或顺应（adjustment），昆虫改变了对环境条件的要求或忍耐程度，得以安全适应变动后的环境，即通常所说的驯化或本土化，如食性转移和温度变化的抵抗等；第二种是属种群（种）或个体对环境因素选择作用的暂时反映，表现在形态学上和生物学特性的变化，这种适应性的变化随地域（区）及季节而异，即通常所说的表现型，但基本遗传结构（基因）不变，如在温度的影响下，不同地带（地域）昆虫对光周期反应的变化，抗药性以及种群密度变化而出现不同年度种群数量的变动对个体的变异；第三种是遗传型变异，环境因素的选择作用改变了遗传结构，在形态学上解剖学或生态性方面出现了稳固的地域差异，如适应不同地带热量的世代 。

任何一种昆虫种群都需要占据一定的生殖场所、食物供给范围及活动领域，

表 3 – 5 甘孜州各生态小区（县 市）土居害虫区系的相似（异）值

	E1	E2	E3	E4	S1	S2	S3	S4	S5	S6	N1	N2	N3	N4	N5	N6	N7	N8
E1	\	0.3368	0.2162	0.3673	0.0755	0.4408	0.4058	0.3125	0.2267	0.1846	0.2816	0.1495	0.0769	0.1311	0.1538	0.1090	0.0769	0.1935
E2	0.6632	\	0.2593	0.2343	0.2580	0.1667	0.2439	0.1039	0.2105	0.2308	0.1429	0.1875	0.0816	0.1034	0.2301	0.0769	0.0816	0.2034
E3	0.7838	0.3467	\	0.2342	0.2253	0.1667	0.2439	0.0380	0.1644	0.2307	0.1428	0.1000	0.0615	0.0101	0.1176	0.1177	0.0154	0.1867
E4	0.6327	0.7657	0.7668	\	0.0345	0.2034	0.4058	0.1563	0.2188	0.1231	0.1127	0.1509	0.0323	0.0656	0.1091	0.0727	0.0769	0.1623
S1	0.9245	0.7420	0.7747	0.9655	\	0.2105	0.0689	0.2000	0.2875	0.0800	0.1818	0.0741	0.1667	0.0952	0.1333	0.1333	0.1667	0.0909
S2	0.5592	0.8330	0.8332	0.8966	0.7895	\	0.6000	0.4800	0.4762	0.0952	0.4625	0.5000	0.0909	0.0909	0.2500	0.2510	0.3076	0.5217
S3	0.5942	0.7561	0.7561	0.5942	0.9311	0.4000	\	0.3429	0.5714	0.3333	0.5454	0.3684	0.8695	0.1250	0.3077	0.1538	0.1739	0.3636
S4	0.6875	0.8961	0.9620	0.8437	0.8000	0.5200	0.6571	\	0.5600	0.4762	0.3243	0.1818	0.1110	0.2463	0.0953	0.1905	0.2222	0.1429
S5	0.7333	0.7895	0.8356	0.7012	0.7125	0.5238	0.4286	0.4400	\	0.2963	0.5217	0.2069	0.1429	0.0869	0.3529	0.3529	0.1429	0.4667
S6	0.8154	0.7692	0.7696	0.8769	0.9200	0.9048	0.6667	0.5274	0.7037	\	0.3684	0.2353	0.1053	0.0714	0.2727	0.2759	0.1056	0.3448
N1	0.7184	0.8571	0.8572	0.8873	0.8182	0.5375	0.4546	0.6757	0.4783	0.6316	\	0.1500	0.1600	0.1176	0.2857	0.1429	0.2400	0.1714
N2	0.8505	0.8125	0.9000	0.8499	0.9259	0.5000	0.6316	0.8182	0.7931	0.7647	0.8500	\	0.0952	0.3333	0.0833	0.0833	0.2105	0.2581
N3	0.9231	0.9184	0.9385	0.9677	0.8333	0.9091	0.9131	0.8889	0.8571	0.8947	0.8400	0.9048	\	0.1333	0.0625	0.2222	0.3333	0.4250
N4	0.8689	0.8966	0.9899	0.9344	0.9048	0.9091	0.8750	0.7537	0.9131	0.9286	0.8824	0.6667	0.8667	\	0.1111	0.2222	0.1333	0.4000
N5	0.8462	0.7699	0.8824	0.8903	0.8667	0.7500	0.6929	0.9047	0.6471	0.7273	0.7143	0.9167	0.9374	0.8899	\	0.3333	0.1667	0.1053
N6	0.7910	0.9231	0.8823	0.9273	0.8333	0.7490	0.8462	0.8095	0.6471	0.7241	0.8571	0.9167	0.7778	0.8899	0.6667	\	0.2222	0.1052
N7	0.9327	0.9184	0.9845	0.9231	0.8333	0.6948	0.8261	0.7778	0.8571	0.8944	0.7600	0.7895	0.6667	0.8667	0.8330	0.7778	\	0.2105
N8	0.8065	0.7966	0.8133	0.8377	0.9091	0.4783	0.6364	0.8571	0.5323	0.6552	0.8286	0.7419	0.5750	0.6000	0.8947	0.8948	0.7895	\

注：E1 丹巴县，E2 康定市，E3 泸定县，E4 九龙县，S1 雅江县，S2 理塘县，S3 巴塘县，S4 乡城县，S5 稻城县，S6 得荣县，N1 石渠县，N2 色达县，N3 德格县，N4 甘孜县，N5 白玉县，N6 炉霍县，N7 新龙县，N8 道孚县。E 东路小区；S 南路小区；N 北路小区。

即一定的空间。生态学上所谓的空间，指具有一定的生态条件的场所。但是只有当所作用的有机体存在时，才表现出它的生物学意义。而有机体随不同发育阶段的到来，会对环境有不同的要求和不同的反应。同时，一个特定的环境本身存在着多方面联系，并受着更大的和一般的因素制约，有机体（指具有生命学意义）与环境之间不断处在新的联系与新的协调之中。从这里就可以认识到环境是有时间的，一系列的变动条件组合成它的时间结构和特征。我们在研究昆虫种群数量时就必须联系到空间、时间、数量，三维序列的结构，才能正确和完全地认识和理解昆虫种群（类）分布范围的生存空间。

前面已讲述过甘孜州土居害虫的区系类型：在世界六大昆虫地理区（界）中主要有 26 类型，在我国 7 个昆虫地理区系中主要有 33 种类型。可能还可分出许多类型出来，我们说昆虫区系类型是错综复杂的。昆虫的区系分布是与环境（空间）、时间（是指时间序列、季节变化）和数量（生殖能力）三者相联系。从甘孜州 160 种土居害虫中，东路区多于南路区和北路区，而北路区（高海拔地区）种类虽少，但个体数量大，多样性指数低，危害重，这涉及昆虫种群的数量结构与动态问题。当一种昆虫适应了一定的环境后，随着时间积累，种群数量不断加大。石万成等研究了 *Holotrichia parallela* Motschulsky 在室内和自然条件下适合生存的环境生命表的组建，得出每个个体在经历 1 个世代后，可产生 2.227 7 个后代。大栗鳃金龟 5~6 年才能完成 1 个世代，如果除去生理死亡外，再加自然控制死亡和人为致死（防治）等，剩下的个体数量虽然不多，但其繁殖力强，戴贤才观察大栗鳃金龟平均每雌的怀卵量为 2 612.00 粒，能顺利产卵的每雌仅为12.80 粒。说明为什么在甘孜州北纬 30°00′ 及其以北地区每年发生数量仍然很大，危害重的原因存在。

这表明了大栗鳃金龟种群占据这一个完全适合它的生殖环境（场所）、食物的供给范围及活动的领域。为表达种群增长的速度、数量积累和种群适应空间的活力，我们可以用生命表的方法来分析昆虫种群的动态，生命表基本特征是按昆虫的年龄阶段（以时间为单位或发育阶段为单位），系统地观察并记录昆虫的一个世代或几个世代之中各年龄阶段的种群初始值，再分别记录或计算出各阶段的年龄特征生育力和各年龄特征死亡率。同时记录各阶段的主要致死因子及其所造成的死亡数。最后，用这些数据按一定格式编成生命表。

表 3-6 生命表示例

X	IX	dxF	dx	100qx	100qx/N₁
卵（N_1）	100	寄生性天敌	30	30	30
幼虫	60	霜	10	10	10
蛹	5	寄生性天敌	55	92	55
成虫	2		3	60	3
卵（N_2）	100				

注：性比 = 50∶50；每雌虫平均产卵 100 粒，X 示虫期或虫龄；IX 示该虫期或虫龄（即 X）的起始存活率；DxF 示虫期或虫龄的死亡因素；dx 示虫期或虫龄死亡数；100qx 示该虫期或虫龄死亡率；100qx/N_1示全世代（N_1）的死亡率；N_1 及 N_2 示本世代及下世代的卵数。

计算公式：

$$P = P_0 \left[\left(e \cdot \frac{f}{mtf} \right) \cdot (1 - d) \right]^n (1 - m)$$

这里，$P = N_2$，$P_0 = N_1$，M（迁移力）= 0.

式中 $\left(e \cdot \frac{f}{mtf} \right)^n = R$ 为繁殖速率；e 为每雌虫平均繁殖力；f 为雌虫数；m 为雄虫数；n 为发生代数；d 为单位死亡率或生存率（$e = 1 - d$）。

将表中数据代入上式，即

$$N_2 = 100 \left[\left(100 \cdot \frac{50}{50 + 50} \right) \cdot \left(1 - \frac{98}{100} \right) \right]^l = 100$$

$$I = \frac{N_2}{N} = \frac{100}{100} = l$$

式中：I 为种群消长指数。如 $I > 1$，表明种群增长；$I < 1$，则种群下降；$I = 1$，说明种群无增减。

昆虫在自然界的内在增殖率（内禀增长力 rm）

生命表是总结死亡的一览表，为表述昆虫死亡率与出生率相对立而共同起作用，并决定种群数量变化，而采用种群参数——内禀增长力。其公式为：

$$\frac{dN}{dt} = rN，或 \quad r = \frac{\dfrac{dN}{dt}}{N}，或积分式 \ N_t = N_0。$$

式中：N_0 代表个体在零时（最初）的种群数值；N_t 代表在 t 时的种群数值；指数 r 为种群在一定时期每个个体的增长率，可缩写为 $r = b - d$；b 为单位时间生殖率；d 为单位时间死亡率；e 为自然对数底。

如果种群正常，同时物理环境及食物适宜，种群的增殖将达到最大自然增殖的内在速率，或称最大的 rm 值。rm 值亦代表种群内每个个体在一定时间内的增长形式。如果种的遗传生理对环境条件有高度抵抗力，则繁殖数和生存数均多，种群密度就出现增高（rm = +），反之，种群密度就出现减低（rm = −）。由于自然界昆虫遗传生理特点因种而异，环境条件亦随时间、地区、作物管理而不同，所以昆虫在不同季节、不同年份和不同地区的发生数量常有变动。

（三）甘孜州土居害虫区系特点

1. 地理生态的相关性

在甘孜州（川西高原部分）土居害虫区系及地理分布特征中，引起关注的是在北纬 30°以北多为在古北区系成员夹杂一些东洋区成分，北纬 30°以东多为南洋区系成员，但也夹杂一些古北区系成分，同时还明显地看出以此为界，北纬 30°以南土居害虫种类多于北纬 30°以北。在甘孜州 160 种土居害虫种类群中，北纬 30°以南土居害虫有 114 种，占 71%左右，北纬 30°以北，仅有土居害虫 46 种，占 29%左右。在这两个区系中有许多成员是相互交错分布的。但一些成员只分布在北纬 30°以上，如：*Melolontha permira* Qitter、*Geinula antennata* Chen、*G. Jacobsoni cgloblin*、*Seltosmis* sp. 。大栗鳃金龟虽然北纬 30°以南以北均有分布，但在北纬 30°以北地带，要 6 年才能完成其生活史，在北纬 30°以南 5 年完成其生活史。又如 *Geinula antennate* Chen 和 *Geinula jucobsoni* Cgeobia 生活于石块、黄上、石渣黑土和石块黑土中及黄土和卵黄石土壤中，他们所占据的高海拔（2 900.00 ~3 700.00 m）地带，生活在恶劣的条件下，后翅消失，只能爬行，其最大活动半径仅 25.00 m 左右，属高山区系成员。*Melontha hipoastania* Menrties 分布在甘孜州海拔 2 300.00 ~3 600.00 m 之间，部分成虫可达海拔 4 200.00 m 高度的高山和亚高山灌丛林和高山针叶林带，还有一部分分布在海拔 1 800.00 m 河谷间断面上，从昆虫地理角度看，这种分布比较奇特，且只有在这样的特殊地形、气候和植被条件下，才有大栗鳃金龟的分布。从世界与我国陆地理昆虫区系看，大栗鳃金龟基本分布在北纬 30°及其以北地带，即在我国的内蒙古自治区、甘肃省、山西省、河北省、陕西省，在国外的蒙古北部和俄罗斯西伯利亚地带。

2. 分布空间狭窄，呈点、片状态

纬度高低、海拔高度、山脉、河流、气候、植被等，其中的一种条件（环

境）都能影响土居害虫的生存空间，一个种群在该种昆虫分布区内的分布，呈点、片状态。由于每一分布区内有一共同因素起着大范围的作用，如气候或地形，这类因素可能为第一类因素，在第一类因素的作用下，又产生了因小地形、土壤和植被（作物）等差异。就构成了具有不同生态条件的生境，栖居着不同生态学特性的种群（类），性质相同的生态因素在不同量的组合下，将构成不同条件的小生境。反之，具有相同生态功能的综合环境条件亦可在不同量的组合下构成。因此，当构成生境的某一因素在性质或数量上发生变化，即可导致整个生态环境的空间亦发生变化，其中包括栖居间的昆虫等有机体。另一方面，若在不同空间结构中存在共同的因素或组成部分，则彼此间可以互相转化。如在甘孜州海拔2 000.00 m以下的一年两熟区，以 *Oxycetonia jucunda* Faldermam 和 *Sophrops chinnsis* Brensbe 为代表；甘孜州海拔2 000.00～3 000.00 m的两年三熟区，以 *Anomla milestriga* Bates 和 *Hoplosternus* Motschlsuy、*Polphylla graciciurnis* Blarchara 为代表；甘孜州海拔3 000.00～3 600.00 m的一年一熟区，则以 *Melolobtha hippocastani* Menetries、*Melolontha permira* Peitter，*Hilytrogus bicoloreus* Heyclen 和 *Toxospathius inconstaans* Fairmaire 以及 *Selatosomus* sp. 和 *Geinula antennat* Chen 等为代表。

3. 区系主要成分

甘孜州土居害虫区系共 160 种，其中金龟子占 92.50%，主要是 Rutelidae 和 Melolonthidae 两科绝大多数种群。Trichidae、Cetoniidae 两科少数种成虫取食植物花粉和汁液，本书仅就 Rutelidae 和 Melolonthidae 这两个科的重要种群在甘孜州土居害虫区系中的情况予以表述。植食性昆虫（金龟子）的生存环境和生长发育、繁殖条件，除与气候、生态环境、土壤有密切关系外与作物布局，也与耕作栽培制度有着息息相关。

甘孜州土地面积为 15.23 万 km²，其中农耕地面积所占比例很小，分布在海拔1 000.00～3 800.00 m 的河谷台地（阶地）、冲积扇形地、洪积扇形地，侵蚀肩坡地。在这些地方旱地约占 99.25%，水田约 0.75%。耕作制度有 3 种熟制：即一年两熟制，但面积很小；一年一熟制，面积最大，是甘孜州主要的作物产区；二年三熟制，面积亦很小。

一年两熟区 该区是高山峡谷区的基带。主要分布在大渡河丹巴县以下，雅砻江九龙县乌拉溪乡以下，金沙江河谷得荣县以下，海拔1 000.00～2 000.00 m，耕地零星分布在两岸河谷及其支流或溪沟出口处。

气候属山地亚热带，条件较好，四季分明。东南部的泸定县、丹巴县年均温

15.40 ℃和14.50 ℃，≥10.00 ℃积温4 788.40 ℃和4 437.70 ℃，年降水量636.80 mm和593.90 mm；西南部得荣县年均温14.50 ℃，≥10.00 ℃积温4 458.30 ℃，年降水量324.70 mm。该区是川西高原降水量最少的地区，也是全省降水量最少的地区之一。

种植作物有水稻、玉米、小麦、豆类、薯类、油料、烟叶、麻类、药材等。种类较多，粮食作物大春以玉米、水稻为主，小春以小麦为主。主要实行小麦—水稻，小麦—玉米两熟制。

植食性金龟子种群组成及危害特点是：种类多，但种群数量不大，危害较轻。

金龟子主要种类：波婆鳃金龟、毛缺鳃金龟、影等鳃金龟、宽边齿爪鳃金龟、巨狭肋鳃金龟、鲜黄鳃金龟、棕色鳃金龟、中索鳃金龟、暗黑鳃金龟、棕胸鳃金龟、古墨异丽金龟、绿脊异丽金龟、铜绿丽金龟、深绿异丽金龟、侧皱异丽金龟、黄带异丽金龟、陷隆异丽金龟、三带异丽金龟、小蓝长丽金龟、蓝边矛丽金龟、红斑矛丽金龟、沟丽金龟、粗绿丽金龟、草绿丽金龟、皱点彩丽金龟、蓝黑弧丽金龟、筛点弧丽金龟、琉璃丽金龟、川臀弧丽金龟、弱斑弧丽金龟、毛胫弧丽金龟、幻点弧丽金龟、齿胫弧丽金龟。

上述各种金龟子在一年两熟区内一年发生1代，一般以三龄幼虫在土壤中越冬。在九龙县的棋林（海拔1 700.00 m），中索鳃金龟种群数量较大，成虫咬食核桃叶片、嫩枝，尤其幼树受害较重。而幼虫在这一区域内密度较小，一般危害较轻。

一年一熟区 该区大部分为山原地貌，位于川西高原中部，雅砻江及其支流流域。有串珠状断陷盆地，盆地大小不等，但谷底比峡谷宽敞，盆地内阶地发育较好，保存比较完善，耕地的大部分分布在这些阶地上，比较平坦、连片、集中。在洪坡和洪积扇上也有耕地分布，但比较分散、零星，地块也较小。耕地集中分布在海拔3 000.00～3 600.00 m，最高达3 800.00 m，是种植分布最高的上限地区。

气候跨山地凉温带和高山亚寒带两种气候类型，年平均温4.10～7.80 ℃（稻城县海拔3 727.00 m），（道孚县海拔2 957.00 m）≥10.00 ℃积温626.60～2 066.60 ℃，年降水量637.70～578.60 mm，康定县营关区、道孚县八美区年降水量达900.00 mm。

种植作物有：青稞、小麦、豌豆、马铃薯、油菜、元根、箭舌豌豆等，粮食作物约占播面的 97.00%，青稞占播面的 50.00% 左右；随着海拔升高，作物更为单一，只能种植耐寒的青稞。主要轮作方式为豌豆、马铃薯—青稞—小麦，休闲—青稞—小麦—元根—青稞，元根—青稞—小麦。以休闲、豌豆、马铃薯、元根等养地作物恢复地力。一年一熟的耕作制度，在甘孜州约占 90.00% 以上，

危害特点是：本区植食性金龟子种群组成较为简单，优势种群突出，种群数量大，是甘孜州金龟子发生和危害最严重的地带。

本区植食性金龟主要有：大栗鳃金龟、甘孜鳃金龟、波婆鳃金龟、双疣平爪鳃金龟、二色希鳃金龟、棕色鳃金龟、棕胸鳃金龟、绿腹弓鳃金龟、透翅藜丽鳃金龟、竖毛丽金龟、毛额丽金龟、筛点发丽金龟、园林发丽金龟、棉花弧丽金龟。

本区优势种群为：大栗鳃金龟 *Melolontha hippocastani mongolica* Menetries 和甘孜鳃金龟 *M. permira*。

大栗鳃金龟：在甘孜州分布于雅砻江支流鲜河水，尼曲河、无量河中上游。两岸阶地，也就是折多山以西至雀儿山以东（量格）一大片地带。在北纬 30° 以北的鲜水河中游的道孚县、炉霍县，6 年完成 1 个世代，在北纬 30° 以南的尼曲河的中上游、康定县云官无量河中游的理塘县濯桑乡，5 年完成 1 个世代。

这一片地带内，在甘孜州形成 4 个面积不相等的猖獗危害虫区。据各猖獗区猖獗世代、发生危害的历史分析，其发生趋势是：

炉霍城关猖獗区：1990 年是成虫猖獗飞行年，1991～1993 年是幼虫危害周期。1990 年秋至 1991 年夏为幼虫一龄期；1991 年秋至 1992 年夏为幼虫二龄期，1992 年秋进入幼虫三龄期趋势预报。

康定云关猖獗区：1993 年是成虫飞行年，1994～1996 年是幼虫危害周期，1993 年秋至 1994 年夏为幼虫一龄期，1994 年秋至 1995 年夏为幼虫二龄期，1995 年秋进入三龄期。1992 年秋调查，发出 1993～1996 年发生趋势预报。

理塘翟桑猖獗区：1994 年是成虫飞行年，1995～1997 年是幼虫危害周期，1994 年秋至 1995 年夏为幼虫一龄期，1995 年秋至 1996 年夏为幼虫二龄期，1996 年秋幼虫进入三龄期。1993 年秋调查，发出 1994～1997 年趋势预报。

在分布区内，由于成虫生物学特性和环境地理隔离，在分布区内形成面积不等的猖獗区，各猖獗区内世代重叠，但都有一个数量占 70% 以上的猖獗世代，猖獗世代的种群数量制约虫害发生程度，生长发育阶段制约虫害时期，致使各猖獗区内的虫害呈周期性。猖獗区内种群结构调查结果详见表 3-7。

表 3 – 7 大栗鳃金龟猖獗区内种群结构

猖獗区 年份 项目	炉霍—道孚					康定云关				
	1957	1963	1974	1983	1990	1955	1963	1974	1987	1990
猖獗世代虫态	一龄越冬前	一龄越冬前	蛹	三龄二次越冬前	三龄二次越冬前	二龄越冬后	一龄越冬前	二龄越冬前	成虫	三龄越冬前
种群总数	907	320	113	342	264	210	791	606	200	459
猖獗世代虫数	656	296	111	259	185	210	791	605	177	455
猖獗世代占（%）	72.30	92.50	98.10	75.70	72.80	100.00	100.00	99.30	88.50	99.10

另外，根据大栗鳃金龟分布危害，在川西北高原与甘孜州近阿坝州还有 2 个害虫危害严重区域：

松潘—茂县区。位于岷江中游，南自茂县太平北至松潘。

小金—茂县区。位于大渡河流域的小金崇德至两河口和岷江中游的松坪沟。

甘孜鳃金龟：主要分布在雅砻江中游甘孜盆地两岸阶地，在甘孜州拖坝乡 5 年发生 1 代，一、二龄幼虫各越冬 1 次，三龄幼虫越冬 2 次。成虫越冬 1 次。成虫不进行补充营养，雌虫出土后在地面爬行或停留在出土土洞旁，引诱雄虫交尾；雄虫出土后，离地面 1 m 左右低空逆风飞行，寻找雌虫交尾，交尾后雌虫就地入土产卵。性喜粉沙质黄土，该土上虫口密度大，受害重，世代重叠，连年受害，农民称粉沙质黄土为"虫地"。

在一年一熟区内，没有发现大栗鳃金龟、甘孜鳃金龟混合危害的地区。

两年三熟区 该区位于高山峡谷区的中、高山，分布在川西高原的东南和西南边缘，海拔 2 000.00 ~ 3 000.00 m，耕地分布在大渡河、雅砻江、金沙江及其支流的河谷、谷坡、洪积扇上，零星分散。

气候跨山地温暖和山地温带，总的趋势是：气温随海拔升高而降低，降水量随海拔升高而增加。东南部九龙县（海拔 2 987.00 m）、雅江县（海拔 2 601.00 m）年均温 8.80 ℃、10.90 ℃，≥ 10.00 ℃ 积温 1 955.10 ℃、3 098.30 ℃，年降水量 892.8 mm、705.7 mm，西南部乡城（海拔 2 842 m）、巴塘县（海拔 2 589 m）年均温 10.60 ℃、12.50 ℃，≥ 10.00 ℃ 积温 2 979.9 ℃、3 608.20 ℃，年降水量 461.90 mm、474.40 mm。

种植作物主要为玉米、麦类（小麦、大麦、青稞）、豆类、马铃薯、茭子等。主要粮食作物东南部为玉米，西南部为麦类。熟制因温度、降水量、灌溉条件不一，比较复杂，低温拔区与一年两熟穿插交替，高海拔地区与一年一熟青稞、豆薯作物穿插交替，中部过渡地带两年三熟的主要轮作方式是冬麦（小麦、大麦、青稞）—玉米—冬麦—休闲（或绿肥、饲料）。

金龟子危害特点：金龟子区系比较复杂，种类多，优势种群不突出，种群数量不大，作物受害不严重。

植食性金龟子种类有：古墨异丽金龟、深绿异丽金龟、侧皱异丽金龟、翠绿丽金龟、黑斑异丽金龟、黄带丽金龟、三带异丽金龟、小蓝长丽金龟、黄边长丽金龟、沟丽金龟、粗绿丽金龟、草绿彩丽金龟、川草绿丽金龟、园林发丽金龟、宜点发丽金龟、云臂弧丽金龟、毛胫弧丽金龟、波婆鳃金龟、长角稀鳃金龟、二色稀鳃金龟、胸突鳃金龟、宽边齿爪鳃金龟、巨狭肋鳃金龟、齿爪鳃金龟、鲜黄鳃金龟、棕色鳃金龟、大云斑鳃金龟、小云斑鳃金龟、中索鳃金龟、棕胸鳃金龟、大褐鳃金龟。

在本区内以翠绿丽金龟、灰胸突鳃金龟、大云斑鳃金龟、小云斑鳃金龟、大褐鳃金龟为代表种。

翠绿彩丽金龟、灰胸鳃金龟在九龙县水打坝村（海拔2 200.00 m）两年发生1代，二龄幼虫和三龄幼虫各越冬1次。大褐鳃金龟在九龙县五百尼村（海拔3 000.00 m）5年发生1代，一、二龄幼虫各越冬1次，三龄幼虫越冬2次，成虫越冬1次。大云斑鳃金龟在九龙县乌拉溪乡（海拔1 950.00 m）3年发生1代，一龄幼虫越冬1次，三龄幼虫越冬2次。小云斑鳃金龟生活史随海拔高度不同而变化，在九龙县五百尼村4年发生1代，一、二龄幼虫各越冬1次，三龄幼虫越冬2次；在乌拉溪乡两年发生1代，以一、三龄幼虫越冬。

幼虫危害农作物较重，翠绿彩丽金龟成虫取食核桃、李、玉米及野生灌木叶片，未见成灾。其他虫态不进行补充营养或取食野生林木叶片。耕地零星分散。蛴螬分布受土壤影响，虫害常呈点状发生，在小片河谷地、谷坡、洪积扇上，只部分地块甚至个别地块受害，有的一块地内部分受害部分不受害。

4. 金龟子发生与土壤（土质）条件的相关性

土壤是金龟子等土居昆虫的一个特殊的生活环境。与昆虫生存关系的主要是土壤温度、湿度（土壤含水量）和理化性质。这些条件形成了各种土内各种特殊的生态系统和生存群落。本书根据土居昆虫的生活方式，可分为两大类群：一是终生在土境中生活仅偶尔露出地面。植食性金龟子（成虫）昼伏夜出，一般在日落之后的黄昏至第二天天明前的时间进行取食补充营养和寻偶交配外，其余时间均在土中生活，其卵、幼虫和蛹亦均在土中生活。白蚁和蝼蛄亦属于此类型；二是仅生活史中的一部分在土中或土表度过。如本书中的地老虎类、麦叒夜蛾、金针虫等。据统计，有95％以上的昆虫种类在它的生活史某一时期与土壤的关系密切。

土壤温度对土居昆虫的影响，与大气温度基本相同。除影响昆虫的生长发育和繁殖外，还影响到土居昆虫在土壤中垂直移动。一般是秋季温度下降时，昆虫向下迁移，气温愈低，潜土愈深。大栗鳃金龟从9月开始下潜，11月至翌年2月下潜到70.00 cm深度，到4月开始上移，到5～6月上移到作物耕作层，约离土表10.00 cm以内。每年如此上下作垂直移动是为了生存繁衍后代。小云斑鳃金龟幼虫一般在日平均气温11.00 ℃时，25.00 cm土温15.00 ℃，开始下迁越冬，当日平均气温达 -2.00 ℃时，25 cm土温2.00 ℃时，基本停止下迁，在原处作土室越冬，翌年春季，当日均气温达11.00 ℃，25.00 cm土温达14.00 ℃时又开始上迁，各龄越冬的幼虫上迁到土层5 cm处，到5月上旬上迁至耕作层，在土层10.00～15.00 cm处活动和危害。

土壤湿度与土居昆虫的关系，由于各种昆虫对土壤湿度的要求各有不同，所以土壤内含水量的多少及水的存在形式明显影响到土居昆虫的生长发育和分布。如金针虫，在土壤含水达50.00％～60.00％时处于生存最宜，土壤干燥时则向下迁移，土壤过于湿或过于干致其死亡。如果土内缺乏水分，金针虫不可能在早春活动，如果2～3月雨量充沛，土壤湿润对金针虫发生有利，青稞等麦类作物受害严重。

土壤湿度来自于雨水、积雪和灌溉等。大云斑鳃金龟，在一般情况下，在干旱年份，灌溉水后则有利于成虫产卵和幼虫孵化。据资料，7、8月两月共降水142.00 mm，此时正是成虫产卵和卵孵化时期，未灌水地有幼虫2.35头/m²，灌水地则有5.40头/m²。雨量的多少，直接影响到土壤的含水量，土壤湿度适宜，有利于雌虫掘土、产卵。土壤湿度低，干旱、坚硬，增加了雌虫的掘土难度，对其成虫产卵和孵化不利。特别是一龄虫，在干旱情况下极易死亡。根据资料，年降水量在500.00 mm以下，一龄幼虫量仅占总虫量的35.00％左右。雨量对二、三龄虫影响不十分明显。

土质对金龟子的发生的影响：九龙县土壤普查结果，全县有6个土类，13个土属，33个土种，在九龙河流域作物常受蛴螬危害的主要是卵石土、灰包土、石沙土、夹石大土、黄泥土等土种；金龟子群落组成中翠绿丽金龟占54.70％，云斑鳃金龟和小云斑鳃金龟占30.10％，大褐鳃金龟占8.20％，胸突鳃金龟占7.00％；不同土种的虫口密度为灰包土每平方米6.60头，卵石土每平方米6.40头，石沙土每平方米3.40头，夹石大土和黄泥土分别为2.70头和0.70头。可有多种蛴螬生长在相同土种的地块内，卵石土云斑鳃金龟占49.80％，其他土种

绿彩丽金龟占优势。（见表3-8）

表3-8　九龙河流域蛴螬群落组成与土壤的关系

土壤		取样 (m³)	虫数		翠绿丽金龟			大（小）云斑鳃金龟			大褐鳃金龟			灰胸突鳃金龟		
土种	质地		头数	头/m²	头数	占/%	头/m²	头数	占/%	头/m²	头数	占/%	头/m²	头数	占/%	头/m²
卵石土	紧沙	50	321	6.4	111	34.6	2.2	160	498	3.2	13	4.1	0.3	37	11.5	0.7
灰包土	沙壤	71	469	6.6	301	64.2	4.2	120	25.6	1.7	39	8.3	0.5	9	1.9	0.1
石沙土	沙土	35	119	3.4	81	68.1	2.3	10	8.4	0.3	13	10.4	0.4	15	12.6	0.4
夹石大土	中嚷	45	129	2.7	70	54.3	16	30	23.3	0.7	19	14.7	0.4	10	7.7	0.2
黄泥土	重壤	35	24	0.7	18	75.9	0.5	0	0	0	3	12.5	0.1	3	12.5	0.1
合计/平均		236	1 062	4.5	581	54.7	24	320	30.1	1.4	87	8.2	0.4	74	7.0	0.3

第四章　甘孜州土居害虫

一、等翅目 ISOPTERA

（一）白蚁科 Termitidae

白蚁科昆虫前翅鳞略大于后翅鳞，前胸背板窄于头部，翅的胫脉退化或缺，兵蚁及工蚁前胸背板的前中部隆起，腹末端尾须1~2节，各个品级有囟。

1. 黑翅土白蚁 *Odontotermes formosanus* Shiraki

国内分布，南自海南岛、北抵河南省、东至江苏省、西达西藏自治区的东南部，为地下巢居的土栖性白蚁。食性很杂，分布广，隐蔽性强，是危害重的土居（栖）害虫。

白蚁在进化历史上与蜚蠊近缘。这类昆虫的生活习性与膜翅目的蚂蚁有些相似，同属"社会性昆虫"，但是白蚁属于比较原始的昆虫，为不全变态类，触角念珠状，腹基粗壮，成虫前、后翅等长。而蚂蚁属于高等昆虫，为全变态类，两者有着显著区别。白蚁分布于热带、亚热带地区，我国已知种类有200多种，它以木材或纤维素为生。白蚁由于繁殖快、数量大，是一类危害性极大的害虫，它能蛀食木材、毁坏房屋、家具、布匹、纸张、木质电杆和铁道的枕木等，甚至也能蛀蚀橡胶、塑料、电讯器材。白蚁由于活动隐蔽，往往不易察觉，一旦发现，已造成严重的经济损失。土栖白蚁筑巢于地下，常使水库堤坝漏水跌窝，若遇暴雨山洪，危及堤坝安全，重者可引起决堤垮坝。白蚁曾被国际昆虫生理生态研究中心（ICTPE）列为世界性五大害虫之一。一些地方把白蚁称为"无牙老虎"，可想其危害严重性。公元前234年韩非子《喻表篇》中写到"千里之堤，以蝼蚁之穴溃"，后人将之演化为"千里之堤，溃于蚁穴"的成语。除此之外，白蚁还可危害多种农作物，如水稻、小麦、玉米、豆类和甘蔗等。同时对于森林的危害也相当严重，能蛀食杉、松、樟、桦、栎、槐等100多种林木。

白蚁体软而小，体长一般从几毫米到十几毫米，暗色或乳白色，为多形态群居性昆虫，不同品级的形态变化很大。以有翅成虫为例，体分头、胸、腹。头部可自由转动，口器咀嚼式，有眼和触角等；胸部3对足，跗节一般4节，很少3节，并有2对狭长的翅；腹部10节，雄性生殖孔开口于第九与第十腹板间，雌性生殖孔开口于第七腹板下面，腹末节有1对尾须，其节数为1~8节。

白蚁成熟的巢体在适宜的季节里于4~6月间进行分飞，此时大量有翅成虫从分飞孔涌出巢外，并向四处飞翔，随后落地，一雄一雌互相追逐配对，不久脱掉双翅，残留翅基，雌雄共同打洞，建立新群体。数日后开始产卵，卵期为一个月左右，孵出幼蚁，经数次蜕皮变成工蚁和兵蚁等。有了工蚁后，巢内所有的修筑杂务均由工蚁负担。数年后由1对雌雄可发展到成千上万头个体。在这样庞大的群体中，按不同品级的分化又可分为两大类型：一是生殖类型，如蚁王、蚁后；二是非生殖类型，包括没有生殖机能的其他品级。不同品级不仅在外形上有很大区别，而且在生理机能上也各不相同。

形态特征

兵蚁　体长5.44~6.03 mm。头暗黄色，被稀毛。胸腹部淡黄色至灰白色，有较密集的毛。头部背面为卵形。上额镰刀形，左上额中点的前方有一显著的齿，右上颚的相当部位有一不明显的微齿。上唇舌形，无透明小块，两边弧形，沿侧边有一列直立的毛，上唇长达并拢上额的中段。触角15~17节，第2节长度相当于第3节与第4节之和。前胸背板元宝状，前狭后宽，前部斜翘起，前后部在两侧交角之前有一斜向后方的裂沟，前后缘中央皆有凹刻。

有翅成虫　体长27.00~29.50 mm，翅展45.00~50.00 mm。头、胸、腹背面黑褐，头、胸、腹部的腹面为棕黄色。翅烟褐色。全身密被细毛。头圆形，复眼和单眼略呈椭圆形，复眼黑褐色，单眼橙黄色其与复眼的距离约等于单眼本身的长度。触角19节，第2节长于第3、4、5节任何一节。前胸背板略狭于头，前宽后狭，前缘中央无明显的缺刻，后缘中部向前凹入。前胸背板中央有一淡色的十字形纹，纹的两侧前方各有一椭圆形的淡色点，纹的后方中央有带分枝的淡色点。前翅鳞大于后翅鳞。

工蚁　体长4.61~4.90 mm。头黄色，胸腹部灰白色。头后侧缘圆弧形。囟位于头顶中央，呈小圆形的凹陷。后唇基显著隆起，长相当于宽之半，中央有缝。触角17节，第2节长于第3节。

蚁后和蚁王　有翅成虫经群飞配对而形成，其中配偶的雌性为蚁后，雄性为蚁王。蚁后的腹部到一定时期便随着时间的增加而逐渐胀大，这主要是腹部节间膜和侧膜延伸而形成。体长 70.00～80.00 mm，体宽 13.00～15.00 mm。蚁后的头胸部和有翅成虫相似，但色较深，体壁较硬。腹部各节的腹板和背板仍保持原来的颜色和大小。延伸的节间膜和侧膜为乳白色，侧膜上有许多棕褐色小点。蚁王形态和有翅成虫相似，但色较深，体壁较硬，体略有收缩。

卵　乳白色，椭圆形。长径 0.60 mm，一边较平直，短径 0.40 mm。

生物学特性

蚁王与蚁后在巢群中一般只有 1 对，但往往也可见到 1 王 2 后、1 王 3 后或 5 后和 2 王 4 后的。蚁王和蚁后专司繁殖后代。

王与后在巢中生活的位置，亦常随巢群的年龄或蚁后的大小而异。蚁后体较小时，巢群较嫩，王与后则无特殊结构的"王室"居住，只生活于菌圃的下方，由菌圃把它们盖着；蚁后体长达 3.00～4.00 cm 时，蚁群为青年时，则多在巢中较大菌圃的边缘突出一个土室生活。蚁后体形长达 4.00～6.00 cm 时，巢群已达成年或将达成年，王与后往往生活在巢中菌圃的泥质"王室"中。王室体积因年龄不同而异，大约第一年时体积为 0.90 cm^3，以后逐年增大，到第 9 年时则可达 63.90 cm^3。

有翅成虫一般称为繁殖蚁，是巢群中除王与后外能进行交配生殖的个体，但在原巢内是不能交配产卵的，一定要在分群移殖、脱翅求偶、兴建新巢后始交配繁殖后代。在未飞翔时，虽经羽化成熟，雌雄两性都不发生情欲现象。巢群中有翅成虫的数量与巢群的人小、蚁后数目的多少有关，成年蚁巢有繁殖蚁达 3 000～9 000 个。长翅繁殖蚁的幼蚁从刚具翅芽至完成最后一次蜕皮羽化共有 7 龄。在同一巢内，长翅繁殖蚁的龄期极不整齐，甚至同一时期能见到一至七龄的繁殖蚁，这反映长翅繁殖蚁是分期分批产生的，因此，羽化也是分期分批完成。刚具翅芽的若虫，5 月出现于巢内，6 月进入二龄，8 月进入三龄，11 月进入四龄，12 月进入五龄。

兵蚁　数量次于工蚁，虽有雌雄性之别，但无交配生殖之能力，为巢中的保卫者，保障蚁群不为其他昆虫入侵，每遇外敌即以强大的上颚进攻，并能分泌一种黄褐色的液体，以御外敌。

工蚁　数量是全巢最多的，巢内一切主要工作，如筑巢、修路、抚育幼蚁、寻找食物等，皆由工蚁承担。

活动与取食　黑翅土白蚁的活动有强烈的季节性，11 月下旬开始转入地下活动，12 月份除少数工蚁或兵蚁仍在地下活动外，其余全部集中到主巢。次年 3 月初，气候转暖，开始出土危害。这时，刚出巢的白蚁活动力弱，泥被、泥线大多出现在蚁巢附近。连续晴天，才会远距离取食。5～6 月形成第 1 个危害高峰期。7～8 月气候炎热，以早、晚和雨后活动频繁。卵粒在巢内堆放的位置也随着气候的变化而搬迁，一般规律是：头年 9 月至次年 6 月，卵粒一般集中堆放在主巢中部，特别是多腔中期前的巢群。7～8 月气候炎热，地温较高，卵粒分散堆放，除主巢中部外，主巢外围的卫星菌圃以及远离主巢的菌圃和空腔中也堆放大量的卵粒。入秋的 9 月后，逐渐形成第 2 个危害高峰期。被害较轻的幼树根和韧皮被啃，树叶呈枯黄状，有时新造幼树皮层被吃光后，幼树逐渐枯死。

群飞工蚁于 5 月初用新土在蚁巢附近地势开阔、植被稀少的地方，筑成突出地面的群飞孔，土粒较细，形状有两种：筑于斜坡的呈长方形，长 4.00～6.00 cm，宽 2.50 cm，突出地面 1.50 cm；筑于平地的高 3.00～4.00 cm，底径约 4 cm，形状不规则。孔群数量在 15～20 个之间，多的可达 60 个以上。在群飞孔内有成层排列的候飞室，长翅蚁在候飞室等候群飞。

6 月底，长翅蚁群飞完毕后，因雨水冲刷，地面的群飞孔会逐渐消失。群飞孔与蚁堆内，距离 1.00～5.00 m。黑翅土白蚁的群飞时间，在四川省是 5～7 月的雨天傍晚 8 时较多，在福建省龙溪地区是 4～6 月大雨中或大雨后的傍晚较多，在湖南省是在 4～6 月闷热的夜晚大雨前后，在广东省是气温 20.00 ℃ 以上、相对湿度 85.00% 以上的闷热天气或雨前傍晚。

巢体结构　有翅成虫脱去 4 翅，雌、雄配对，入地营巢。最初钻入地下营建的巢穴，只是一个 2.00 cm 大的土腔，3 个月左右出现 2.00 cm 大的菌圃，这时巢群拥有工蚁 33 只，兵蚁 2 只，幼蚁 58 只，卵 58 粒。6 个月后，菌圃增大至 4.00 cm，10 个月后菌圃增至 6.00 cm。一年后菌圃增至 11.00 cm × 9.00 cm × 26.00 cm。这一阶段，王和后仍无特别居住的"王室"，一年后蚁后的腹部开始膨大。巢由一个菌圃发展为 2 个以上菌圃，在旁边或底部修筑"王室"。

长翅蚁经群飞，脱翅配对入土建立新巢群开始，即为无菌圃期。从出现菌圃到进入单菌圃期约为 3 个月，这一阶段蚁后无明显变化，进入多腔初期至少要 1～2 年，这时蚁后腹部开始膨大，多腔初期每个菌圃都较饱满，面包状，入土深度 33.00 cm 左右。菌圃间的蚁道较狭，最大蚁路底径 1.50 cm，工蚁、兵蚁体形较小。3 年以后，进入多腔中期，巢系统出现空腔和不饱满菌圃。多腔中期是一个为时较长的发育阶段，"王室"在主巢中的位置有边缘、底部、中间三种情况，主巢特征不明显，旧主腔多见，反映了本阶段内主巢经二次变动，在变动之初剖巢，有王、后居住的主巢常小于放弃的旧主腔。主腔与其他菌圃间出现底径达2.00 cm以上的主道，同时，这种主道以巢为中心向四方延伸，标志着巢群的活动范围比以前更为广泛，蚁后的产卵量增大。巢群从无菌圃期发展到多腔中期，因群内都不产生长翅繁殖蚁，所以称为幼龄群体或幼龄巢。在这个发育阶段中，主巢位置主要由浅入深的变动和近距离的由坡外向坡内的水平迁移，主腔入土深1.00 m左右。进入层裂期，主巢由横列的泥骨将菌圃刈裂为许多层，并在周围出现卫星式菌圃，部分巢顶还出现了横竖交错的泥片层，这种结构夏季常被拆除，此阶段后，主巢温度才出现相对稳定，"王室"位于主腔菌圃中间，"王室"剖面为水饺状，这个阶段的主要特征是群体内产生了有翅成虫，因此，在近巢主道上方出现了候飞室和群飞孔等结构，象征着巢群已经发育成熟。进入块裂期后，主腔菌圃除有由横列的泥骨刈裂为更多的层外，同时一竖立的泥骨将菌圃刈裂为小块，"王室"在主巢中亦有由上而下迁动的过程，因而巢体内仍保留着离弃的"王室"。巢群从多腔中期进入层裂期的过程，主巢的位置除由浅入深和坡外向坡内变动外，在土层浅的条件下，往往出现向水平方向的较大迁移，同时，巢群出现5.00 cm底径的主道，主腔入土深度在1.50 m左右，最深在2.00 m以上。进入层裂期后，主巢位置基本固定。黑翅土白蚁群体庞大，在地下筑有大型而复杂的巢。一般老巢入土深1.00~2.00 m，有的深达4.00 m。主体由菌圃组成，菌圃状如面包。成年蚁巢结构是分散型。主巢外壳通常有一层5.00~10.00 mm厚的防水墙。蚁巢外表的形状像黄蜂窝。巢的内部有许多泥骨腔与菌圃之间由许多大小不同的孔道相连通。孔道直径在1.00~7.00 cm之间，其入土深度达2.70~3.60 m。在主巢周围还有许多副巢，一般几个至几十个，有的多达200多个。副巢与主巢之间或副巢与副巢之间有许多大大小小的蚁路相通。目前已发现有最长的蚁路达72.00 m，最大的蚁路高5.50 cm，宽4.50 cm。黑翅土白蚁有如下习性：无翅蚁有畏光性，而有翅蚁则有趋光性，有群栖性，一个白蚁的群体有个体几万只到一二百万只，喜湿怕水，喜温怕冷，不同巢群的兵蚁有好斗性，而同一巢群的兵蚁则有护群的习性，喜爱整洁。

　　白蚁的活动虽然比较隐蔽，但螳螂、山青蛙、蝙蝠、各种蚂蚁、蜘蛛、穿山甲等都是它的天敌。

防治方法

　　寻找蚁巢：①地形特征，白蚁筑巢的位置对环境有严格要求，特别是对食料、水分、温度有强烈的选择性。黑翅土白蚁巢多筑在背风、温暖、向阳近湿和食料充足的地方。凡是下雨后有积水的地方都不会有蚁巢。在食料分布均匀的地方，危害严重之处，是虫源的标志。在灾区，白蚁筑巢的特点是：高山在下坡、丘陵、平地（或盆地）高处多，西南、东北均有，同坡变形蚁落窝；土埂、山脚有，沟坑边缘蚁害多，树兜、古坟蚁作窝。②危害状，在一般情况下，离巢近，危害重，离巢远，危害轻。③地表气候，地下有蚁巢，地表有气孔，气孔是用来调节巢内的温度、湿度和输送氧气的。这种气孔很小，有时用肉眼很难辨别，但是，有气孔的地方，冬天下霜不见霜，下雪先溶化，雨后地表先干，太阳晒时，地表反而较湿润。④蚁路，由蚁巢通向被害物必然有蚁路，离主巢越近，蚁路越大，称主道，扁圆形。主道与被害物间有几条取食道，但在接近地面的取食道大小只有 0.40～0.60 cm，在地面通向被害物的取食道则筑成泥被线，地面的泥被线与地下的取食道连接相通。蚁害严重的地区地面的泥被线纵横交叉，四通八达，形如网状。⑤群飞孔，先分析后判断。白蚁可能筑巢的地形，再在这个地方寻找分群孔。⑥鸡㙡菌，在芒种、夏至期间，凡是地面上有鸡㙡菌的地方，地下常有土白蚁的巢。根据上述特征，分析判断蚁巢所在的位置。在追挖时，先从泥被线或分群孔顺着蚁道追挖，便可找到主道和主巢。

在追挖蚁巢时，应注意如下几点：①取食道不仅小，而且弯道多，在追挖时应注意去向，要沿着蚁路塞进一根茅秆或软树枝，边挖边塞，便可找到主道和主巢。②接近地面的取食道不仅小，而且弯曲多，但越接近蚁巢，主道越大，兵蚁和工蚁也较多，而且道壁四周光滑湿润，色泽新鲜，在取食道或主道内都有兵蚁守卫、工蚁来往。如果遇到所挖的蚁路干燥发霉，没有工蚁和兵蚁，甚至断路等现象，这就是旧蚁路，那就要分析判断，另找新路追挖。③在追挖过程中，要注意掌握对蚁道要挖大不挖小，挖新不挖旧，对白蚁要追进不追出，追多不追少的原则。一定要挖到主巢，消灭蚁王、蚁后和有翅繁殖蚁。

灭蚁方法：①灯光诱杀，每年 4～6 月间，是有翅繁殖蚁的分群期，利用有翅繁殖蚁的趋光性，在蚁害地区可采用黑光灯或其他灯光诱杀。②利用鸡㙡菌挖巢，每年芒种、夏至期间，在蚁害地区，如发现地面上有鸡㙡菌，地下必有蚁巢，可根据这一指示物进行挖巢。③压烟法，找到通向蚁巢的主道后，将压烟筒的出烟管插入主道，用泥封住道口，以防烟雾外逸，再把杀虫烟雾剂放入筒内点燃，扭紧上盖，烟便自然沿蚁道压入蚁巢，杀虫效果很好。④采用灭蚁药剂喷杀，对于能找到白蚁活动的场所，如群飞孔、以路、泥被线，危害严重的部位，可直接施药，不需再行找巢，即可达到全歼蚁群的目的。对于比较容易找到的白蚁活动场所，如聚集在树根内的白蚁群，可将药直接喷入，不必挖巢，即可达到全歼巢群的目的。在找不到蚁巢的情况下，可先挖一个诱集坑（深 30.00 cm、长

40.00 cm、宽20.00 cm)，然后把大叶桉的树皮或甘蔗渣、松木片、芒茸骨等捆成小束（每束长25.00 cm、径10.00 cm）埋入坑内作诱饵物，在干燥的季节，饵物上要泼上一些洗米水或糖水，坑面加盖松土，过半个月后进行检查，如发现有大量白蚁被引来时，将饵物提起来，将灭蚁药物均匀地喷在白蚁身上，先喷坑的下面，后喷上面，喷好后，把饵物放到原来的位置上，然后盖好，过一周再来检查处理，直至达到防治目的为止。一般在白蚁活动较频繁的季节（4~10月）施药，收效较快。（药剂可根据实际情况选择）

2. 黄翅大白蚁 *Macrotermes barneyi* Light

黄翅大白蚁属等翅目白蚁科、蛮白蚁属（Miorotermes）。

形态特征

大兵蚁　体长10.50~11.00 mm。头深黄色，上额黑色。头及胸背板上有少数直立的毛。腹部背面毛少，腹面毛较多。头大，背面观长方形，略短于体长的1/2。囟很小，位于中点之前。上颚粗壮，镰刀形，左上颚中点之后有数个不明显的浅缺刻及一个较深的缺刻，右上颚无齿。上唇舌形先端白色透明。触角17节，第3节长于或等于第2节。前胸背板略狭于头，呈倒梯形，四角圆弧形，前后缘中间内凹。中后胸背板呈梯形。中胸背板后侧角成明显的锐角。后胸背板较短，但比中胸背板宽。腹末毛较密。

小兵蚁　体长6.80~7.00 mm，体色较淡。头卵形，侧缘较大兵蚁更弯曲，后侧角圆。上颚与头的比例较大兵蚁为大，并较细长而直，触角17节，第2节长于或等于第3节。

有翅成虫　体长14.00~16.00 mm，翅展50.00~54.00 mm。头、胸及腹部背面红褐色，足棕黄色，翅黄色。头宽卵形。复眼及小眼椭圆形，复眼黑褐色，小眼棕黄色。触角19节，第3节微长于第2节。前胸背板前宽后窄，前后缘中央内凹，背板中央有一淡色的十字形纹，其两侧前方有一圆形淡色斑。后方中央也有一圆形淡色斑。前翅鳞大于后翅鳞。

卵　乳白色，长椭圆形，长径0.60~0.62 mm，一面较平直，短径0.40~0.42 mm。

大工蚁　体长6.00~6.50 mm。头棕黄色，胸腹浅棕黄色。头圆形，颜面与体纵轴近似垂直。触角17节，第2~4节大致相等。前胸背板约相当于头宽之半，前缘翘起，中胸背板较前胸略小。腹部膨大如橄榄形。

小工蚁　体长4.16~4.44 mm，体色比大工蚁浅，其余形态基本同大工蚁。

生物学特性

黄翅大白蚁营群体生活。整个群体包括许多个体，其数量大小随巢龄的大小而不同，从数百个到数百万个。每个个体都是群体中的一个成员，单个白蚁或极少数的白蚁，在天然情况下，离开群体就无法生存，一个白蚁群体在长期适应环境的过程中，形成了形态、机能和生活习性的分化，根据这种分化，白蚁群体内可以划分为生殖型和非生殖型两大类。每型之下又可分为若干品级。

生殖类型　即有翅成虫，在羽化前为有翅芽的若虫，群飞后发展成为原始型蚁后和蚁王，在大白蚁亚科中至今未发现有补充繁殖蚁，但在巢中有时能发现有未经群飞的有翅繁殖蚁可以直接脱翅交配产卵，在一定程度上也起补充繁殖蚁的作用。

非生殖类型　主要有工蚁和兵蚁，它们都有性的区别，但性器官发育不完全，无生殖能力。在工蚁中，黄翅大白蚁又有大、小工蚁之分。工蚁在群体中数量最多，担任群体内的一切事务，如筑巢、筑路、运卵、取食、吸水、清洁、喂养蚁后、蚁王以及抚育幼蚁等工作。兵蚁的主要职能是警卫和战斗，因此上颚特别发达，但无取食能力，需工蚁喂食。在黄翅大白蚁群体中，兵蚁分大小两种，大兵蚁主要集中在蚁巢附近。

在初建巢的蚁群中只有工蚁，以后随着蚁群的增长而兵蚁逐渐增加。兵蚁在群体中所占百分数，不但因种群不同，即使在同一种白蚁中也随群体的年龄不同而有变化。

对一个白蚁群体，产生几种不同的类型和品级的原因，认识不一，一般多认为是外激素的作用。

群飞　黄翅大白蚁群飞时间随地区和气候条件而异。据观察，湖南省、江西省群飞在5月中旬至8月中旬；广州地区3月初蚁巢内出现有翅繁殖蚁，群飞多数在4、5月份。在一天中，江西省多在23时至凌晨2时，广州以黎明4~5时群飞最多，群飞往往在大雨前后或雨中进行。群飞前由工蚁在主巢附近的地面筑成群飞孔。分群孔较明显，土粒较粗，群飞孔呈肾形凹入地面1.00~4.00 cm，长1.00~4.00 cm，孔口周围撒有许多泥粒。一巢白蚁有群飞孔几个到100多个。群飞可分多次进行，一般5~10次，每年群飞期飞出的有翅繁殖蚁的数量随巢群的大小而异，兴旺发达的巢群可飞出2 000~9 000头成虫。黄翅大白蚁有时隔1~2年才群飞1次，有时可连续数年群飞，情况不一。

有翅成虫群飞后，雌雄脱翅配对，然后寻找适宜的地方打洞入土营巢，营巢后约6天开始产卵，第1批卵30~40粒，以后每天产4~6粒，卵期约40天。

据成年巢观测，由若蚁发育成工蚁需要经过 3 个龄期，历时 4 个月许，发育为兵蚁要经过 5 个龄期，发育为有翅成虫要经过 7 个龄期，并要经过羽化，历时 7～8 个月。初建群体的入土深度，在前 100 天内为 15.00～30.00 cm。巢体只有一个平底上拱的小空腔。

初建群体发展很慢，从群飞建巢到当年年底，巢内只有几十头工蚁和少数兵蚁。以后随着时间的增加和群体扩大，巢穴逐步迁入深土处到第 4 年或第 5 年主巢定栖在适宜的环境和深度，一般不再迁移。在巢内出现有翅繁殖蚁群飞时，此巢即称成年巢。

黄翅大白蚁对树木的危害有一定的选择性。一般对含纤维质丰富，糖分和淀粉多的植物危害严重，对含脂肪的植物危害较轻。白蚁的危害和树木体内所含的保护物质如单宁、树脂、酸碱化合物的状况以及树木生长好坏有十分密切的关系。树木自身对白蚁有一定的抗性，即使是白蚁嗜好的树种，若生长健壮，白蚁也极少危害。但当苗木未能适地适时种植，植后管理不良，或因气候干旱引起生理失调，体内保护物质减少或枯竭，失去保护作用，白蚁即乘虚而入引起严重危害。一般危害幼苗较大树严重，旱季较雨季严重。在旱季由于白蚁从土壤中获得水分困难，只有加强取食活的植物，从中得到所必需的水分，于是地表的植物受白蚁危害严重。此外，常见桉树、杉木等树干上布有许多泥被和泥线，这些白蚁主要取食树皮的无生机部分，但有时也能危害树木的受伤部分而引起整株死亡。

防治方法

营林措施　由于黄翅大白蚁通常在植物生长较弱的时期危害，如在苗木扦插、移植、定植未能恢复生机时，或者是林木生长不良时危害严重，所以造林应做到适地适树，起苗移苗时少伤苗根，保证造林质量，栽后加强管理，使苗木迅速恢复生机，增强抗蚁能力。长途调运易受白蚁危害的苗木，最好在雨季造林。这时白蚁分散危害，同时土中水分充沛，白蚁危害轻，苗木又易恢复生机。有些地区土壤条件差，全垦造林后往往引起白蚁集中危害苗木，也可以考虑带垦。

化学药剂防治　①用 48% 毒死蜱乳油 1 000 倍液喷雾，进行苗圃土壤处理，每亩用量因树种而异，一般每亩 15.00～20.00 kg；施入浅耕土表使药液与土拌匀，可防治白蚁和其他土居害虫危害。②苗木生长期如遭白蚁危害，可用 75% 辛硫磷乳油 800～1 000 倍液，根据苗木大小，每株喷淋 1.00～2.50 kg。

挖巢　由于这两种土栖白蚁至今未发现补充繁殖蚁，挖巢消灭蚁后、蚁王，残留蚁群，一年内可自行灭亡。挖巢灭蚁首先要判断白蚁主巢的位置。

泥被泥线找巢法　土栖白蚁在地下营巢，到地面取食活动，所到之处都筑有掩盖，土体出现泥被泥线，根据泥被泥线追踪蚁巢。一般泥被泥线经常出现的地点，以及秋末春初出现的泥被泥线，距离主巢比较近。在追挖蚁巢时，蚁路越来越粗大的方向和大量白蚁逃窜的方向就是白蚁主巢的方向。

根据群飞孔找巢　白蚁每年 4～6 月份进行群飞。一般在群飞前 1～2 天才将群飞孔筑好。群飞孔在地面易于寻找，而且距主巢不远。群飞孔的分布状况和主巢位置有一定的关系。群飞孔的分布有多种形式，如圆弧形、两点式、三角点等，但主巢位置一般都位于群飞孔群分布点的中央位置。如地形为斜坡，主巢位置一般都位于群飞孔集中处的上坡 1.00～2.00 m 处。树周围 1.00～2.00 m 内有群飞孔，一般主巢就在树根下。

根据鸡㙡菌找巢　土栖白蚁的菌圃都能长出伞菌，俗称鸡㙡菌。鸡㙡菌每年 6～8 月份长出地面，有约 35 cm 长的假根通向菌圃。根据鸡㙡菌可以挖灭许多幼龄巢，并可根据菌圃追主巢。但不是所有的菌圃都能长出鸡㙡菌，只有当菌圃的深度、周围的土质和环境都适宜时才能长出鸡㙡菌。

熏烟灭蚁　根据白蚁的各种地表特征，综合判断主巢的大致方向，挖截主道，在通向主巢的主道口熏烟。

土坑诱杀　在有白蚁危害的时间和地点，挖 30 cm 见方的土坑，每亩 10 个，坑内放白蚁喜食的桉树皮、松材等食物。坑面要覆盖草或土，周围要开一排水沟以防积水。设坑后 7～10 天检查，如有大量白蚁诱来，可喷灭蚁灵农药，让白蚁带药回巢，引起白蚁大量死亡，反复多次可灭整巢白蚁。

白蚁的利用

人们在认识白蚁时往往仅注意到其对人类有害的一面，而实际在自然中，也有其有益的一面。如在物质循环中所起的作用，特别是土栖型白蚁，以其难以估计的个体数量昼夜不停地分解枯死植株、落叶的纤维素，加速了物质循环。可食用的白蚁真菌，大白蚁亚科（Macrotermitinae）中的几个白蚁种类的菌圃中，可长出供食用的真菌，主要是毒伞科（Amanitaceae）中的鸡菌属（Termitomyces）和华鸡菌属（Sinotermitomyces）。李时珍在《本草纲目》中记载："鸡㙡，又名鸡菌，南人谓鸡，皆言其味似之也。"

白蚁的医疗作用　《本草纲目》中记载："白蚁泥。主治恶疮肿毒，用松木上者同黄丹烙黑，研和香油涂之，即愈止。"在大白蚁亚科（Macrotermitinae）中的某些属的白蚁死亡或衰亡菌圃中长出的黑炭棒菌（*Xylaria nigripes* KI.）能形成黑色外表坚硬、内部白色肉质的"菌核"，可入药（中药，名为"乌灵参"），具有补气、固肾、健脾除湿、镇静安神之功用。

白蚁食用　白蚁体内含有丰富的蛋白质、脂肪、微量元素、甾体、维生素等，其干物质 1/2 左右的蛋白质中含有人类必需的 18 种氨基酸和人体生长、发育所需的各种微量元素，因此白蚁是一种理想食品。

白蚁找矿　据张贞华（1987）报道：黄翅大白蚁和黑翅土白蚁在铜矿区的土壤中营巢，具有指示该区土壤及岩石含铜的实际意义，有利于找矿。

二、直翅目 ORTHOPTERA

（一）蟋蟀科 Gryllidae

蟋蟀已知有 2 300 种以上。革翅摩擦发音，有胫节听器。雄虫革翅摩擦发音器较螽斯科的大，而且两革翅同样地发生变化。蟋蟀的发音因种类而异，因此，在维持生殖隔离上起着重要作用，使分类学家能区别同属种。前足上的听器彼此不同，外面的一个比内面的一个大。许多蟋蟀完全无翅。有一属蟋蟀的革翅为弧形，角质，外形很像甲虫。产卵管细长，圆柱形，多少有点带针状，有 1 对很长的无节尾须。

大多数种的卵散产于土中，少数在地下生活的种则将其卵成块地产于地下室，而另一些种则将其卵均匀地呈单行产于小枝的髓中。幼虫蜕皮 5 次或 5 次以上。以卵、若虫或成虫过冬。食性杂，喜热、干地方，生活于穴中、原木下、枯死叶中、乔木或灌木上。有一类蟋蟀体形小，近球形，无翅，与蚂蚁生活在一起，产于欧洲、亚洲及美洲。有一类蟋蟀身上有微细鳞片。树蟋蟀则体色较淡。灌木蟋蟀较大，褐色，多产于旧大陆。

雄虫前翅具发音器，它由翅脉上的小刮片、摩擦翅脉及发音器组成。蟋蟀鸣声的音调是种类鉴定的可靠依据，也为了交尾和助威斗杀。

多数蟋蟀一年发生 1 代，以卵在土中越冬。卵长筒形，散产于土中，树蟋则成排产于树枝内。初孵化的若虫蛆形，很快蜕皮变成一龄若虫。成虫、若虫日间隐藏于作物、草丛、砂石、朽木下或土穴内，夜间危害植物，食性杂，是农业地区重要的土居害虫之一。

油葫芦 *Cryllus testaceus* Walker

形态特征

雄虫　体长 26.00 ~ 27.00 mm，雌虫体长 27.00 ~ 28.00 mm，雌雄翅长均为

17.00 mm。体大型，黄褐色，头顶比前胸背板前缘隆起，背板前缘与两腹相连接，"八"字黄微弱不显，体色淡。

生物学特性

一般一年发生 1 代，以三至五龄若虫越冬，次年 2~3 月恢复活动，5~7 月羽化，6 月成虫盛发，7~8 月为交尾盛期，6~10 月产卵，8~10 月孵化，若虫期 7~9 个月，共 7 龄。寿命 2~3 个月，卵期 20~25 天。

蟋蟀为穴居性昆虫，昼伏夜出，能互相残杀。除初孵若虫外，成虫、若虫各自掘洞穴，一虫一洞独居，雌雄交尾时期才同居一次。卵产于雌虫居住的洞穴底部，20~50 粒一堆。一雌可产卵 150~200 粒。初孵若虫常 20~30 头暂时群居于母穴中，取食母虫储备的碎叶等食物，稍长大，即分散自行觅食，并潜居于土块下、隙缝中，随后即各自挖掘新穴独居。

穴道弯曲，深度与若虫龄期、温度及土质有关。幼龄若虫洞浅，老龄若虫和成虫的洞深，低温季节洞较深。一般一龄若虫的洞深 3.00~7.00 cm；二龄深 10.00~20.00 cm，且土洞较集中；老龄及成虫洞穴可深达 80 cm 以上，土洞也较分散；沙质土壤表土层厚的，洞可深达 1.50 m。喜干燥，每逢雨后，多移居到接近地面的孔道；如久雨不晴，地下水上涨时，常能用土将洞道分隔，转至上层栖居。洞口大如手指，圆形，常有松土堆覆盖。出土时，用头部和前足推开洞口的松土堆，探出头部，左顾右盼，并用前足梳刷颜面、触角和口器等，作短暂停息后，才爬出洞口活动；如遇惊扰，即迅速缩回洞内。常在洞口附近觅食，除就地取食外，并将嫩茎切断拖回穴中啃食，或作为贮备。通常 5~7 天才出穴一次，但 7~8 月交尾盛期，外出较为频繁，多在傍晚 19~20 时出穴。晴天闷热无风，或久雨初晴的温暖夜晚，出穴最多；夏季阵雨初晴后的白天也出穴活动，或到洞口振翅低鸣求偶；阴雨、风凉的夜晚则甚少出穴。外出活动回穴后，即用后足将洞内泥土堆塞洞口，因此，在有蟋蟀生活的地区，地面有松土堆的，就是它潜居穴内的标志。

成虫求偶时，首先自洞口露出前半身，振翅高鸣，或外出四处鸣叫，招引异性。交尾时迁入雌虫穴中同居，雌虫在穴中的内侧，雄虫在外侧。

此虫多发生于土质疏松、植被稀少或低洼、撂荒的沙壤旱地，或山腰以下的苗圃和全垦林地、沿河台地等。其危害与气候关系密切，如秋旱冬暖，有利于幼龄若虫的生长发育，常给秋播冬种作物及苗圃幼苗带来较大灾害。3~6 月如遇春旱、气温偏高的年份，有利于越冬后的若虫和成虫活动，故常对春播幼苗造成严重的灾害。此虫对霉、酸、香、甜的物质相当喜好。

防治方法

防治此虫采用毒饵、毒谷诱杀、药剂拌种、药液灌注、挖洞捕杀、诱捕等防治措施。

①48% 毒死蜱乳剂 500.00 g 兑 1 000.00 g 切碎的新鲜菜叶（或鲜草 30.00 ~ 50.00 kg）制成毒饵，每亩用 1.50 ~ 2.00 kg，诱杀效果很好；②播种后，每亩直接喷雾 1 000 倍 48% 毒死蜱乳剂于土面，防治也甚佳；③地面发现松土堆时，于傍晚放用制成的毒饵施于松土堆附近，每亩放毒饵 20.00 ~ 30.00 g，施放时不要用脚踏空洞。

（二）蝼蛄科 Gryllotalpidae

体大型，狭长。头小，圆锥形。复眼小，突出，单眼 2 个。前胸背板椭圆形，背隆起如盾，两侧向下伸展几乎把前足胫节包围。前足特化为粗短结构，胫节特短宽，三角形，其端刺甚强，变成便于掘土的爪子，内侧有一裂缝是听器；腿节略弯，片状。前翅短。雄虫能鸣，发音镜不完善，仅以分脉和斜脉为界，形成长三角形室；端网区小。产卵管退化。蝼蛄一生营地下生活，食害新播的或发芽的种子；幼苗出土后，咬食作物根、茎造成缺苗。蝼蛄食性杂，危害各种杂粮旱作、瓜类、蔬菜及树苗，东方蝼蛄在南方还危害水稻，台湾蝼蛄在台湾危害甘蔗。成虫有趋光性，在夏、秋季当气温在 18.00 ~ 22.00 ℃，风速小于 1.50 m/s 的 6 月之夜，可诱到大量蝼蛄。成虫、若虫均擅游泳，雌虫还能保卫卵及初化若虫，直至四龄期才让它们独立生活。蝼蛄发生与环境有密切关系，常流行于平原轻盐碱地以及河、海、湖等低湿地带，特别是沙壤土、质松软、多腐殖质的田块危害严重。

东方蝼蛄 *Gryllotalpa orientalis* Burmeister

东方蝼蛄国内分布遍及全国，食性杂，是多种农作物、苗圃、烟草、蔬菜苗期的主要土居害虫。

形态特征

成虫　体长 30.00 ~ 35.00 mm，前胸宽 6.00 ~ 8.00 mm。体浅茶褐色，密生细毛。前胸背板卵圆形，中央有一个凹陷明显的暗红色长心脏形斑，长 4.00 ~ 5.00 mm。前翅超过腹部末端，后足胫节背面内侧有能动的棘 3 ~ 4 个。

卵　椭圆形，长 2.00 ~ 2.40 mm，宽 1.40 ~ 1.60 mm。初产时灰白色，有光泽，后渐变为灰黄褐色，孵化前呈暗褐色或暗紫色。

若虫　初孵若虫乳白色，复眼淡红色。其后，头、胸部及足渐变为暗褐色，二至三龄以后，体色和成虫近似。一龄若虫体长 4.00 mm 左右，六龄若虫体长 24.00 ~ 28.00 mm。

生物学习性

东方蝼蛄一年发生 1 代。以成虫及有翅芽若虫越冬，越冬成虫、若虫于来年 4 月上旬开始活动。5 月为危害盛期，5 月中下旬在土中产卵，产卵前在 5.00 ~ 10.00 cm 深处做扁圆形卵室，产卵 30 ~ 50 粒。一头雌虫可产卵 60 ~ 80 粒。5 月下旬到 7 月上旬是若虫孵化期，以 6 月中旬孵化最盛。孵化后 3 天若虫能跳动，并逐渐分散危害。昼伏夜出，以 21 ~ 23 时为取食高峰。秋季天气变冷后，即以成虫及老龄若虫潜至 60.00 ~ 120.00 cm 土壤深处越冬。若虫共 6 龄。

有较强的趋光性，嗜食有香、甜味的腐烂有机质，喜马粪及湿润土壤，故有"蝼蛄跑湿不跑干"之说。土壤质地与虫口密度也有一定关系，在盐碱地虫口密度最大，壤土次之，黏土地最少。

蝼蛄一年中的活动情况和土壤温度有密切关系。据观察，可分成下列 6 个阶段：

（1）冬季休眠阶段　10 月下旬（旬平均气温 6.60 ℃，20.00 cm 深土温 10.50 ℃）至翌年 3 月中旬（旬平均气温 -1.40 ℃，20.00 cm 深土温 0.30 ℃），为越冬阶段。一窝一头，头部向下，犹如僵死状态。

（2）春季苏醒阶段　3 月下旬（旬平均气温 2.30 ℃，20.00 cm 深土温 2.30 ℃）至 4 月上旬（旬平均气温 6.90 ℃，20.00 cm 深土温 5.40 ℃），随气温回升，即开始活动。清明后，头部转向上，进入表土层活动，洞顶有一小堆新鲜虚土，这一特征可以作为调查春季虫口密度的标志。

（3）出窝迁移阶段　4 月中旬（旬平均气温 11.50 ℃，20.00 cm 深土温 12.40 ℃），地面出现大量虚土隧道。

（4）危害猖獗阶段　5 月下旬（旬平均气温 16.50 ℃，20.00 cm 深土温 15.40 ℃）至 6 月中旬（旬平均气温 19.80 ℃，20.00 cm 深土温 19.60 ℃）大量取食，对播种苗造成严重危害。

（5）越夏产卵阶段　6 月下旬（旬平均气温 22.60 ℃，20.00 cm 深土温 22.60 ℃）至 8 月下旬（旬平均气温 22.30 ℃，20.00 cm 深土温 24.10 ℃），天气炎热，若虫进入 30.00 ~ 40.00 cm 土中越夏。

（6）秋季危害阶段　9 月上旬（旬平均气温 18.00 ℃，20.00 cm 深土温 19.90 ℃）至 9 月下旬（旬平均气温 12.50 ℃，20.00 cm 深土温 15.20 ℃），越夏和当年新生若虫急需取食，主要对冬麦等造成危害，对林业苗圃，因苗木已木质化，一般不能造成很大危害。10 月中旬以后，随着气温下降，即陆续入土越冬。

防治方法

东方蝼蛄趋光性强，羽化期间，用黑光灯诱杀，在夏天无风闷热的天气诱杀效果较好。

红脚隼、戴胜、喜鹊、黑枕黄鹂和红尾伯劳等食虫鸟类是蝼蛄的天敌，可在苗圃周围植杨、刺槐等防风林，招引益鸟栖息繁殖，以利消灭害虫。

做床（拢）时使用毒土进行预防。用 40% 毒死蜱乳油 50.00 mL/亩加适量细土拌均匀，随粪翻入地中，每亩用药 1.50～2.00 kg。

发生期用毒饵诱杀。毒饵的配法：用 48% 毒死蜱乳油 500.00 g 加饵料 5.00 kg 拌成，或 90% 敌百虫原药用热水化开，500.00 g 加水 5.00 kg，拌饵料 50.00 kg。毒饵配制时要注意下列问题：所用饵料（麦麸、谷糠、稗子等）要煮熟或半熟或炒香，以增强引诱；傍晚将毒饵均匀撒在苗床上；防止家畜、家禽误食中毒。

用马粪或鲜草诱杀也有较好的效果。在苗圃步道间，每隔 20.00 m 左右挖一小坑（规格 30.00 cm×20.00 cm×6.00 cm），然后将马粪或带水的鲜草放入坑内诱集，加上毒饵更好，次日清晨到坑内集中捕杀。

三、鞘翅目 COLEOPTERA

（一）金龟子基本特征

金龟子属鞘翅目（COLEOPTERA）金龟子总科（Scarabaeoidea）的总称。为鞘翅目中较大的类群。全世界已录有 19 000 种，我国记录了约 1 300 余种。《昆虫分类学》蔡邦华（1973），金龟子总科下设 22 科。本书共记述 12 科 59 属 148 种。

现将与金龟子有关基本特征简述于后。

1. 外部形态

成虫　成虫的形态多种多样，概括起来有以下 5 种：长卵形、椭圆形、卵圆形、扁圆形和球形。个体大小种间变异很大。体长最短仅 3.00 mm，最长可达 60.00 mm，长短之差达 20 倍之多。

金龟子属昆虫纲，其外部形态可分为头、胸、腹 3 个部分，体色变化也有很大，有的呈黑色、有的呈褐色、有的呈绿色等，有的色泽灿烂，有的则很暗淡，主要系种间的遗传，也有系生存环境的适应，但在同一种群内或同一属内其体色则变化不大。其成虫外部形态如图4-1：现分头、胸、腹3个部分，简述于后。

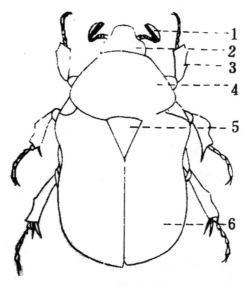

图4-1　成虫形态图

1. 触角；2. 头部；3. 前足胫节；4. 前胸背板；5. 中胸小盾片；6. 鞘翅

头部　又称神经指挥中心。

头较小而圆，前口式。唇基位于头的最前方，扁平横宽，多数种类近于梯形或长方形，边缘多向上卷起，前缘中央常多少有些凹入，唇基上常密布刻点，有的种类还具黄色短毛。额区较平，中间微凸，其上常密布刻点；一些类群如犀金龟科、金龟子科等，额上长有各式凸起，以雄体尤为显著。

复眼：大而圆，黑色，明显突出，着生于额区两侧。

触角：着生在复眼下前方，即唇基与额区交界处的下方，由8～11节组成，多为9节或10节。棒状部由3～8节组成，多为3节，通常雄虫较长大，雌虫较短小。以触角10节，棒状部3者为例，第1节（柄节）长而大，第2节圆筒形，小于第1节，第3、4、5节呈球形，第6、7节较扁平，第8节以后均特化成薄片状，能开合活动，称棒状部。

触角的形状多种多样，图4-2、图4-3、图4-4介绍几种金龟子触角的形状。

胸部　又称运动中心。

前胸：前胸背板横宽，大多数种类长宽之比，大体为1:1.5左右（即长为

 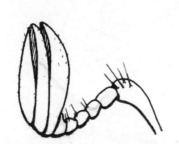 

　　　图4-2　臭蜣螂　　　　　图4-3　直蜉金龟　　　图4-4　大云鳃金龟

1，宽为1.5），前胸背板前缘、侧缘常具显著边框，侧缘明显向外扩展（简称外扩），外扩的顶点（最宽点）多在侧缘中间（中点）或接近中点，有些类群常有各式突起或凹陷。

　　中胸：中胸背板只见小盾片，小盾片呈三角形或半圆形，表面光滑或有刻点。金鱼子科的大多数种类小盾片不见。

　　后胸：筒状，背板前缘具肩。

　　翅：2对，前翅为鞘翅，鞘翅会合处缝肋显著，多数种类每鞘翅上有纵肋纹4条，或8~9条，简称纵肋（亦称隆起或隆线），靠近鞘翅会合处为缝肋，向外顺序为纵肋Ⅰ、Ⅱ、Ⅲ、Ⅳ，纵肋间分布有大小不等、深浅不同的刻点，或无纵肋而有成列刻点（刻点列）9列。鞘翅的外侧缘有纵脊状的缘折。后翅透明膜质。少数种类后翅退化。

　　足：3对。分别着生在前、中、后胸的腹面。由基节、转节、股（腿）节、胫节和跗节组成。跗节有5节，末端具爪1对或后足仅1爪，有的爪分叉。前足较短而粗大，胫节扁而膨大，外缘通常具2~3个或多至4~7个齿突，内缘常有一距称内缘距，中、后足较细长。

　　图4-5至图4-7为大云斑鳃金龟胫节和棕色鳃金龟和鲜黄鳃金龟的爪。

　　腹部　又称生殖中心。

　　臀板多外露，或全被鞘翅覆盖，有时前臀板部分外露。

　　雄性外生殖器、是昆虫分类学工作者，在鉴别种类时常用的一个很好的特征。在金龟子分类中，主要是应用阳茎端部的阳基侧突的形态差异来区别种类。不同的科、属、种的阳基侧突常常差异比较明显，有对称和不对称之别，有管形或基本管形、双叶形、泡囊形等。阳茎中突突片的数目及其末端形状，有时也是

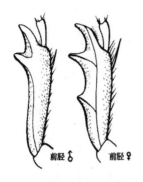

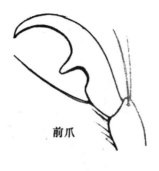

图 4 - 5　大云鳃金龟　　　　图 4 - 6　棕色鳃金龟　　　　图 4 - 7　鲜黄鳃金龟

区分种类的特征之一。

图 4 - 8、图 4 - 9 为金龟子雄性外生殖器。

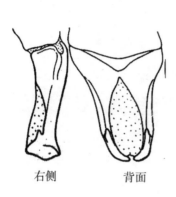

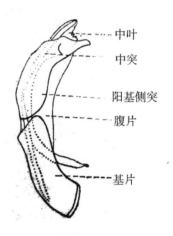

图 4 - 8　大栗鳃金龟（雄性外生殖器）　　图 4 - 9　暗黑鳃金龟（雄性外生殖器）

幼虫

金龟子的幼虫属下口式类型，体形肥胖多皱褶而弯呈"C"形，即蛴螬形，多呈白色或乳黄色。头壳大，圆而硬，具胸足3对。

头盖缝（或称脱裂缝）：位于头壳上方中央，其中干称冠缝，分叉部分称额缝。

臀节：即腹部第9节和第10节的总称。臀节的构造在种的鉴定上常是一个很重要的依据，主要是：

肛背片：即臀节背面，有些种类具由细缝围成的圆形或心脏形的臀板。

肛裂：即肛门孔的裂口，有纵裂状、横裂状和三射裂状。

肛腹片：即臀板腹面，在肛门前的一个复杂区域，其上有刺、毛及裸区并作一定的排列，故称复毛区。多数种类在复毛区中间排列有刺毛列，刺的形状、大小、数目，特别是刺毛列的排列形式，常常是鉴定种类的依据（图4－10）。

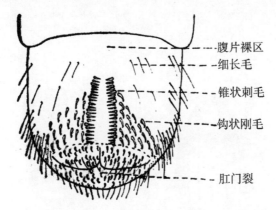

- 腹片裸区
- 细长毛
- 锥状刺毛
- 钩状刚毛
- 肛门裂

图4－10　幼虫尾节腹面（棕色鳃金龟）

2. 生物学习性及经济价值

金龟子原来具有挖土习性，这种习性在大多数种类中仍然或多或少地存在。身体坚实而粗壮。几乎所有种类善飞，无翅种很少。一般雌虫无翅，但也有两性均无翅的。有些种颜色鲜艳，而且头部和胸部常常有显著的表皮外长物，因此产生了在昆虫界中某些稀奇古怪的种类。性二型是很特殊的现象，几乎身体每一部分都可以发生变异。在许多情况下一个种的雌雄非常不同，以致被误以为是两个属。金龟子的另一个特点是有各种各样的摩擦发音器，不仅成虫如此，幼虫也这样。幼虫期长短不一样，多数为两年，也有3~5年的，幼虫生活于土中的林木腐朽部分或粪便、垃圾中。幼虫多取食土中有机物。幼虫体宽而多肉，白灰色或灰白色，体态弯曲，呈"C"字形；幼虫无臀板或尾须，并几乎具有筛形气孔，足发达，但很少运动，大多数幼虫仰卧或侧卧于充足的食物中。因此，无须做很多的运动。

金龟子的繁殖方式

昆虫的繁殖方式很多，有卵生、单性生殖、多胚生殖和卵胎生。金龟子属于卵生一类昆虫。即必须经过雄性（♂）与雌性（♀）交配授精，由雌性受精卵产于体外，才能发育成新个体。这种方式繁殖又称为两性卵生生殖。

金龟子的发育和变态

金龟子和其他昆虫一样其发育过程为：胚胎发育阶段（卵内的发育阶段）；胚后发育阶段（即胚胎发育阶段完全完成后，幼虫从卵中破壳而出进入胚后发育阶段，幼虫发育完成后，经过几次蜕皮进入蛹期阶段，羽化为成虫到性成熟）。

即金龟子生活史要经过成虫（♀×♂）→卵→幼虫→蛹→成虫4个阶段。

昆虫纲的发育变态有：不完全变态。成虫→（若虫）卵→幼虫（若虫），经过3个发育阶段；完全变态。成虫（♀×♂）→卵→幼虫→蛹→成虫，经过4个发育阶段（图4-11）。

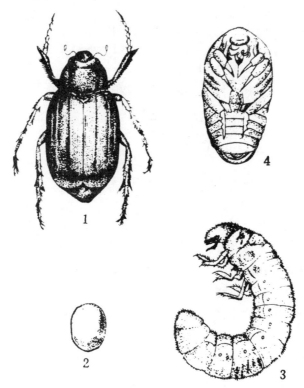

图4-11　昆虫的完全变态（铜绿金龟子）

1. 成虫；2. 卵；3. 幼虫；4. 蛹

金龟子的食性

植食性：本书共记录148种金龟子中，植食性为117种，占79.05%，主要为鳃金龟科和丽金龟科、花金龟科食植物花（或花蕊）。植食性金龟子（成虫）食性杂，危害从草本植物到乔木。

下面列出金龟子寄生植物

禾本科 Gramineae

　　青稞 *Hordeum vulgare* L.

　　小麦 *Triticum aestivum* L.

　　大麦 *Hordeum vulgare* L.

稻 *Oryza sativa* L.

玉米 *Zea mays* L.

高粱 *Sorghum bicolor*（L.）Moench

黍 *Panicum miliaceum* L.

燕麦 *Avena sativa* L.

荞麦 *Fagopyrum esculentum* Moench.

豆科 Leguminosae

大豆 *Glycine max* Merrill

蚕豆 *Vicia faba* L.

豌豆 *Pisum sativum* L.

落花生 *Arachis hypogaea* L.

四季豆 *Phaseolus vulgaris* L.

紫穗槐 *Anorpha fruticosa* L.

洋槐 *Robinia pseudoacacia* L.

苜蓿 *Midicago sativa* L.

十字花科 Brassicaceae Burnett

油菜 *Brassica chinensis oleifera* Makino

大白菜 *Brassica pekinensis* Rupr.

小白菜 *Brassica chinensis* L.

根用甘蓝 *B. capestris* L.

甘蓝 *Brussica oleracea* L.

萝卜 *Raphanus sativus* L.

锦葵科 Malvaceae

棉 *Gossypium arborcum* L.

旋花科 Convolvulaceae

甘薯（白薯、红薯）*Dioscorea esculenta*（Lour.）Burkill

茄科 Solannaceae

马铃薯 *Solanum tuberosum* L.

藜科 Chenopodiaceae

甜菜 *Beta vulgaris* L.

葫芦科 Cucurbitaceae

甜瓜 *Cucumis melo* L

百合科 Lilicaceae

　　大蒜 *Aiiium setivum* L.

　　韭菜 *Allium tuberosum* L.

　　葱 *Allium fistulosum* L.

蔷薇科 Rosaceae

　　李 *Prunus salicina* Lindl.

　　苹果 *Malus domestica*

　　沙果 *Malus asiatica* Nakai

　　梨 *Pyrus* spp.

　　桃 *Prunus persica* Stokes

　　杏 *Prunus armeniaca* L.

　　山楂 *Crataegus pinnatifida* Bge

　　樱桃 *Prunus pseudocerasus* Colt

杨柳科 Salicaceae

　　柳 *Salix babylonica* L.

　　杨 *Populus* sp.

榆科 Ulmaceae

　　榆 *Ulmus pumila* L.

菊科 Asteraceae

　　向日葵 *Helianthus annuus* L.

　　小蓟 *Cirsium setosum*

　　莴苣 *Lactuca sativa* L.

　　蒲公英 *Taraxacum mongolicum* Hand. – Mazz

　　苦荬菜 *Ixeris sonchifolia* Hance

壳斗科 Fagaceae

　　板栗 *Castanea mollissima* BI.

　　柞 *Quercus* sp.

葡萄科 Vitaceae

　　葡萄 *Vitis vinifera* L.

芸香科 Rutaceae

　　柑橘 *Citrus reticulata* Blanco.

鼠李科 Rhamnacae

　　枣 *Zizyphus jujuba* Mill.

茶科 Theaceae

　　茶 *Camellia sinensis*（L.）O. Kuntze

松科 Pinaceae

　　油松 *Pinus tabulaeformis* Carr.

　　华山松 *Pinus armandii* Franch.

　　云南松 *Pinus yunnanensis*

胡桃科 Juglandaceae

　　核桃 *Juglans regia*

柿树科 Ebenaceae

　　柿 *Diospyros kaki* L.

伞形科 Umbelliferae

　　胡萝卜 *Daucus carota* L.

　　粪食性：如屎壳郎、粪金龟科、蜉金龟科、皮金龟科，这一类粪食性金龟子在川西北高原148种金龟中有约25种，占17.61%。

　　腐食性：这一类多数是植食性金龟子，一龄幼虫或初孵化的幼虫共性，纯粹腐食性类群较少。在川西北高原金龟子类群中仅5种，约占总数3.40%。

　　粪食性和腐食性金龟子（幼虫）仅占总数20.00%左右。

　　活动情况可分为三类：日出、夜出和日夜都活动。主要是夜间活动，白天活动仅见少数个体爬行。

　　夜间活动的如鳃金龟科的暗黑鳃金龟，一般都在黄昏时分从土中爬出，稍作休息即飞向附近的灌木丛、杂草、乔木觅食、求偶、交配，到第二天黎明时分又飞回到土中入土潜伏。

　　趋光性：是多数金龟子的又一特性。

　　石万成、刘旭等曾于20世纪90年代安装20W黑光灯诱集暗黑鳃金龟从6月8日到7月1日共22天，共诱集到暗黑鳃金龟（成虫）1 523头，其中雌性（♀）有815头，雄性（♂）708头，看出雌性对灯光趋性强于雄性。同时还看出一种现象：隔日出土的习性，有待进一步研究。

　　经查资料，在日本，暗黑鳃金龟成虫隔日出土情况也是如此，即对在黑光灯下所诱集到的数量来进行分析所得的结论。其他种类也是有此种情况，有待进一步研究。

　　越冬虫态的不一致性：有的以成虫越冬，有的以幼虫越冬，这两种类群的金龟子一般为1年发生1代；有的成虫、幼虫都可以越冬，如大栗鳃金龟等，这种类群的金龟子一般为2年或多年才发生1代。

前述植食性金龟子中，其成虫和幼虫都危害，如大栗鳃金龟。据李坤儒报道（1990年10月四川省土居害虫防治会议资料），在海拔2 950.00～3 600.00 m的河谷地带，幼虫危害青稞、小麦、豌豆、马铃薯、玉米、甜菜及森林苗圃中的幼苗及幼树，成虫危害杉树、桦树、杨树等。1951年康定县营官乡1 483亩作物中，受害后有444亩无收。1954年炉霍县虾拉沱、面隆两村2 709亩粮食作物受害，有1 294亩绝收。上述例子说明防治好金龟子（蛴螬）其经济意义非常重要。

（二）金龟科 Scarabaeidae

金龟科体形呈卵圆形，也有呈圆筒形、肩圆形、球形等。体壁坚硬，或平滑或粗糙，往往有绒毛，尤以腹面较多。体色以黑色为多，也有少数种类有美丽鲜艳的金属光泽。前口式，有一部分属下口式。触角8～9节，多为9节，棒状部3节组成，雄性大，雌性小。前胸背板大而显著，往往比其他部分较大或更大，多数种类小盾片不见。足强大，前足一般适于掘地，胫节幅广，一般有距，前足胫节外缘齿显著，跗节5节，爪1对，大而强，有些属（种）前足跗节部十分退化或消失。鞘翅一般盖在腹端，臀板外露。后翅有时退化，腹部见腹板6个。

幼虫（蛴螬）：腹部第3、4、5节特别肥大隆出，或第3节凸出，成"驼背型"。体肉质而弯曲，皱纹较少，略生细毛，头较大，头壳硬，触角4节，第1节不缢缩。足长，爪缺。

离蛹：存在于粪球中。

本科幼虫生活于哺乳动物粪球内，成虫取粪作球，然后藏于地下室内，以食用和育幼，有的种类则同时筑别室储粪丸，在丸的一端产卵1粒。幼虫孵化则生长其中，直至羽化为成虫。

成虫常常夜间活动，有趋光性。但制作粪球和埋藏等工作则白天进行。

本书列有：不等蜣螂、魔蜣螂、奥蜣螂、阿怪蜣螂、墨侧裸蜣螂、牛角利蜣螂、发利蜣螂、前翅蜣螂、长角蜣螂、扎嗡蜣螂、戴蜣螂、遗蛛蜣螂、三齿联蜣螂。

甘孜州有以下种类：

不等蜣螂 *Copris inaequeabilis* Zhang

魔蜣螂 *Copris magicus* Harold

奥蜣螂 *Copris obenbergri* Balthasar

阿怪蜣螂 *Drepanocerus arrowi* Balthasar

墨侧裸蜣螂 *Gymnopleurus mopsus* Fairmaire

牛角利蜣螂 *Liatongus bucerus* Fairmaire

发利蜣螂 *Liatongus phanaeoides* Westwood

前翅嗡蜣螂 *Onthophagus procurvus* Balthasar

长角嗡蜣螂 *Onthophagus productus* Arrow

扎嗡蜣螂 *Onthophagus zavreli* Balthasar

戴联蜣螂 *Synapsis davidis* Fairmaire

遗蛛蜣螂 *Sisyphus neglectus* Gory

三齿联蜣螂 *Synapsis tridens* Sharp

1. 臭蜣螂 *Copris ochus* Motschulsky

形态特征

成虫体长 21.00 ～ 27.00 mm，大型，背腹十分隆拱，全体黑色，有时深褐色，体下被棕色绒毛，体上面相当光亮。头阔大，唇基前缘中央微凹陷，雄性头上有强大向后弯曲的角突，唇基密布略呈模皱的刻点，雌性头上无角突，在额前部有似马鞍形横形隆起，其侧端疣状或齿状。触角9节，棒状部3节组成，前胸背板阔大，后半部密布皱大刻点，雄性高高隆凸，中段较高，呈一对称的前冲角突，角突下方陡直光滑，侧方有整齐坑洼，坑洼侧前方有尖齿突一枚，雌性简单，仅前方中段有一缓斜坡，上端为一微弧形横脊。鞘翅刻点钩浅，沟间带不隆起。臀板正三角形，刻点密布。后胸背板前侧方有褐色绒毛。足粗壮，前足外缘3齿强大。跗节退化成绒状。发育不足的雄雌体，头上角突小而尖。前胸背板角突处仅见横脊痕迹。

生活习性

成虫、幼虫以粪为食。

药用昆虫，在《神农草本经》上记载蜣螂入药，药性去寒，有镇惊、除瘀止痛、攻毒通便之用。

2. 扎嗡蜣螂 *Onthophagus zavreli* Balthasar

形态特征

成虫体中型，长 12.00 ～ 13.00 mm，椭圆形，体黑或黑褐色，有时鞘翅深棕色，腹部第3～5腹板侧上部有浅棕色小斑，全体光泽中等。头较狭长，唇基强大，前冲，前侧缘弓形，前部密布粗深波形横皱，唇基中部额头顶部有2道弓弧形横脊，后一道横脊较高，有时中央微显折角，横脊间密布深刻点，眼眷外缘弧

93

形。触角9节。前胸背板密布圆大刻点，中央刻小而稀。背面弧形拱起，隆拱侧端呈短而且不明显斜脊。两侧前方一斜面，刻点挤皱。

鞘翅有7条浅刻点沟，间带微隆，散布刻点。臀板近三角形，侧缘近斜直。胸下密布具毛刻点，后胸腹板中央无毛。腹部每腹板有一排毛，末腹板中段毛多而乱。

前足胫节偏厚，外缘前段有4齿，第3、4齿之间有1小齿，基端呈锯齿状，并有小齿5枚，内缘距发达，端部向内弯折。跗节十分纤细。足胫节端部略短于第一跗节。

3. 前翅嗡蜣螂 *Onthophagus procurvus* Balthasar

形态特征

成虫体长8.60~9.30 mm，头4.90~5.40 mm，小型，近椭圆形。全体黑色，背面比腹面光亮，头颇大且布满横皱，唇基长而大，前缘十分折翘，侧缘微弧扩，额部微凹陷，头顶微隆拱，近光滑无刻点。触角9节。前胸背板隆拱，散布圆刻点，中纵前半段有微凸中带，后半部逐渐下陷，前缘、侧缘有边框。后缘向后弧扩，中央有微边框。

鞘翅纵沟间浅间带平缓，散布具短毛刻点。臀板隆凸不显，散布具毛刻点，胸下散布具毛刻点，每腹板具毛一排。前足胫节较扁阔，外缘端部2/3有大齿4个，2~4齿间各有小齿1~2枚，基部1/3锯齿状，中足后足胫节扁，中段相当扩阔。

（三）粪金龟科 Geotrupidae

粪金龟科成虫体小型到大型。触角11节，棒状部3节组成，上颚和上唇大，向前凸起，从背面可见，头部和前胸一般比较简单，部分种群，其头部、前胸背板有各种突起，或雄性头、前胸背有角状突起，小盾片明显。鞘翅多有深显纵沟或刻点，通常覆盖住腹部末端。体多呈褐色，黑褐至黑色，不少种群有蓝、紫、绛、青绿等金属光泽，或有黄褐、红褐等斑纹。

粪金龟科广泛分布于世界各地，成虫、幼虫以粪为食。成虫有趋光性。

甘孜州有以下种类：

毕武粪金龟 *Enoplotrupes bieti* Oberthur

多色武粪金龟 *Enoplotrupes variicolor* Fairmaire

齿股粪金龟 *Geotrupes armicrus* Fairmaire

1. 毕武粪金龟 *Enoplotrupes bieti* Oberthur

形态特征

成虫体型大，体长 26.00～29.00 mm，背面隆拱，近半球形。体色单一，黑色，体上无毛，头大，唇基前缘圆弧形。眼脊片下延，与复眼相连，将复眼分为上下两部分。唇基额部，雄性中央有一后倾角突，雌性仅见隆凸或短锥形凸。触角 11 节，腮片部 3 节。前胸背板基部框多，少中断。雄性有角突。鞘翅纵沟显著。各足股节、胫节粗壮。跗节细弱，前足胫节外缘有齿突 6 枚，自端部向基部逐渐减小。

2. 齿股粪金龟 *Geotrupes armicrus* Fairmaire

形态特征

成虫头长大，额唇基角曲折，唇基近菱形。头面、前胸背板简单，无角突。触角 11 节，棒状部 3 节。前足胫节外缘有齿 6 枚，后足胫节有完整的横脊，爪单一，成对。

（四）蜉金龟科 Aphodiidae

本科成虫体小型或中型，背面常十分圆拱，呈半圆筒形。体多为褐色或褐色。鞘翅颜色变化较多，有赤褐、淡褐或黄褐色等，或分布有黑褐斑纹。唇基发达，盖住口器。触角 9 节，棒状部 3 节组成。小盾片显著可见。鞘翅常有深显纵沟或纵肋。臀板由鞘翅盖住不外露，可见 6 个腹部腹板。

本科属粪食、腐食性类群，多生栖于家畜、野兽粪堆中及堆土下，生活在动物尸体、腐殖质、垃圾堆及仓库尘土废物中。通常对人类无害，而能迅速彻底处理牛粪等。但偶尔也有危害作物幼芽的情况。

甘孜州有以下种类：

雅蜉金龟 *Aphodius elegans* Allibert

游荡蜉金龟 *Aphodius erraticus* Linnaeus

端带蜉金龟 *Aphodius fisciger* Harold

粪堆蜉金龟 *Aphodius fimetarius* Linnaeus

煽动蜉金龟 *Aphodius instigator* Balthasar

黑背蜉金龟 *Aphodius melanodiscus* Zhang

直蜉金龟 *Aphodius rectus* Motschulsky

四川蜉金龟 *Aphodius sichuanensis* Zhang

凶狠蜉金龟 *Aphodius truculentus* Balthasar

1. 黑背蜉金龟 *Aphodius melanodiscus* Zhang

形态特征

成虫体长 7. 10 ~ 7. 30 mm，体阔 3. 30 ~ 3. 70 mm。小型甲虫，体狭长椭圆形，较扁平，背面缓缓隆拱。体色茶褐，头面及前胸背板除两侧外，色呈黑褐，小盾片及胸部腹面棕褐色，足黄褐色。背面光泽弱。

头阔大，相当平展，梯形（雌）或半圆形（雄），密布圆细刻点，前缘、侧缘有较狭但有明显的边框，几乎伸达眼脊片后缘，但十分细弱，额唇基缝微陷下。触角鳃片部细小。前胸背板横阔，相当隆拱，匀密分布较深显刻点，两侧刻点更深显，前缘无边框，有半透明角质饰边，侧缘敞展，有较宽边框，后缘向后弧扩，前后侧角皆呈圆弧形。小盾片三角形，基部有刻点少数刻点具茸毛。鞘翅狭长，每鞘翅有 9 条深显刻点沟，沟间带隆拱，散布具绒毛刻点，端凸哟吼绒毛较长而明显，缘折外侧被相似茸毛。胸下稀被凌乱短绒毛。腹部每腹板除短茸毛外有长绒毛一排。臀板及末腹板有若干后伸长毛。前足胫节，雄较狭长，雌则较短扩，外缘端部 3 齿，基半部锯齿形，内缘距较短壮，端位。后足胫节端缘密列长短刺毛。后足第一跗节长于上端距，但稍短于其后 3 节长之和，爪短小。

本种与堆蜉金龟 *Aphodius viturali* Reitter 相似，但本种前胸背板两侧黄褐，鞘翅茶褐色，翅面散布具茸毛刻点，据此可以识别。

2. **直蜉金龟** *Aphodius rectus* Motschulsky

形态特征

成虫体长 5. 40 ~ 6. 00 mm，体阔 2. 70 ~ 3. 00 mm。体小型，长椭圆形。触角 9 节，棒状部 3 节。全体黑褐色至黑色，相当光亮；或鞘翅黄褐色，每前翅偏外侧有一斜长黑褐色大斑。足色较淡，褐色至深褐色。体甚隆起，后方略见扩阔。头较小，唇基短阔，与齿突联成梯形，密布粗大不匀的刻点，前缘中段微下弯；沿额唇基缝有个微弱突起，前方有微弱弧形横脊（雄强雌弱），刺突边缘下面有呈排长形纤毛。前胸背板宽大于长，弧拱光亮，散布圆大刻点，前缘无边框，侧缘有边框，后端向内斜折，后缘中段无边框，小盾片三角形。鞘翅有 10 条深显纵沟纹，沟间带平坦。腹部密布绒毛。前足胫节外缘 3 齿，雄性端距多呈 "S" 形。

生活习性

成虫、幼虫多生活于粪堆中，亦在腐烂秸秆、垃圾堆中生活。成虫有趋光性，幼虫偶尔伤害作物幼芽。

3. **四川蜉金龟** *Aphodius sichuanensis* Zhang

形态特征

成虫体长 6.00～7.00 mm，体小型，狭长。背面较隆拱。体背面栗褐色，头面及前胸背板中间色泽略深，腹面淡褐色，背面无毛，相当滑亮。头大，近半圆形，边缘有显著圆隆边框，两侧延伸至背脊片后缘，头面十分滑亮，仅头顶部稀布若干微细刻点。额唇基缝不可见，仅在两侧可见一般深色横线，眼背片三角形，尖端有很多刺毛，复眼背面露较多。触角 10 节，棒状部仅 3 节。前胸背板横阔略显隆拱，散布细微刻点，前缘无边框，但有阔而显得饰边，侧缘边框圆隆，前后侧均为圆弧形。小盾片三角形，末端较尖，基部微弧凹，有少许刻点。

每鞘翅有 9 条深显刻点沟，沟间带明显弧隆，缘折宽，外侧有毛。臀板被前翅覆盖，但端缘有多长毛伸出在外，胸部腹面毛被疏而不均。腹部每腹板有毛一排，末腹板有长毛。足较粗壮，各足股节尤见壮实，跗节较细弱。前足胫节外缘端半部 3 齿，基部略呈锯齿形，内缘距端位。后足胫节有 2 道具刺斜脊，端缘密列长短不一的刺毛，上端距略短于第 1 跗节，第 1 跗节长约等于其后 3 节之和。爪成对简单。触角 10 节，棒状部 3 节组成，前胸背板闪刻点。鞘翅翅面有成列疣状突呈毛列丛，小盾片显著，腹部可见 5 节。

生活习性

成虫、幼虫通常侵入处于腐烂后期的动物尸体内，以腐烂有机物为食，也取食许多不同的角蛋白类物质或穴居蝙蝠的粪便、蝗卵、蝇蛆，以及一些皮毛动物制品，如地毯、毛毡等，也有在鸟巢或动物洞穴内栖息的记载。该种成虫大多有较强的趋光性，可通过足与身体摩擦发音。成虫在紧靠食物的土表掘深洞产卵。幼虫在食物附近地下的垂直洞穴中栖居。幼虫通常 3 个龄期，约 30 天，蛹期约 15 天。

（五）皮金龟科 Trogidae

中国对该科研究缺乏系统资料，到目前我国已知有 11 科 2 属，甘孜州 1 种。

皮金龟是一个重要的尸食性昆虫类群，全球已知 3 属约 320 种，大多数发生在南部大陆的干旱地区。该科的主要识别特征是：体小至中型，长椭圆形或卵圆形，背面强烈隆拱，腹面较平坦；体色单一，呈棕褐、黑褐或红棕，无光泽或有虚弱光泽；头部常隐藏于前胸背板下面；触角 10 节，鳃片部 3 节，可合并；前胸背板有明显的刻点和微凹区域；鞘翅多分布有成列瘤突、毛丛或粗糙刻纹；小盾片显三角形；腹部可见 5 个腹板，端部为鞘翅所覆盖。

鲍皮金龟 *Trox boucomonti* Paulian

形态特征

本种体小型，少数为中型，体长卵圆形，背面隆拱，腹面隆拱程度不如背面，常入鞘翅"护壳"之内，外观暗色，体色单一。触角 10 节，棒状部 3 节组成，前胸板有刻点。鞘翅翅面有成列瘤实，刺毛列丛，小盾片显著，腹部可见 5 节。

（六）弯腿金龟科 Valgidae

弯腿金龟科，多数资料报道称胖金龟科，是金龟总科中较小的一科，曾有些学者将本科放入花金龟科下的一个亚科，主要分布在东洋区（又称印度马来西亚亚种）。

本科成虫主要鉴别特征：形体小，有的甚短状。触角 10 节，鳃片部 3 节组成。大部分前胸背板上有隆突和 2 条中纵脊，有些有 6~8 个鳞毛簇。体表或多或少遍布鳞片或鳞毛，有些鞘翅肩突和端突及前臀板中央均有鳞毛簇。小盾片多为细长三角形。鞘翅平，肩后外缘不弯曲。前臀板外露，末对气孔大多突出明显；臀板突出，有的比较短厚。中胸腹突不向前延伸。腹部第 5 节较长。足稍微细长，腿节在休息时紧贴体躯，因此形成弯曲状态，中足基节分开较宽；前足胫节外缘有 3~7 齿；跗节从甚短到颇长，均 5 节，后足跗节第 1 跗节明显长于第 2 节。爪成对简单。雌雄近似或异形。

本科在中国已知有 21 种，在四川有 3 种：

褐毛弯腿金龟 *Dasyvalgus trisinualus* Gestri

凯毛弯腿金龟 *Dasyvalgus Nanarensis* Arrow

斑腿弯腿金龟 *Hybovalgus sioculatus* Kolbe

甘孜州目前已记录 2 种：

1. 褐毛弯腿金龟 *Dasyvalgus trisinualus* Gestri

形态特征

成虫体长 4.50~5.60 mm，宽 2.50~3.10 mm。褐红色或栗黑色遍布大小不一的鳞片，前胸背板背面有 6 个鳞毛簇，中央 1 对，近基部 4 个横排（雌虫毛簇黄色，雄虫黑色或掺杂黄色），每翅中央近翅缝有一由黑色鳞片组成的长椭圆形大斑，其后还有 1 个黑色小斑，每个鞘翅的前后凸和前臀板的中央两侧各有 1 个黑色鳞毛簇。

唇基长宽几等，前部中央微凹，两前角圆，前缘有中凹，两侧稍微向下呈钝角形斜扩，上面密布粗糙刻点和细小鳞毛，头部鳞片较长大竖立，头部微凹，复眼稍微突出，触虫短小，棒部与鞭节等长。前胸背板较长，侧缘和后缘微呈弧形，两侧边缘为钝锯齿状，后角近直角形；上面中央两侧各有1条纵脊，其外侧有深凹或压迹，遍布粗大皱纹和较大椭圆形卧式鳞片。小盾片狭长，末端稍微尖。鞘翅较短宽，肩部最宽，两侧近平行，后外端缘呈圆弧形，上面平，肩凸到后凸有1条纵肋，其外侧向下方坡斜，纵肋之内密布波状纵沟纹，肋的外侧向下方密布粗大刻点和皱纹。前臀板外侧后端的气孔突出；臀板短宽，末端圆，密布较大圆刻点，雌虫体末端稍微突出，稀布圆形鳞片。腹面密布圆和椭圆形刻点。足稍微细长，密布刻点和皱纹，腿节上的鳞毛较长太，胫节和跗节上的磷毛细长，前足胫节外缘有5齿，1、3、5齿较长大；中、后足胫节的外侧隆凸微呈齿状；跗节细长；中后跗节的第1节较细长，为第2节长的2倍；爪大微弯曲。

2. 斑驼弯腿金龟 *Hybovailgus bioculatus* kolbe

成虫取食柑橘、白蜡树、女贞等植物的花。

（七）绒金龟科 Sericidae

形态特征

本科成虫体小型。头部额与唇舌间有一唇线区分开，触角10节，棒状部光裸，每片扁平呈爪子状，能相互闭合。每胸腰板侧片至足基节，后侧片大。有显著的绒毛，中足胫节左右相距较远，后足胫节有端距2个。腰部腰片可见6节，腹气门位于一条绒毛上，均鞘翅覆盖。

甘孜州有以下两种：

藏畸绒金龟 *Anomatophylla thibetana* Brenske

海登毛绒金龟 *Trichoserica heyden* Reitter

（八）锹甲科 Lucanidae

锹甲科隶属金龟子总科，几乎遍布世界各地，尤以东洋区为多，目前全世界记载有千余种，我国已记录120多种，分属于古北区和东洋区，以东洋区最为丰富，58种为我国特有种。

形态特征

锹甲科成虫体型从小到大，体表光滑或污暗，大部分为黑色或栗褐色，有的带橙红和黄色斑纹，两侧近平行，唇基具各种形状。头部有的有角突，基扩张。上颚巨大，尤其雄性的上颚千姿百态似鹿角，故有鹿甲虫之称。复眼突出或分上、下两部分。触角强大，棒状部3~6节。前胸背板宽大，两侧边缘弧形或具有大小不等的凹缺和突起。有的具有尖锐突角，上面有的长茸毛。小盾片较小，半圆形或近三角形，末端钝。

鞘翅与头胸之比较短，近椭圆形，全部覆盖腹部和臀板，上面有的有钩纹、绒毛或绒斑，有的具有尖的肩角。胸部腹面有茸毛，中胸腹板有的有向后腹突，后胸腹板宽大，后胸前侧狭长。腹部5～6节。足短、壮或细长。前足胫节较平，雌虫短宽，雄虫较狭长，外缘有的有齿（雌强，雄弱而多密），有的仅顶端有齿，中、后足胫节外侧有的有1～3根尖齿；跗节大多细长，末节顶端有两个弯曲的爪。

生活习性

锹甲科成虫多在5～9月份活动，常在黄昏时分多在园林之中交尾。成虫产卵于土中。

成虫趋光性较强，幼虫（蛴螬）肥大，多生活在潮湿的朽木之中，尤其在树根的空洞内，多以幼虫越冬，幼虫期最短1年，最长达5年。

本科一部分成虫危害果树和林木的树皮，尤其以实生苗为甚，一部分则以腐殖质为食。在川西北（甘孜州）高原有3种。

烂锹甲 *Lucanus lesnei* Planet

锹甲 *Lucanidus* sp.

戴狭锹甲 *Prismoqnathus davidis* Deyr

（九）斑金龟科 Trichiidae

形态特征

斑金龟科成虫体小型至大型，多为中型。体色多种多样，多黄绒斑，有的全体被密长茸毛，有的为光亮的金属绿、红色等；有的无光泽，外表有天蛾绒薄层；有的无斑纹，黑色或暗褐色。

体背面圆形或微隆。唇基近圆形或微延长或近三角形，前缘强烈向上翘或微翘，大多具有深浅不等中凹。复眼大而突出。触角棒部3节。前胸背板长宽几乎等大或长短于宽，上面圆隆较高，大多前缘、后缘（中央除外）、侧缘有边框，两侧缘和后缘多为弧形。小盾片圆形或微延长呈三角形。

鞘翅较宽，肩后前缘直，每翅上面大多为2～3条纵肋。臀板大，雄性较突出，雌性则短宽，有的末端有凹陷。胸部腹面大多密布长茸毛，中胸后侧片上面不易看见。腹部绒毛较稀疏。足细长，前足胫节外缘1～3齿，雌强雄弱，有的雄性仅顶端有齿，中足胫节有的为"S"形，跗节细长，有的前足跗节第1节片扩大，末端2爪简单，中等弯曲。

生活习性

斑金龟科种类虽少，但几乎各国都有分布，目前全世界已录有300种，我国记录有6属35种，其中1属10种为我国特有，本科在我国分属古北区、东洋区两区，还有一些种为我国和邻国特有。本科大多数成虫危害果树、林木和农作物的花，尤其危害观赏植物和伞形科植物。

成虫通常在4~9月活动，多数喜欢白天活动，一般上午10时至下午4时最为活跃，尤其晴天可在树木、果树、草地、开花灌木和高大的草本植物上见到。分布广，从平原到1 700 m海拔高度的高原、山地上均有分布。

成虫多一年1代，有的2年1代，幼虫（蛴螬）"C"形，春夏化蛹。

本科在川西北高原（甘孜州）记载有7种：

点蜡斑金龟 *Gnorimus anoguttalus* Fairmaire

短毛斑金龟 *Lasiotrichius succinctus* Pallas

褐点环斑金龟 *Paratrichius castanus* Ma

褐翅环斑金龟 *Paratrichius pauliani* Tesar

小黑环斑金龟 *Paratrichius septemdecimguttatus* Snellen

黑绿拟环斑金龟 *Pseudogenius viridicatus* Ma

三带斑金龟 *Trichius trilineatus* Ma

1. 短毛斑金龟 *Lasiotrichius succinctus* Pallas

形态特征

成虫体小型，短阔，体色黑，鞘翅有茶黄色椭圆形斑纹。头长大，唇基长大于宽，前缘明显中凹，基部两侧有毛，头上毛黑粗密，眼鼓凸。触角10节，棒状部3节组成。前胸背板长，前方稍狭，基部明显狭于翅基，密被黑粗绒毛。鞘翅短阔，末端近斜截，背面平，有两条纵肋可辨，密被柔弱绒毛。前臀板大部分外露，密被灰白绒毛成一灰白横带。臀板大，密被黑绒毛。足纤长，前足胫节狭长，外缘端部有2齿，内缘距生于胫端。各足第1跗节最短，爪成对简单。下唇与体腹面密被柔长灰黄绒毛。

生活习性

成虫活动期5月下旬至8月底，危害玉米、高粱、月季及菊科、栎类等植物的花。

2. 褐色环斑金龟 *Paratrichius castamus* Ma

形态特征

成虫体长10.00~11.50 mm，体宽5.10~5.30 mm。黑色，稍微有光泽。前

胸背板沿边缘和中央有黄色绒带，中央两侧各有一黄绒斑，每个鞘翅有6个褐黄色斑点或有的连接成5个斑（有的斑呈带状，有的鞘翅为褐黄色而中间呈不规则形黑斑），褐黄色斑上往往具有黄绒斑；腹面两侧有黄绒斑；雌性鞘翅上仅有黄色小绒斑。

　　唇基较宽，前端强度向上弯翘，有中凹，两侧边缘为弧形；额部深凹，密布刻点和稀疏黄茸毛，头顶较光滑。触角10节，雄虫棒状部长，肾形，雌虫棒状部较短小。前胸背板较短宽，近椭圆形，前角向前延伸，后角圆；表面密布粗糙刻点和皱纹，中央有一纵沟。小盾片半圆形，密布粗刻点。鞘翅稍微狭长，肩部最宽，两侧向后稍微收狭，后外端缘圆弧形，有边框，每翅有7～8条刻点行，近边缘刻点较明显。雄虫每翅通常有7个斑，1个为新月形，从肩部内侧沿基部和近小盾片而弯曲，2个在中部前横排，3个在中后部呈近三角形排，1个在后凸之后。臀板较宽，雄虫中后部稍微突出，末端圆，密布横向皱纹，近基部有1对八字形黄绒斑。后胸腹板密布皱纹和黄色长绒毛，两侧前部和后胸前侧片具有黄绒斑。后胸腹板密布皱纹和稀疏黄绒毛。后足基节密布皱纹和稀绒毛，后外缘呈弧形，足稍微细长，密布皱纹和稀疏黄茸毛，前足胫节外缘2齿；中、后足胫节外侧有横向隆凸；跗节细长。前、后足跗节长于胫节；爪大，中等弯曲。

　　3. **黑绿拟环斑金龟** *Pseudogenius viridicatus* Ma

　　形态特征

　　成虫体黑绿色，体表除唇基外无光泽，前胸背板中央两侧各有一小白斑，每个鞘翅各有5～6个小白斑；腹面稍微有金属光泽，但无白斑，体表几乎遍布浅黄色茸毛。唇基较宽，近矩形，两前角微上翘，中凹浅宽，两侧有较低边框，外侧向下呈弧形斜扩；上面密布粗糙刻点，两侧近边框各有一个小坑，头部被粉末状薄层。复眼大而突出。触角短小，棒状部和前6节几乎等长。前胸背板稍微短宽，前角稍微向前延伸，侧缘和后缘成弧形，后角消失，测后缘有后边框；背面稍微圆隆，密布小刻点和中等浅黄色茸毛。小盾片近半圆形，中央有一纵肋，其两侧散布小刻点。鞘翅近长方形，肩部最宽，两侧向后微收狭，后外端缘微成圆弧形，表面密布粗刻点，每翅有5～6条明显刻点行和3条纵肋，外侧皱纹不规则，基部散布较稀茸毛。臀板近三角形，末端圆，密布皱纹和中等密的茸毛，中后部微突出。腹面除腹部稍微稀之外，密布皱纹和长绒毛。后足基节密布刻点和绒毛，后外端角稍微圆，足较细长，密布粗大皱纹和短茸毛，前足胫节外缘2齿；中足胫节外侧有一横向隆凸；跗节较细长，均长于胫节；爪大稍微弯曲。

　　4. **三带斑金龟** *Trichius trilineatus* Ma

形态特征

成虫体长 16.50 mm，体宽 9.20 mm。黑色，鞘翅为褐黄色。前胸背板有 3 条浅黄色纵带，中央一条较狭窄，沿两侧边缘的纵带较宽，其中内侧向外凹呈点状。每翅中后部有一黑色横向宽带和 8 个浅黄色绒斑。臀板和体腹面两侧具有不同形状的黄绒斑，除鞘翅外几乎遍布黄色长茸毛。除触角、腿节、胫节、跗节的端部颜色为近黑色之外，其余呈褐黄色。

唇基长宽几乎相等，两前角较圆，前缘有中凹，两侧边缘为弧形，上面两侧微凹，密布粗糙刻点，额头和头部较平，密布粗刻点。前胸背板较宽，两侧边缘弧形，有细边框，后角下弯微呈钝角形，后缘弧形；背面稍微圆隆，密布小刻点和长茸毛。小盾片短宽，近半圆形，末端宽圆形，散布粗大刻点和较长茸毛。鞘翅较宽大，外缘近弧形，上面没有明显刻点和皱纹，近翅缝和后凸前的肋较明显。臀板三角形，向后较突出，除中央有一纵向窄带外两侧全被黄绒斑所占据，遍布稀疏黄毛。中胸腹突很狭小，前端圆，光亮无毛，中胸后侧片密布刻点和较长绒毛，中后部有一黄绒斑。后胸腹板和后胸腹侧片密布刻点和较长黄绒毛，各有一个黄绒斑。腹部散布较稀刻点和稀绒毛，1~5 节的两侧各有一个横向黄色大斑。后足基节外缘弧形，前端有一尖齿；跗节细长，各足跗节均长于胫节，爪较长大微弯曲。

5. 点蜡斑金龟 Gnorimas anoguttalus Fairmaire

形态特征

成虫体长约 14.00 mm，小型甲虫，体形与步行甲相似，前胸背板后边收缢，鞘翅两侧呈弧形。

生活习性

多食性，成虫取食各种植物的花。一年发生 1 代。

（十）花金龟科 Cetoniidae

本科隶属金龟子总科中较大的一科，几乎广布于世界各地，到目前全世界已记载有 2 640 多种，我国现已记载的种类约 184 种。我国的花金龟分属于古北和东洋两大区系，但绝大部分产于东洋区，有两个属仅我国独有，如褐斑背角花金龟（Neophaedimus auzouxi Lucas）（陕西省、湖北省、四川省）、康川花金龟（Atropinota funkei Heller）（四川省）。还有的属或种只有我国和邻国所特有，如鹿花金龟属（Dicranocenhaluas Burmeister）（中国、朝鲜、尼泊尔、锡金、印度）。花金科的绝大部分成虫以危害果树、林木、农作物的花为主，其次危害有伤或成熟的果实。

本科的形态特征为：体小型至大型，大多体色华丽，多花斑或绒斑。体背面较平，中胸后侧片从上面可见，全体光亮或体上具有粉末状薄层。唇基近半圆形、近铲形或各种角突状。触角10节，棒状部由3节组成，基节较大，有的扩大为板状，如跗花金龟属（Clinterocera）。前胸背板近梯形或椭圆形，侧缘弧形或微弯曲，后缘具有中凹或呈弧形或舌状向后延伸。小盾片三角形或近三角形，末端尖或窄圆形。鞘翅近长方形，或多或少肩后外缘弯曲，有的具有花斑和明显纵肋。臀板外露，近三角形，有的具有角突。足粗壮或细长，亦有的甚短小，跗节5节或4节（跗花金龟属 Clinterocera），各足最末附节端部有2个弯曲爪。有的种类性二态甚明显，多在雄虫唇基、头部、前胸背板上具有各种形状的角突或突起；前足胫节雄虫较细长，外缘齿小而少。

本科大多数一年发生1代，大部分以幼虫在土中或枯枝落叶堆中越冬。成虫具有假死性，4~9月为活动期，但因南北气候不同而出现的早晚不一。有些种类对苹果、桃等酒醋味和榆、栎等多种树木的汁液有较强趋性。成虫产卵于含腐殖质多的土中或堆肥及腐物堆中，幼虫（蛴螬）头小体肥，多以腐败物为食，常见于堆肥或枯枝落叶之中，有的可见于鸡窝中，幼虫以背着地足朝上前进。

甘孜州调查有以下种类：

黄边食蚜花金龟 *Campsiura mirabilis* Faldermann

白斑跗花金龟 *Clinterocera mandarina* Westwood

绿凹缘花金龟 *Dicranobia potanini* Kraatz

宽带鹿花金龟 *Dicronocephalus adamsi* Pascoe

黄粉鹿花金龟 *Dicronocephalus wallichii* Keychain

光斑鹿花金色 *Dicranocephalus dabryi* Ausaux

黄斑短突花金龟 *Glycyphana fulvistemma* Motschulsky

褐色头花金龟 *Mycteristes microphyllus* Wood – mason

斑青花金龟 *Oxycetonia bealiae* Gory et Percheron

小青花金龟 *Oxycetonia jucunda* Faldermann

六斑绒毛花金龟 *Pleuronota sexmaculata* Kraatz

白星花金龟 *Protaetia brevitarsis* Lewis

多纹星花金龟 *Potosia famelica* Janson

亮绿星花金龟 *Protaetia（Calopotosia）nitididorsis* Fairmaire

暗绿星花金龟 *Protaetia（Liocola）lugubris orientalis* Medvedev

褐锈花金龟 *Potosia philides rustieota* Burmeisten

长胸罗花金龟 *Rhomborhina fuscipes* Fairmaire

日罗花金龟 *Rhomborrhina japonica* Hope

黄毛罗花金龟 *Rhomborrhina fulvopilosa* Moser

绿罗花金龟 *Rhomborrhina unicolor* Motschulsky

榄罗花金龟 *Rhomborrhina olivacea* Janson

细纹罗花金龟 *Rhomborrhina mellyi* Gory et Percheron

漆亮罗花金龟 *Rhomborrhina vernicata* Fairmaire

短体唇花金龟 *Trigonophorus gracilipes* Westwood

1. 黄边食蚜花金龟 *Campsiura mirabilis* Faldermann

形态特征

成虫体长 18.00 ~ 20.00 mm, 宽 8.00 ~ 10.00 mm。体黑色。唇基前部, 前胸背板两侧边、中胸后侧片和后胸侧片, 均为乳黄色, 故称黄边。鞘翅棕黄色。唇基延伸鸭嘴状, 前缘微翘。下颚末节较长, 中间膨大, 一面突出一面平直, 上边无凹窝。前胸背板侧缘弧状外扩, 后缘中间位于小盾片前边具不大的呈稍向后伸的角状突出。鞘翅长椭圆形, 无纵肋, 肩疣发达, 紧挨肩疣后鞘翅边缘明显收缢而后又外扩, 两鞘翅侧缘平行, 后缘变弧形。鞘翅汇合缝前半部凹陷, 后半部隆起。鞘翅窄于腹部, 故腹部两侧, 臀板均外露。臀扳发达, 中间具明显的纵脊, 纵脊外面每侧具纵凹陷, 凹陷外边又具纵行高脊, 而高脊外面又具一纵的凹陷, 臀板沿基部每侧具性外生殖器较短, 侧叶稍弯。

二龄幼虫体长约 30.00 mm, 头壳宽约 5.50 mm。体肥胖而末端更肥人。头部每侧触角上方具有晶体构成的单眼一个。触角 4 节, 末节椭圆形, 其背、腹面上各有 7 ~ 8 个大小不等的圆形感觉器。肛腹片后部复毛区密布长短刺毛, 无刺毛列, 刺毛群前端（基部）不整齐, 稍呈双峰状。肛门孔横裂。

生活习性

黄边食蚜花金龟, 一年 1 代, 以成虫越冬。成虫出现期是 5 月上旬至 7 月初, 盛期为 5 月中旬至 6 月中旬。成虫一天中 8 ~ 16 时活动, 以 10 ~ 15 时为最盛, 飞翔力强, 有群聚性。一般晴朗无风天活动旺盛, 阴雨或大风天则很少活动。多集中在果园取食果树上的蚜虫, 麦田、棉田、谷田里也有。多喜欢在比较开阔且背风向阳和蚜虫较多的地方出现。雌虫较雄虫活跃, 田间调查雌雄性比为1:5。

成虫在白昼活动期间, 均可交配取食, 一次交配时间为 14 ~ 15 分钟, 交配成背负式，交配时雌虫不食不动。雌虫交配后5天开始产卵，散产于土中，卵期8~10天。经室内饲养观察：成虫取食大豆蚜、草蚜、棉蚜、高粱蚜、桃粉蚜、桎大蚜、麦长管蚜、桃蚜、苹果蚜、萝卜蚜、玉米蚜、黍缢蚜、麦二叉蚜、榆四条棉蚜等16种。

2. 黄斑短突花金龟 *Glycyphana fulvistemma* Motschulsky

形态特征

幼虫头宽2.80~3.00 mm，头长1.90~2.00 mm；头部前顶毛每侧常3根，仅前面1根较长，后顶毛微小或缺，额中侧毛左右各1根，前额缘毛缺。上颚腹面发音横脊区约呈长椭圆形，15~16根，横脊较宽，仅基部横脊较细弱；下颚发音齿8个，均尖锐，指向前方，其前方常有一钝齿。单眼缺。两额缝相交处向下有明显的纵行下陷，前端分叉。触角1.20~1.30 mm长，第1节最长，约等于第2节、第3节之和，第4节约与第2节等长，均明显一长干第3节，端节感觉器5~6个。

内唇缺感区刺，仅尖端有较钝的短锥刺毛12~13根，于前沿呈一横弧状排列，其前沿具6~8个小圆形感觉器，具右唇根侧突；基感区具突斑1个，突前骨化区呈横长条形，基感区后方无明显的三角形骨片。

前胸气门板明显大于腹部各节气门板，腹部第1~8节各节气门板大小相等；腹部第7、8节背面均分成两小节，每节除一横列较长针状毛外，尚有较多短刺毛。足缺爪，仅在顶端具一尖端较圆钝的圆柱形附器。

刺毛列由尖端较尖锐的短扁刺毛组成，约成长椭圆形排列，长度略超过宽度两倍，每列12~14根刺毛，刺毛列后端不延伸至肛下叶，复毛区并散生长针状刺毛及夹杂其间的较短锥状刺毛，两侧及后端刺毛较多，缺钩状刺毛。

生活习性

1年发生1代。成虫于3月下旬出现，一直可延续至8月下旬，4月下旬至5月中旬成虫数量最多。成虫日出活动，食害玉米、油桐、黄麻、栎类、栗树、松、杂木等植物的花，幼虫常栖于植物性堆肥或烂草碎屑中，不危害农作物。

3. 小青花金龟 *Oxycetonia jucunda* Faldermann

形态特征

成虫体中型，体长12.00~14.00 mm，宽7.50 mm。全体暗绿色，有大而不等的银白色绒斑。头部黑褐色。唇基前缘有深澎。触角10节。前胸背板由前向后外扩，前端两侧各具白斑1个，满布黄色细毛，外缘弧形外扩，后缘外弯，前缘内弯，中段内弯。小盾片长三角形。鞘翅侧缘近基处端内弯，鞘翅上有银色斑纹，缝肋左右各有 3 个，鞘翅侧缘 3 个较大。中胸腹突向前突出，先端圆钝。前足胫节外侧有 3 齿，中齿对面具有一内方距，体腹面及足均黑色，密布黄褐色毛。臀板外露，有横列银白绒斑。

初孵幼虫头部橙色，腹部淡黄色，老熟幼虫体长 23.00 mm，头部暗褐色，上颚黑褐色，腹部乳白色。肛腹片后部满布长、短刺状刚毛；复毛区的刺毛列由尖细的直刺毛组成，两列对称而平行，前端接近，后端岔开些，后大半段近平行，每列各由 18 ~ 22 根刺毛组成，其前缘伸达肛腹片后部的 1/2 处。

生活习性

1 年发生 1 代，多数以幼虫越冬，早春化蛹、羽化，成虫 4 月下旬至 6 月间出现，白天在花丛中取食桃、杏、山楂、苹果、栎类、油桐、樟树、油茶、核桃、漆树、松、柏、桦树、杉类、椴树、竹类、丁香等经济作物、农作物和花卉等植物的花。6 月下旬以后，成虫潜入地下产卵。幼虫栖于植物性堆肥、厩肥或腐殖土中，以腐殖质为食，不危害活体植物的地下部分。

4. 白星花金龟 *Protaetia brevitarsis* Lewis

形态特征

成虫体长 17.00 ~ 24.00 mm，宽 9.00 ~ 12.00 mm。体型中等，体表光亮或微有光泽，一般多为古铜色或青铜色，有的足上具绿色。体表散布众多不规则白绒斑。唇基略短宽，密布粗大刻点，前缘向上折翘或多或少有中凹，两侧具边框，仅侧向下倾斜，边缘呈钝角形。触角深褐色，棒状部雄虫长雌虫短。复眼突出。前胸背板长短于宽，两侧弧形，基部最宽，后角宽圆形，区刻点较稀少，常用 2 ~ 3 对或排列不规则的白绒斑，有的沿边框有白绒斑，后缘小盾片前有中凹，小盾片长三角形，除基角有少量刻点外，甚平滑，顶角钝。鞘翅宽大，近长方形，遍布粗大刻纹，肩凸内，外侧刻纹甚密集，白绒斑多为横向波浪形，斑纹集中在后部，肩部最宽，后缘圆弧形，缝角不突出。臀板短宽，密布皱纹和茸毛，每侧有 3 个白绒斑呈三角形排列。中间腹突齐肩平，前端圆，基部强烈缢缩；后胸腹板中间光滑，两侧密布粗大皱纹和黄茸毛。腹部光滑，两侧具粗大刻纹，1 ~ 4 节近边缘和 3 ~ 5 节两侧中央有白绒毛斑。足粗壮，膝部有白绒斑，后足胫节外端角尖锐，前足胫节外缘 3 齿，每足跗节顶端有 2 个弯曲弧。

生活习性

1 年发生 1 代。以二、三龄幼虫越冬。次年 5、6 月化蛹，蛹期 1 个月，6、7 月为成虫期，9 月逐渐绝迹。7 月上旬开始产卵，卵以 12 天左右孵化为幼虫。幼虫期 270 天。成虫白天活动取食，最喜取食成熟果和玉米苞穗等，取食时将果咬一个洞，然后取食其浆汁，稍受惊扰，立即飞去。上午 8 时到下午 5 时均可见到成虫交尾。交尾需时 1 小时左右。成虫平均产卵 20～30 粒。产卵场所多为谷场边、腐殖质丰富或堆肥较多的地方。成虫寿命约 50 天，幼虫体宽肥壮，以背部着地向前行走，一生以腐殖质为食料，一般不危害活体植物根系。

5. 多纹星花金龟 *Potosia famelica* Janson

形态特征

成虫体长 14.00～19.00 mm，宽 7.00～10.00 mm。体型较小，表面稍微光亮，古铜、铜绿或暗绿色，有的仅体下和足或足、跗节为绿色，几乎全体遍布白绒斑。唇基边框内近正方形，密布粗大刻点，前缘强烈向上折翘，两侧由中凹分成两个钝齿，两侧边框较低，框外呈钝角形向下斜扩。前胸背板近梯形，密布刻纹，两侧刻纹呈皱褶状，中央常有 1 条光滑纵带；盘区有 4 组纵向白绒斑。每组由 2～3 个不规则斑纹组成，中央 2 组较直，通常白斑处有压迹，后缘中凹较浅。小盾片较小，几乎无刻点，鞘翅稍微狭长，密布粗大刻纹；外后侧呈皱褶状，近翅缝中后部和外缘中后部各有 1 个波纹状横斑，其余全为小斑，缝角几乎不突出。臀板短宽，密布横皱，通常在中间有 2 行小斑群，两侧各有 1 个小圆斑。中胸腹突近三角形，前缘横直，密布小刻点；后胸腹板中间光滑，两侧密布粗大刻纹和黄茸毛，有时散布白绒斑。腹部中间甚光滑，2～5 节两侧中部和 1～4 节边缘具有白绒斑和稀大皱纹。足微短壮，密布粗大刻纹和黄茸毛；前足胫节外缘 3 齿，中齿和端齿较接近。雄虫臀板较宽。

6. 长胸罗花金龟 *Rhomborhina fuscipes* Fairmaire

形态特征

成虫体长 19.50～22.50 mm，体宽 8.00～9.80 mm。体型狭长，釉亮碧绿色或鞘翅和体下泛杏红色，腿节和胫节或多或少带杏红色，触角和跗节栗色，前者的基节为绿色。唇基较长，前胸比基部稍微宽，前缘向上强烈折翘，两侧边框较低，外侧向下呈圆弧形斜扩；背面密布栗黑色痱形颗粒。头顶中央光亮无刻点，两侧散布大刻点。前胸背板狭长，近三角形，后角前倾略内弯，两侧边缘的中部近弧形，有窄边框，后角微呈钝角形，顶角圆，后缘近横直，中凹较浅；背面除后角和边缘附近刻点较稀大外匀布小圆刻点。小盾片较狭长，散布稀大刻点，末端尖锐。鞘翅狭长，基部较宽，肩后外缘稍微内弯，两侧向后稍微收狭，后外端缘圆弧形，缝角突出；盘区密布弧形和圆刻点，外侧密布波纹状皱纹。臀板稍微短宽，近三角形，末端圆，密布横向栗黑色皱纹和黄色短茸毛。中胸腹突较短，前端圆弧形，散布细小刻点。后胸腹板中间除中央小沟外很光滑，中间刻点较稀少，两侧散布稀大皱纹。后基节散布较稀皱纹，后外端角微呈钝角形。足稍微细长，密布长皱纹和刻点，散布稀疏黄茸毛。雄虫前足胫节较窄，外缘具1齿，雌虫较宽，外缘具2大齿；中、后足胫节外侧中隆凸雄虫较钝，雌虫齿状，跗节长大，末端2齿较大，强度弯曲。

生活习性

成虫取食栎类等多种植物的花。

7. 漆亮罗花金龟 *Rhomborrhina vernicata* Fairmaire

形态特征

成虫体长25.60~27.00 mm，体面光裸，草绿色。唇基光裸，绿黑色。触角鳃片部第3节不呈杯状。前胸背板具稀而小的刻点。中胸腹突半圆形。小盾片周围肩疣具稀而小的刻点。鞘翅无肋，前边具2行弧形刻点。鞘翅两侧沿、腹板边缘、胫节和跗节和跗节末端，黑色。臀板具稀而小的细毛。

生活习性

成虫取食果树和林木的花。

8. 短体唇花金龟 *Trigonophorus gracilipes* Westwood

形态特征

成虫体长25.00~28.00 mm，体宽13.00~13.50 mm，草绿色泛乳光和暗红色，暗绿色或近褐色外呈橘红色。头面强度凹陷，密布黑色痱形颗粒，前部较宽，前角圆弧形，前缘中央角突黑色，近三角形，但基部不细，上缘平，头突雌雄不同，雌虫扁平近长方形，前缘微凹，雄虫长三角形；复眼较突出；触角细长。前胸背板近三角形，两侧边缘微呈弧形，后角前稍微弯曲，有边框，后角微圆，后缘有浅中凹；背面皮革状，散布细小圆刻点，近边缘密布弧形皱纹和圆刻点。小盾片微呈长三角形，末端尖，散布少量刻点。鞘翅较宽大，基部最宽，肩后外缘中等弯曲，两侧向后几乎不收狭，后外端缘圆弧形，缝角稍微突出；背面皮革状，密布刻点，每翅有5条不完整的刻点行，后外侧密布波纹状皱纹。臀板相当较宽，散布痱形刻点和暗黄色茸毛。中胸腹突细长，稍微弯曲，前端圆，很光滑。后胸腹板中间除中央小沟外很光滑，几无刻点，两侧密布刻点和较稀黄绒毛；腹部中间光滑，散布不明显浅刻点，两侧近端散布弧形刻点，后足基节散布稀刻点，后外端角稍微突出。足稍微细长，散布稀大皱纹和黄茸毛，中、后足胫节内侧排列黄茸毛，外侧各有1钝齿，雄虫前足胫节外缘具1齿，雌虫具2齿，跗节长，爪大强度弯曲。

9. 斑青花金龟 *Oxycetonia bealiae* Gory et Percheron

形态特征

成虫体中型，体长 11.70 ~ 14.40 mm，倒卵圆形，体形与小青花金龟很相似。鞘翅荃部最阔。

本种主要特征为体上无毛，头部黑色，前胸背板栗褐或枯黄，每侧有古铜色斜阔大斑 1 个，大斑中央有白绒毛斑 1 个。小盾片古铜色，长三角形，末端圆尖。鞘翅狭长，暗青铜色，后方略收狭，侧缘近基处深内凹，背面有 2 条纵肋，可见每鞘翅中段有茶黄色近方形大斑，大斑前、外侧有一铝黄横绒斑，后外侧有较大银白色或银黄色楔状绒斑 1 个，端部有白斑 3 个。臀板近半圆形，横列 4 个纵长大白斑。中胸后侧片，后基节侧端各有白绒斑 1 个。腹部腹板侧方有白绒斑各 2 个或 1 个（第 1、5 腹板）。中胸腹突较长，两侧近平行。

生活习性

1 年发生 1 代，多数以幼虫越冬，成虫 5 ~ 6 月出土。成虫白天在花丛中取食花瓣、花蕊，致子房外部受损。成虫产卵其中，幼虫以腐殖质为食。

10. **日罗花金龟** *Rhomborrhina japonica* Hope

形态特征

成虫体长 25.60 ~ 29.40 mm，体面光裸，刻点和皱纹间具小刻点。体铜色或铜绿色，两侧褐色。唇基无突起。触角鳃片部第 3 节不呈环状。前胸背板无突起，具稀而小的刻点，侧缘刻点稍密而大。中胸突前伸少，其顶稍膨大，前边半圆形。鞘翅两侧靠肩疣处明显凹陷，缝肋无分界沟。足比较长，跗节暗褐色。

生活习性

成虫取食柑橘、茶、栎类、油松、华山松、红椿等果树和林木的花，幼虫以腐殖质为食。

11. **黄粉鹿花金龟** *Dicronocephalus wallichii* Keychain

形态特征

成虫体长 19.00 ~ 25.00 mm（不包括唇基突），宽 10.00 ~ 13.00 mm。体型大小甚悬殊，除唇基、前胸背板 2 肋、鞘翅肩凸和后凸、后胸腹板中间、腹部、腿节的部分、胫节和跗节等为栗色或栗红色外，遍布黄色或黄绿色粉末状薄层。雄虫唇基上方有一深凹陷，前缘呈弧形突出，中央微凹切，两侧向前呈鹿角状强烈延伸，顶端叉状上翘，通常内侧齿较长宽，中部外侧有 1 个向上弯宽齿。复眼内侧各有 1 块指形黄色斑。前胸背板近椭圆形，中央 2 条叉状栗色肋纹较短，周缘有栗色窄边框。小盾片近正三角形，末端尖，散布浅黄色茸毛。鞘翅近长方形，肩部最宽，两侧向后渐收狭，缝角不突出；肩凸肋纹近三角形。臀板稍微短宽，近三角形，散布浅黄色茸毛。中胸腹突小，微呈圆锥形；后胸腹板中间光滑，两侧和后胸后侧片除边缘外覆盖黄色粉末状薄层和稀疏浅黄色茸毛。腹部栗红色，侧缘被褐黄色茸毛。后足基节遍布黄绿色薄层和浅黄色茸毛；足甚细长，前足胫节狭长，外缘3齿，端齿长大；前足跗节颇长。雌虫体型较小，唇基两侧无延伸角突，上方强烈深凹，凹内刻纹粗大，前缘弧凹较大，两前角甚尖，两侧缘弧形；前胸背板近圆形，中央2条肋纹较宽大；足较正常，前足胫节较短宽，其余特征与雄虫近似。成虫5月初开始出现，6～7月为发生盛期。危害梨、大麻、栎树、松等林木和果树的花。

12. 宽带鹿花金龟 *Dicronocephalus adamsi* Pascoe

形态特征

成虫体长21.00～27.00 mm（不包括唇基突），宽11.50～13.50 mm。体型较宽大，唇基、鞘翅、腿节底色、胫节及各部分的边缘为深栗红色，前胸背板和中央2条肋带、腹面底色及边缘为沥黑色，除此之外几乎遍布灰白色粉末状薄层。雄虫唇基上方甚深凹，前缘中央微凹，两侧各有1个前伸上翘顶端无分枝的单一角突，每角中部外缘有1个短宽齿状角突。两复眼内侧各有1块灰白色粉末状薄层指形斑。前胸背板椭圆形，中央2条纵肋较宽长，但不达基部，周缘有沥青色细边框。小盾片近正三角形，被灰白粉末状薄层，有时脱落。鞘翅较宽大，肩部最宽，向后略收狭，后外缘圆弧形。臀板短宽，近三角形，散布浅黄色茸毛。后胸腹板中间光滑，两侧稀布浅黄色茸毛。腹部除边缘和末节外被灰白色薄层。足甚细长，跗节长于胫节；前足胫节狭窄，微向内弯，外缘3齿。雌虫黑色，几乎全体无粉末状薄层（个体之间多少不一）。唇基凹陷深，刻纹粗大，前缘呈弧形凹陷，两前角甚尖。前胸背板中央无纵肋；中胸后侧片的部分、后胸后侧片和腹部边缘具有灰白色薄层。臀板和腹面被栗黄色或沥色茸毛。足较粗短，前足胫节宽大，外缘3齿较强大。

生活习性

成虫5月出现，6～7月为发生盛期。主要危害梨、麻栎、松等果树和林木的花。

13. 黄毛罗花金龟 *Rhomborrhina fulvopilosa* Moser

形态特征

成虫体长25.00～29.00 mm，宽12.00～14.50 mm。体型较宽大，稍微光亮。头部、前胸背板、小盾片多为深橄榄绿色或墨绿色泛红、黄色，体下、触角、腿节大部分、胫、跗节为深褐、近墨绿或黑色。唇基上面近方形，中纵隆较高，密被圆刻点；前缘弧形，微折翘，两侧边框较高，两侧向下斜倾扩出，边缘近弧形。后头光滑几乎无刻点。前胸背板密布较深圆刻点，盘区刻点较细小；基部最宽，两侧向前渐收狭，有窄边框，后角稍圆，后缘横直，中凹较浅。小盾片微呈长三角形，末端尖，散布小刻点。鞘翅宽大，近长方形，密布刻纹和黄褐色茸毛；肩部最宽，向后渐收狭，后外缘圆弧形，缝角突出。臀板短宽，密布锯齿状刻纹和浅褐色长绒毛。中胸腹突甚宽大，强烈前伸似铲，基部缢缩，甚光亮，稀布细小刻点；后胸腹板中间光滑，两侧密布刻纹和褐黄色长茸毛。腹部光滑，中间散布细小刻点，两侧有横皱和褐黄色长茸毛。足遍布密粗刻纹和金黄色长茸毛，中、后足胫节内侧排列密长黄茸毛，后足基节后外端角较尖。前足胫节雄窄雌宽，外缘雌虫2齿，雄虫仅1个端齿。

生活习性

成虫7月初出现，8月为发生盛期。危害柑橘、梨、栎、榆等果树和林木的花。

14. 细纹罗花金龟 *Rhomborrhina mellyi* Gory et Percheron

形态特征

成虫体长 28.00 ~ 36.00 mm，宽 13.00 ~ 16.00 mm。体型宽大，表面油亮，鲜绿微泛蓝色、淡杏黄色闪烁；体下色泽鲜亮，胫节带蓝色或紫蓝色，跗节黑色、黑褐或带绿色或紫蓝色。唇基宽短于长，刻点颇细小，前部较宽，前缘向上折翘，两侧具边框，框外向下斜倾，边缘呈弧形。前胸背板近梯形，甚光滑，两侧具有精细刻纹；两侧边缘弧形，具有窄边框；后角宽圆形，后缘近横直，中凹较深。小盾片较宽大，微呈长三角形，甚光滑，无刻点。鞘翅甚宽大，近长方形，盘区光滑，侧、后部散布刻点和皱纹，肩部最宽，肩后外缘轻微弯曲，两侧向后渐收狭，后外缘弧圆形。臀板短宽，除中部光滑外稀布皱纹，外缘排列黑色硬毛。中胸腹突厚大，端部圆，两侧近平行，无刻点甚光滑；后胸腹板中间除中央小沟外，甚光滑，两侧稀布细小刻点。腹部光滑几乎无刻点。足较粗壮，前足胫节雄虫较狭长，外缘雄虫1齿，雌虫2齿；后足基节光滑。雄虫较雌虫狭小，雄虫触角棒状部较长。

生活习性

成虫7月中下旬出现，8月为发生盛期。危害柑橘、梨、栎、榆等果树和林木的花。

15. 日铜罗花金龟 *Pseudotorynorrhina japonica* Hope

形态特征

成虫体长 24.00 ~ 26.50 mm，宽 12.50 ~ 15.50 mm。体型中等，表面光滑，

呈绿、橄榄绿或暗绿色,有的泛火红色。触角栗色,跗节和各部分的边缘呈深栗色或黑色。唇基上面近长方形密布小刻点,前缘折翘,前角稍微圆,两侧边框较低,边框外向下斜倾近三角形。前胸背板近梯形,甚光亮,密布细小刻点,侧面皱纹较粗大,侧缘弧形,后角宽圆形,基部近横直,中凹浅。小盾片长三角形,光滑几乎无刻点。鞘翅近长方形,散布较稀刻纹,但有不完整刻点行,外侧和后部皱纹较密大;肩部最宽,后外缘圆弧形,缝角略突出。臀板短宽,密布锯齿状皱纹和短茸毛。中胸腹突强烈突出,颇光滑,顶端圆向下倾斜;后胸腹板中央小沟较深,两侧密布刻点和皱纹。腹部刻点甚稀小,两侧近外端密布皱纹和稀茸毛。足较粗壮,密布粗大皱纹和茸毛,后足基节后外端角较钝,前足胫节外缘雄虫1齿、雌虫2齿。

生活习性

成虫6月出现,7月为发生盛期。危害玉米、茶、柑橘、栎等的花。

16. 绿罗花金龟 *Rhomborrhina unicolor* Motschulsky

形态特征

成虫体长24.00~27.00 mm,宽12.50~13.40 mm。体型较狭长,翠绿鲜艳,体下微泛杏红色,唇基边缘、鞘翅外缘、胫节顶端、跗节等几乎各部分的交接处和触角均为深褐或黑褐色。唇基微狭长,前部稍宽,前缘折翘,两侧边框较高,上面密布皱刻;头顶光滑无刻点。前胸背板近梯形,盘区刻点细小而稀疏,两侧刻纹较大;两侧缘弧形,具有窄边框,后角宽圆形,后缘近横直,中凹甚浅。小盾片较狭长,几乎无刻点。鞘翅较狭长,上面皱刻较稀少,刻点行亦明显,后外侧皱纹较密大;肩部最宽,两侧向后渐收狭;后外缘圆弧形,缝角稍突出。臀板短宽,近三角形,稀布横皱纹和金黄茸毛。中胸腹突强烈突出,散布稀刻点,顶端圆;后胸腹板中间光滑,两侧前半部有较稀圆刻点和金黄色茸毛。腹部中间光滑,两侧稀布较大刻纹。足粗壮,稀布粗大皱刻,后足基节刻纹较稀,后外端角略延伸,前足胫节外缘雄虫1齿、雌虫2齿。

生活习性

成虫7月中旬出现,8月为发生盛期。成虫主要危害麻栎、梨、柑橘等果树、林木的花和嫩心叶。

17. 榄罗花金龟 *Rhomborrhina olivacea* Janson

形态特征

成虫体长21.50~24.00 mm,宽10.00~12.00 mm。体型较狭长,稍微光亮。体上为深墨绿或深橄榄绿色,有的鞘翅泛褐红色,有的偏灰黑色;体下为暗橄榄绿、橄榄绿、苹果绿等色。触角、跗节和几乎各部分的边缘为深褐或黑色。唇基稍微狭长，边框内近长方形，密被细小刻纹，中纵隆较低，前部较宽，前缘强烈折翘，两侧边框较高，边框外强烈下倾扩出，边缘呈弧形；头顶刻点较稀。前胸背板近梯形，密布刻点，两侧的弧形刻纹几乎密接；两侧缘弧形，具有窄边框。后角近直角形，后缘横直，中凹较深。小盾片狭长，末端尖锐，散布细小刻点。鞘翅较狭长，近长方形，匀布甚密深圆形或弧形刻点和皱纹；基部最宽，两侧向后强烈收狭，后外端缘圆弧形，外缘边框较宽，缝角几乎不突出。臀板短宽，近三角形，密布齿状皱纹。中胸腹突狭长，甚光亮，密布颇细小刻点，前端圆，后胸腹板中央小沟较深宽，中间光滑，两侧密布刻点和皱纹，散布黄色长茸毛。腹部光滑，中间密布细小刻点，两侧皱纹较粗大，并有金黄色长茸毛。足粗壮，刻点和皱纹较粗大，中、后足胫节内侧具黄色长茸毛；后足基节除近侧缘外密布皱纹，后外端角不延伸；前足胫节外缘雄虫1齿、雌虫2齿。触角棒部雄虫长雌虫短。

生活习性

成虫5月下旬出现，6月下旬至7月上旬为发生盛期。成虫危害柑橘、麻栎等果树和林木的花。

18. 褐锈花金龟 *Poecilophilides rusticola* Burmeister

形态特征

成虫体长 14.00 ~ 20.00 mm，宽 8.00 ~ 12.50 mm。体型较宽扁，两侧近平行。体上赤锈色，遍布不规则黑色斑纹；体下亮黑色，两侧具有赤锈色斑纹，大部分虫体的中胸腹突为赤褐色。唇基短宽，刻点较粗大，周缘多为黑色，前缘横直，稍微向上折翘，两侧有较低边框，边框外向下斜扩呈钝角形。前胸背板长短于宽，稀布弧形刻纹，遍布不规则大小不等黑斑，通常前部中间有2个小圆斑，中后部有1个 形斑，两侧各有1行断续大斑；有的在中部横排4个圆斑，有的斑与斑之间相互连接；两侧缘弧形，有较细边框；后角圆，后缘向后稍微延伸，中凹浅。小盾片长三角形，有黑斑。鞘翅宽大，每翅有7~9条刻点行和宽窄不等的波形黑斑纹，有的后部近翅缝有1个近方形黑色大斑，外缘中后部亦有不规则黑斑。臀板短宽，近三角形，具有不规则黑斑。中胸腹突近倒梯形，向前微突出，赤褐或褐黄色；后胸腹板两侧散布弧形刻点。腹部光滑几乎无刻点，仅两侧散布稀大弧形刻纹和褐黄色斑纹。足短壮，散布稀大刻纹，前足胫节外缘3齿，中、后足胫节外侧各有1个齿。

生活习性

成虫 6 月出现，7 月中下旬为发生盛期。危害棉花、麻栎、松柏等农作物、林木的花。

（十一）丽金龟科 Rutelidae

本科隶属金龟子总科，世界上记载有 2 500 多种，我国已记录有 300 余种。本科害虫多栖息于森林和草原，许多种对树木、果树、绿化观赏树、灌木、树苗和农作物造成危害，特别是阔叶树甚为严重。其幼虫即蛴螬在地下对众多作物造成大害，甚至毁灭性灾害，因此其经济价值甚尤重要。

本科种类以中型者为多。体色多艳丽，有古铜、绿铜、墨绿、金紫、翠绿等强烈金属光泽，不少种类体色单调，呈棕、褐、黑、黄等或有深色条纹或斑点。

体形多卵形或椭圆形，背面腹面隆拱。触角 9 节或 10 节，棒状部 3 节组成。小盾片显著。鞘翅侧缘近基部处不内弯。臀板大而外露。胸下被毛，腹部气门 6 对，前 3 对着生于侧膜上，后 3 对位于腹板上端。后足胫节有端距 2 个，各足胫节有爪 1 对，不对称，前中足 2 爪之较大末端常裂为 2 支。

甘孜州（川西北高原）已调查到有以下种类：

脊纹异丽金龟 *Anomala virdicostata* Nonfried

腹毛异丽金龟 *Anomala amychodes* Ohaus

古墨异丽金龟 *Anomala antiqua* Gyll

绿脊异丽金龟 *Anomala aulax* Wiedemann

月斑异丽金龟 *Anomala bilunata* Fairmaire

铜绿丽金角 *Anorala corpulenta* Motechulsky

漆黑异丽金龟 *Anomala ebenina* Fairmaire

深绿异丽金龟 *Anomala heydeni* Frivaldszky

侧皱异丽金龟 *Anomala kambeitina* Ohaus

侧肋异丽金龟 *Anomala latericostulata* Lin

翠绿异丽金龟 *Anomala millestriga* Bates

黑斑异丽金龟 *Anomala nigricollis* Iin

黄带丽金龟 *Anomala obenina* Fairm

陷缝异丽金龟 *Anomalaru fiventria* Redtenbacher

三带异丽金龟 *Anomala trivirgata* Faimaire

黑跗长丽金龟 *Adoretosoma atritarse* Fairmaire

小蓝长丽金龟 *Adoretosom chromaticum* Fairicaire

黄边长丽金龟 *Adoretcsoma perplexum* Machatschke

透翅黎丽金龟 *Blitopertha conspurcata* Harold

蓝边矛丽金龟 *Callistethus plagiicollis* Fairmaire

红斑矛丽金龟 *Callistethus stoliczkae* Sharp

硕沟丽金龟 *Ischnopillia atronitens* Machatschke

竖毛丽金龟 *Ischnopopillia exarata*

沟丽金龟 *Ischnopoillia sulcatula* Lin

毛额丽金龟 *Ischnopoillia suturella* Machatschke

中华彩丽金龟 *Mimela chinensis* Kirby

粗绿彩丽金龟 *Mimela holosericea* Fabricius

草绿彩丽金龟 *Mimela passerinii* Hope

墨绿彩丽金龟 *Mimela splendens* Gyllenhal

川草绿彩丽金龟 *Mimela passerinii pomacea* Bates

皱点彩丽金龟 *Mimela rugosc purccata* Fairmare

筛点发丽金龟 *Phyllopertha cribriooll1s* Faimaire

光裸发丽金龟 *Phyllopertha glabripennis* Mysdvedev

园林发丽金龟 *Phyllopertha hortioola* Linne

宽带发丽金龟 *Phyllopertha latevittata* Fairmaire

点宣发丽金龟 *Phyllopertha puncticollis* Reatter

斧须发丽金龟 *Phyllopertha suturata* Fairmaire

云臀弧丽金龟 *Popillia anomal oides* Kraatz

蓝黑弧丽金龟 *Popillia cyane* Hope

筛点弧丽金龟 *Popilila cribricollis* Ohaus

琉璃弧丽金龟 *Popillia atrocoerulea* Bates

川臀弧丽金龟 *Popillia fallaciosa* Fairmaire

弱斑弧丽金龟 *Popillia histeroidea* Gyllenhal

瘦足弧丽金龟 *Popilla leptotarsa* Lin

棉花弧丽金龟 *Popillia mutans* Newman

毛胫弧丽金龟 *Popillia pilifera* Lin

中华弧丽金龟 *Popillia quadriguttata* Fabricius

幻点弧丽金龟 *Popillia varicollis* Lin

齿胫弧丽金龟 *Popillia viridula* Kraatz

川绿弧丽金龟 *Popillia sichuanenis* Lin

曲带弧丽金龟 *Popillia pustulata* Fairmaire

1. 翠绿丽金龟 *Aromuda Milestio* Bate

形态特征

成虫体长 17.30~21.30 mm，平均 19.50 mm，体宽 10.30~12.40 mm，平均 11.40 mm。体长椭圆形。胸、腹部和足翠绿色。触角 9 节，第 1 节膨大棒形，2~6 节鞭状，端部 3 节鳃叶状。前胸背板宽胜于长，基部最宽，侧缘中部弯突，后缘向后圆弯。无前胸腹突和中胸腹突。小盾片圆三角形。前足胫节外缘有 2 齿，内缘有 1 距；中后足胫节外侧有 2 列带粗刺毛的狭横脊，胫端有 2 个长短不同的端距。附节有 2 个大小不对称、能活动的爪，前中足大爪分裂。鞘翅初羽化时深黄色，柔软，24 小时后变硬，草绿色，鞘翅短。臀板基缝线裸露。鞘翅表面的点刻，排成不明显的纵行，翅缝外缘前半部具侧疣，外缘后半部具端疣。

卵为乳白色、表面光消，椭圆形，长 2.90~3.60 mm，平均 3.30 mm，直径 2.10~2.60 mm，平均 2.30 mm。

幼虫弯曲似"C"形。老熟幼虫体长 36.50~43.00 mm，平均 39.90 mm；头宽 5.40~6.40 mm，平均 5.90 mm。初孵幼虫上颚黄褐色，全身乳白色。老熟幼虫头部棕色，全身黄白色。臀节肛门横裂，背面着生短刺和长毛，腹面刚毛列达 3/4 处，伸出钩状刚毛区。刚毛列前段为短钩状刚毛 9~12 根，左右不完全对等，后段为长锥状刚毛，端部两列，内列 15~18 根。短锥状刚毛和长锥状刚毛在相接处有交错。

蛹为离蛹，长 20.40~25.70 mm，平均 23.80 mm；宽 10.50~12.30 mm，平均 11.50 mm。初化蛹时金黄色，羽化前 5 天左右开始变色，头部后缘先淡绿色，额、前胸背板、小骨片、前翅、足、臀板、腹板、胸腹面、腹部依次变为绿色。头部靠于身体下面。3 对足贴于腹面，前中足不靠拢。中足贴于翅的前缘，后翅仅露出翅尖，后足腿节被翅覆盖，胫节逐渐露出。腹部可见 7 节，雄虫臀节腹板具痕状突起，雌成虫较平坦，端部呈半椭圆形。

生活习性

翠绿丽金龟在四川省九龙县水打坝村（海拔 2 250.00 m）2 年发生 1 代，跨 3 年，以二龄和个别一龄幼虫越冬，以三龄幼虫第二次越冬。在饲养条件下，卵始见于 6 月中旬，7 月中旬开始孵化为幼虫，卵期 29~35 天，平均 31.80 天；一龄幼虫于 9 月中上旬蜕皮进入二龄越冬。越冬后于 4 月中旬至 5 月下旬第二次蜕皮后进入三龄，于 5 月上旬至下旬化蛹，蛹期 24~34 天，平均 29.70 天。成虫于 6 月中旬至 7 月上旬出土取食、交配、产卵后死亡，成虫期 20 天左右。翠绿丽金龟生活史见图 4-12。

年月\虫态	1 上中下	2 上中下	3 上中下	4 上中下	5 上中下	6 上中下	7 上中下	8 上中下	9 上中下	10 上中下	11 上中下	12 上中下
第一年	三三三	三三三	三三三	三三三	三三三 / 000 +	00 +++ ••	++ ••• --	---	-- / ═══	═══	═══	═══
第二年	═══	═══	═══	═══	═══ / 三三	三三	三三三	三三三	三三三	三三三	三三三	三三三
第三年	三三三	三三三	三三三	三三三	三三三 / 000	00 +++ ••	++ •••	---	- / ═══	═	═══	═══

图 4-12　翠绿丽金龟生活史（甘孜州九龙县）

●卵；-幼虫；O蛹；+成虫；一、二、三龄幼虫

翠绿丽金龟羽化后，成虫在土中潜伏 10 天左右，傍晚出土凌晨入土，白天在核桃、玉米、地边灌木上见到少数成虫。饲养条件下，其中 6 月中旬出土成虫占 31.00%，6 月下旬占 48.90%，7 月上旬占 20.00%，黑光灯下始见于 5 月下旬，终见于 7 月中旬，6 月中下旬占诱集总数的 81.50%。晴天出土最多，阴天次之，雨天不出土。一天中，傍晚 22 时至次日凌晨 8 时不出土，8~14 时占出土总数的 16.70%，14~18 时占 17.80%，18~20 时占 51.50%，20~22 时占 24.00%。成虫出土后，取食核桃、李、玉米及地边灌木和杂草，16~20 时为交配盛期，重叠式，一般历时 30~35 分钟，个别长达 2 小时，平均 1 小时左右。交尾后，雌虫潜入土中产卵，在饲养条件下每雌产卵 4~32 粒，平均 20.60 粒；雄虫 1 周左右死亡。

成虫分布在海拔 1 850.00~3 100.00 m 的地区，一年一熟区，幼虫危害玉米、马铃薯、小麦、青稞、荞麦、豆类等作物的地下部分，成虫取食核桃、桃、李、玉米、黄豆叶片。初孵幼虫取食腐殖质和植物须根。作物成株期，当年不受害。二龄幼虫越冬后，4 月中旬至 5 月中旬进入三龄暴食阶段，作物幼苗期常遭受严重虫害，甚至毁种无收。三龄幼虫越冬后进入预蛹，不再取食。翠绿丽金龟在完成一个世代的两年中，对农作物一年危害，一年不危害。在甘孜州九龙县奇年越冬二龄幼虫占 90.00% 以上，偶年越冬三龄幼虫占 90.00% 以上，当地奇年幼虫

危害轻，偶年幼虫危害重。乃渠乡 1978 年播种面积 2 422.00 亩，受害面积 890.00 亩，占播面的 36.75%；成灾面积 347.00 亩，占 14.30%；毁种无收 118.00 亩，占 4.90%。清明生产队虫害更重，播种面积 180.00 亩，受害面积 150.00 亩，占播面的 83.33%，该队位处九龙河中游，耕地分布在河谷两岸，常年播种面积 180.00 亩，1974～1980 年，生产条件和水平基本相同，单年总产 44.00～51.00 t，3 年平均 47.80 t，双年总产 31～34 t，4 年平均 32.60 t，双年比单年平均低 31.80%。

表 4-1　清明生产队 1974～1980 年粮食产量统计

年份	虫害情况	单年总产（t）	双年总产（t）	比上年±%
1974	危害年		31.00	
1975	间歇年	44.00		41.90
1976	危害年		32.00	-27.30
1977	间歇年	51.00		59.30
1978	危害年		34.00	-33.30
1979	间歇年	48.50		42.60
1980	危害年		33.50	-30.90
平均		47.80	32.60	

翠绿丽金龟发生危害与土种的关系极密切。因土种不同，一块地面上下虫害程度不同，一块地的不同地段虫害差异很大。土质沙壤的灰包土虫口密度最大，每平方米 4.2 头，石沙和卵石土次之，夹石大土和黄泥土虫口密度较小（表 4-2）。

表 4-2　土种与虫口密度的关系（1980 甘孜州九龙县）

土种名称	取样（m²）	蛴螬（头）	其中：翠绿丽金龟		
			头数	头/m²	占总数%
灰包土	71	469	301	4.20	64.20
石沙土	35	119	82	2.30	68.50
卵石土	50	321	111	2.20	34.60
夹石大土	45	129	70	1.60	54.30
黄泥土	35	24	17	0.50	70.00
合计/平均	236	1062	581	2.50	54.70

2. 铜绿丽金龟 *Anomala corpulenta* Motschulsky

119

形态特征

成虫体长 19.00~21.00 mm，体宽 10.00~11.30 mm。头与前胸背板、小盾片和鞘翅呈铜绿色并闪光，但头、前胸背板色较深，呈红褐色。而前胸背板两侧缘、鞘翅的侧缘、胸及腹部腹面和 3 对足的基、转、腿节色较浅，均为褐色和黄褐色。唇基呈黄椭圆形，前缘较直中间不凹入。前胸背板前缘较直，两前角前伸，呈斜直角状。前胸背板最宽处，位于两后角之间，鞘翅每侧具 4 条纵肋、肩部具疣突。前足胫节具 2 外齿，较钝。前、中足大爪分叉，后足大爪不分叉。新鲜的活虫，雌性腹部腹板呈灰白色；雄性腹部腹板呈黄白色。雄性外生殖器的基片、中片和阳基侧突三部几乎相等，阳基侧突左右不对称。

卵初产为椭圆形，乳白色，长 1.65~1.93 mm，宽 1.30~1.45 mm。孵化前几呈圆形，长 2.37~2.62 mm，宽 2.06~2.28 mm，卵壳表面光滑。

三龄幼虫体长 30.00~33.00 mm，头宽 4.90~5.30 mm，头长 3.50~3.80 mm。头部前顶刚毛每侧 6~8 根，成 1 纵列。额中侧毛每侧 2~4 根。内唇端感区的感区刺大多数是 3 根，少数为 4 根。圆形感觉器 9~11 个，其中 3~5 个较大，感前片新月形，内唇前片连接在其下方，左上唇根侧突向下呈近直角状弯曲。肛腹片后部复毛区中间的刺毛列由长针状刺毛组成，每侧多为 15~18 根，两列刺毛尖大部分彼此相遇和交叉，刺毛列的后端少许岔开些，刺毛列的前端远没有达到钩状刚毛群的前部边缘。

蛹长椭圆形，土黄色。体长 18.00~22.00 mm，体宽 8.60~10.30 mm。体稍弯曲，腹部背面有 6 对发音器。臀节腹面，雄蛹有 4 裂的疣状突起，雌蛹较平坦无疣状突起。

生活习性

1 年发生 1 代，以三龄幼虫越冬。成虫羽化出土与 5、6 月份降雨量有密切关系，如 5、6 月份雨量充沛，出土较早，盛发期提前。成虫白天隐伏于灌木丛、草皮或表土内，黄昏时分出土活动，活动适宜气温为 25 ℃以上，相对湿度为 70.00%~80.00%，低温和降雨天气成虫很少活动，闷热无雨的夜晚活动最盛。

成虫有假死性和强烈的趋光性，对黑光灯尤其敏感，能从远处慕光而来，并在灯下返复短距离起飞，拥集在光亮处。成虫交尾多在寄主树上进行，每晚先交尾后取食，夜间 9~10 时为活动高峰，后半夜逐渐减少，凌晨潜回土中。雌雄成虫性比几乎各半，前期雄虫多些，后期雌虫多些。

成虫一生交尾多次，平均寿命为 30 天，产卵多选在果树下 5~10 cm 深土壤中或附近农作物根系附近土中，卵散产，每头雌虫生产平均产卵 40 粒，卵期 10

天，在土壤含水量适宜情况下，孵化率几乎为100%。

食性杂，成虫傍晚从果园周围飞向果树，整夜取食，次日黎明前飞离树冠。常群集危害，发生较多的年份，林木果树的叶片常被吃光，对小树幼林危害严重。幼虫危害林、果根系和农作物地下部分。

3. 深绿异丽金龟　*Anomala heydeni* Frivaldszky

形态特征

成虫体中型，体长16.00～22.00 mm，长卵圆形，背面深铜绿色，有铜黄色闪光，鞘翅色更绿，前臀板外露部与鞘翅同色；臀板从上缘起有一个倒三角形或楔形深铜色斑深铜色斑，两侧黄褐色，有绿色闪光；腹面铜绿色泛黄，各足着色深绿。唇基短阔梯形。前侧角圆，前缘微弧形，密布浅皱刻点，额部刻点挤密，头部刻点稀疏，触角9节，片状部3节组成，雄性长于、雌性短于前5节长之和。前胸背板短阔，除后缘中段以外有连贯边桩，均密布粗大刻点；前侧角直角，略前伸，侧缘边框有细长纤毛6根左右，后侧角圆形，小盾片半椭圆形，密布刻点。

鞘翅纵肋不显，缘褶阔，达端部外侧转弯处，外缘向前方1/4端角有宽膜质长边。臀板短三角形，密布鳞状横皱。胸下被灰黄色绒毛，腹部每腹片有一排毛，侧端毛长而多呈灰黄色毛斑，腹末板雄性短而绿色部分后缘微向弧弯，雌性大而后缘不前弯。

幼虫头宽4.92～5.40 mm，头长3.50～3.80 mm，额前侧毛每侧3～5根，其中第2节最长，上颚腹面，发音横脊细而密；触角长3.50～3.80 mm，第2节最长，第1节略长丁第3节，后者长丁第4节，第2节具毛5～7根，第3节2～4根。

前胸及腹部第7、8节气门板开口常很小，开口处的上下端接触，但开口处不为骨化环包围；腹部第2、3、4节各节气门区紧密接气门板的上后方，具长针状毛5～8根，侧叶上9～17根，长度不甚一致；腹部第7、8、9节各背面，除两横列长针状毛外，均裸露。

臀节背板上缺骨化环；复毛区的刺毛列由两种刺毛组成，前段为尖端微向中央弯曲的短锥状刺毛，每列4～10根，后段为长针状刺毛，每列16～26根，多数19～24根，前段短锥状刺毛列中常夹有长刺毛，刺毛列由前向后略微岔开，尤以后端之长针状刺毛常岔开较明显，且排列不甚整齐，不在一直线上，相互交叉，常有副列，呈双行排列，两列间部分长针状刺毛的尖端相遇或交叉，而后端数根长针状刺毛常相离较远；刺毛列的前端超出钩毛区的前缘，约达到复毛区的

2/3 处。

生活习性

1 年 1 代，以三龄幼虫在土中越冬，翌春危害麦苗及春播作物。成虫多于 6 月下旬至 7 月中旬出现，杂食性，喜食白杨、格桐、乌怕、榆等树叶。幼生栖于土中，食害植物地下部分，尤以花生、甘薯地危害较重。

4. 侧肋异丽金龟 *Anomala latericostulata* Lin

形态特征

成虫体长 11.00 ~ 13.50 mm，体宽 6.00 ~ 7.00 mm。体黑色，头、前胸背板和小盾片带绿色金属光泽，每鞘翅中部横列浅黄褐色 3 小斑，小斑有时连接为波曲横带；或鞘翅红褐色。臀板被颇密细弱短毛，疏杂长毛；胸部腹面被细密长毛，腹部两侧被毛颇密。

体长椭圆，体背不甚隆拱。唇基横梯形，前缘稍弯突，上卷强，前角宽圆，皱褶粗；额部皱褶粗密，头顶部刻点粗密。前胸背板布颇粗密略横形刻点，两侧刻点粗密；侧缘中部略前弯突，前角锐角、前伸，后角直角；无后缘沟线。小盾片宽三角形，侧缘弯，中央具 1 条明显纵沟，刻点颇粗密，近端部光滑。鞘翅匀布甚疏细横刻点；鞘翅至肩疣内侧之间有 6 条粗刻点深沟行，行 Ⅱ 不达端部，基部宽平，布杂乱粗刻点；行间圆脊状强隆，行距 Ⅲ 为 1 远不达基部深沟行中分，有时具横皱，侧缘和肩疣外侧之间具一龙骨状强隆细纵脊，其外侧强皱；侧缘具平边。臀板布浓密细横刻纹。足细长，前胫具 2 齿，前中足大爪分裂，后胫弱纺锤形。

雄虫：触角鳃片长于第 2 ~ 6 节总长；鞘翅侧缘平边甚窄，长达中部；臀板隆拱强；前胫 2 齿粗短，前跗发达，末节粗壮，其下缘中部具 1 角齿，端半部弯缺，大爪近基部直角弯折。外生殖器阳茎侧突左右对称，背面大部分膜质，端部尖细内弯；底片尖长，直角下弯。

雌虫：触角鳃片跟其前 5 节总长约相等，鞘翅创缘平边宽短，不达中足；臀板隆拱强；前胫端齿宽长。

生活习性

1 年发生 1 代，以幼虫越冬，成虫于 6 月下旬至 7 月上旬出现。成虫危害果树（板栗、核桃）叶片和小灌木叶片，幼虫取食作物地下根茎和果实等。

5. 黑斑异丽金龟 *Anomala nigricollis* Lin

形态特征

成虫体长 6.50 ~ 9.00 mm，休宽 3.40 ~ 4.50 mm。体浅黄褐色；头后半部、

触角、鳃片、前胸背板中部有梯形斑黑色，鞘缝、有时侧缘和端缘宽边暗褐色，各足跗节和后足胫节内侧面红褐或暗褐色。腹面被毛疏弱。体椭圆。唇基宽横弱梯形，前缘稍弯突，前角宽圆，边缘上卷甚强，表面和额部皱刻粗密，头顶部刻点粗密。前胸背板刻点均匀粗密而深；侧缘中部弯突，前角近直角，后角钝角，角端不尖；后缘沟线完整。小盾片圆三角形，刻点粗密。鞘翅表面布稀疏细微刻点；鞘缝至肩疣内侧有6条粗刻点浅沟行，行Ⅱ不达端部，基部刻点乱；行距些微隆起。臀板隆拱，密布颇粗横刻纹。足细长，前足胫节外缘具2齿，前中足大爪深裂，后足胫节中部略宽膨。雄虫，外生殖器阳茎侧实背面深裂，内叶端尖上弯，外叶角状下折。

雄虫触角鳃片显长于其前节总长，前足跗节发达，大爪宽。

雌虫触角鳃片与其前5节总长等长，臀板隆拱弱，前足胫节齿宽长，后足较粗壮。与变斑异丽金龟（*A. varlegata* Hope）十分相似，但唇基前缘上卷宽而强，前胸背板刻点深。

6. 透翅藜丽金龟 *Blitopertha conspurcata* Harold

形态特征

成虫体长9.00～12.00 mm，体色多变化，由浅黄到黑色大体有以下类型：

苍黄褐色，颊有2个斑，前胸背板上由2个大斑，中间被宽的带有褐色金属光泽的纵带分隔，前胸背板是黑色的，带铜绿色，而前胸前、后缘和两侧边缘是黄色，身体下面和足是暗褐色，后足腿节前缘黄褐色沿边；

呈黄褐色光泽，颊、前胸背板上面有2个大斑，中间被一条光亮的黑色的带有铜绿金属光泽的、前边稍宽的窄的纵带所分隔。鞘翅汇合缝较深，肩疣是浅褐色的，下颚须，触角是褐色的。

全身是黑色的，上边带铜绿色。腹部顶端稍亮，触角、鳃片部和足暗褐色。

唇基几呈半圆形，前缘卷起。头顶被具密而大的单个刻点，小而密的刻点散生其间。前胸背板全具宽沿。前角前伸突，顶角弯钝；侧缘弧状外扩，后角钝，顶角微呈弧形。后缘中间，即小盾片前是直的，两侧每一面具宽的凹陷，后缘全具宽沿。

鞘翅中等隆起，宽卵形，两侧弧形，后缘微呈弧形，合缝角钝，鞘翅缘折达侧缘中部，侧缘着生成列稀细缘毛，鞘翅刻点沟密而深，纵肋隆起。臀板几乎是平的，具密多而深的鲑状皱纹。端部具长而竖立的黄色细毛。前足胫节外缘具2外齿，基齿不发达，顶齿坚而长，一朝前或后稍向外弯，超过了第2跗节，内方距，雄性位于基齿对面，雌性的侧稍高于基齿。

幼虫头宽 2.60 mm，头长 1.80 mm；头壳表现色较浅，约呈浅黄褐色；头部前顶毛每侧 6～8 根，额前侧毛每侧常仅 2 根较长，有时仅 1 根较长；上颚腹面发音横脊均较细而密；触角 1.70 mm，第 2 节最长，第 1、3 节近于等长，均略短于第 4 节，第 2 节具毛 6～8 根，第 3 节约 3 根。

气门板开口均较大，前胸及腹部第 7、8 节气门板明显大于其他各节气门板，腹部第 1～6 节各气门板大小近于相等；腹部第 2、3、4 节各节体毛较多，紧接气门板上后方，具针状毛 20～25 根，侧叶上 20 根左右，长度不甚一致；腹部第 7、8、9 节各节背面毛较多，除后横列长针状毛明显排列成横列外，其他较短针毛几乎均匀散生各节背面，尤以第 7 节背面密度较大。

臀节背板上缺骨化环；复毛区的刺毛由较短的直扁刺毛组成，尖端不弯曲，每列 7～9 根，两纵列间由前向后略岔开，后端个别刺毛常明显岔开，两列间刺毛尖端不相遇或交叉；刺毛列的前端远不达钩毛区的前缘，约达复毛区的 1/3 处，刺毛列前端前方钩状刚毛较多，通常 20 根以上，刺毛列两侧钩状刚毛较少，每侧约 10 根左右。

生活习性

1～2 年发生 1 代，以幼虫越冬。成虫期为 6 月份，白天活动，取食各种禾本科作物嫩叶，喜在疏松土壤中产卵。幼虫取食作物地下部分，秋季可危害花生嫩荚和甘薯等。

成虫昼出夜伏，成虫可于当日出土即交尾，雌虫可交配多次，产卵 3～7 天。

幼虫孵化的第 2 日即开始取食，喜食鲜嫩的作物叶片，幼虫有群集性、大集中小分散的习性。

7. 中华彩丽金龟 *Mimela chinensis* Kirby

形态特征

成虫体长 15.00～20.00 mm，体宽 9.00～12.00 mm。体背浅黄褐色，带强绿色金属光泽，鞘翅肩角外侧具 1 条浅色纵条纹，有时前胸背板具 2 个不甚明显暗色斑；臀板黑褐色，带绿色金属光泽，通常端半部浅黄褐或红褐色；胸部腹面褐呈浅褐浅红褐，腹部红褐；有时体背草绿或暗绿色。腹面被毛细弱，各腹节具 1 横列甚细弱短毛。

体椭圆，后部较宽，体背隆拱，均匀布浓密十分细微刻点。头部疏布细刻。唇基宽横，前缘直，上卷不强，前角宽圆，表面和额部皱褶浅细。触角鳃片长于其前 5 节总长。前胸背板均匀稀布细刻点；近侧缘中部具一小圆陷，近后角具一浅斜陷，有时近前角具一浅陷；侧缘缓弯突，前角锐角、前伸，后角钝角、端圆；后缘浅线通常完整，有时在小盾片前浅弱；后缘边框甚细窄。小盾片圆三角形，端钝，疏布细刻点。鞘翅粗刻点平行，内侧3行近端部深陷；单数行距窄，肩突后方行距弱脊状隆起（浅色纵条纹处），双数行距宽平，布不密粗刻点；鞘翅表面除布浓密十分细微刻点外，还布稀疏小刻点；侧缘后半部近垂直下弯折。臀板隆拱，布不密脐形刻点。前胸腹突薄犁状。中胸腹突甚短，疣状。足细长，前胫具2齿，后胫弱纺锤形。雄虫臀板隆拱强，前胫距位于基齿对方。外生殖器阳基侧突端半部细长下弯，左右叶较强。雌虫臀板刻点粗，前胫距位于基齿对面上方，端齿宽长；足较粗。

8. 粗绿彩丽金龟 *Mimela holosericea* Fabricius

形态特征

成虫体长14.50～19.00 mm，体宽8.00～11.00 mm。体背呈草绿色，带弱金属光泽，触角浅黄褐色至黑褐色；腹部暗褐色，有时胸部腹面部分或全部、腹部末节2节后半部色较浅；足部红褐色，跗节色较浅，有时前中足胫节和后足股节被颇密颇长毛，胸部腹面和腹部侧缘毛浓密。

体椭圆，有时后部较宽，体背隆拱。头部皱刻粗密；唇基宽近长方形，向前略收窄，前缘直或中央或中央略弯缺，上卷颇强，前角圆，皱刻粗。额部皱刻粗密，头顶部刻点细密。前胸背板密布不匀粗大而深圆的刻点，两侧刻点部分并接，中央常具1条甚窄纵隆线，中央前半部通常具宽浅纵沟，沟内刻点并接；无侧小圆陷，侧缘在中点前圆强弯突、前段直或稍弯缺，前角钝角、前伸，且角大于直角，角端圆，后缘沟浅，在小盾片中央前变浅或中断。小盾片宽三角形，侧缘弯，刻点粗密，通常具光滑宽边。鞘翅表面粗皱，刻点粗大浓密，点间窄线状隆起，多数刻点并接；背面仅行距Ⅰ和Ⅱ光滑，脊状隆起，后者近平行，几达端部，行距Ⅱ有时变窄，部分或大部分直至完全不显，其余单数行距窄线状隆起；肩突或端突颇光滑，布颇粗密刻点；侧缘镶边甚突，圆脊状。不达后圆角前端。臀板隆拱，基角和侧缘中部各具1凹陷。前胸腹突较短，端部前弯，后角圆。中胸腹突全不前伸。前胫2齿，基齿细小，前中足大爪简单，不分裂，后胫纺锤形，近端部收狭。

雄虫触角鳃片部与前各节总长相等；臀板隆拱强，布颇密粗刻点，基部刻点密，横形；前跗粗壮，大爪下缘中部角状弯突；后胫布不密粗大刻点，中部与端部等宽。

雌虫触角鳃片部略长于其前5节总长；臀板密布脐状粗刻点，有时连接成锯状粗刻纹；后足粗壮，表面粗糙，密布粗大刻点，端部显著扩宽。

幼虫头宽约 4.20 mm，头长约 3.00 mm；头部前顶毛 7~8 根，呈一纵列，额前侧毛每侧常仅 2 根较长；上颚腹面发音横脊较细而密；触角长约 2.00 mm，第 2 节最长，第 1 节略长于第 3、第 4 节，后两者近于等长，第 1 节常具 1 微小毛，第 2 节 5~7 根，第 3 节 3 根。

腹部各节气门板开口常较小，第 7、8 节气门板明显大于前 6 节气门板，而第 1 腹节气门板又明显大于第 2~5 节各气门板；腹部第 2、3、4 节各气门板上后方，臀节背板上缺骨化环；复毛区的刺毛列由两种刺毛组成，前段为尖端微向中央弯曲的短锥状刺毛，每列 11~16 根，后段为长针状刺毛，每列 13~19 根，长针状刺毛中常带有极少短锥状刺毛；刺毛列由前向后微微岔开，尤以后端长针状刺毛岔开较明显，排列不甚整齐，略交错，常有副列，两列间部分长针状刺毛的尖端相遇或交叉；刺毛列的前端超出钩毛区的前沿，约达到或略微超过复毛区的 2/3 处，不达 3/4 处。

生活习性

1 年发生 1 代，多以 3 龄成熟幼虫越冬，翌年 4 月开始化蛹。成虫 5~8 月出现，盛期在 6~7 月，幼虫第 1 龄 30~40 日，第 2 龄 40~60 日，第 3 龄最长，达 200~230 日，蛹期约 14 日。成虫、幼虫均为杂食性。成虫取食荔枝、柑橘、龙眼、葡萄、橄榄等果树嫩叶及其他林木和大田作物等多种植物的嫩叶，有趋光性。田间化蛹入土深度一般为 20.00~35.00 cm。幼虫可食害橡胶、桉树苗、茅草、豆类、花生、甘薯等植物地下部分。在我国南方分布较广，为南方地区的重要土居害虫之一。

9. 草绿彩丽金龟 *Mimela passerinii* Hope

形态特征

成虫体长 18.00~21.00 mm，体宽 10.00~11.50 mm。体背深草绿色，有时略带金属光泽，臀板金属绿色，唇基和前胸背板侧边浅黄揭，通常鞘翅侧边和端部具浅红褐色边，腹面暗红褐，各足股节浅黄褐，胫节深红，跗节近黑，有时足部浅红褐至深红褐，或带蓝泽，偶有体背泛红色。额部被不密长毛，臀板被颇密长毛，胸部腹面和股节密被细长毛，腹部不被密长毛、侧缘毛细；有时前胸背板前缘疏被长毛。

体椭圆，后部较宽，体背隆拱。唇基宽横方形，向前略收狭，前缘直，上卷不甚强，前角圆，皱褶粗密，额部刻点粗密，杂布少数茸毛粗大刻点，头顶部刻点细密。前胸背板刻点颇粗密，中线常布细密刻点，两侧刻点较为粗密；无侧小圆陷；侧缘中部近前圆弯突，前角弱锐角、前伸，后角略大于直角、端不尖；后缘中部向后强弯突；无后缘沟线。小盾片宽三角形，刻点疏细。鞘翅密布粗大而深刻点，点间隆起，背面刻点行仍可辨认。臀板隆拱不强，表面沙革状细皱，有时布粗横刻纹。前胸腹突薄犁状，后角通常直角形，有时圆。中胸腹突尖细而长，伸达前胸腹突。前足胫节通常2齿，基齿细弱，偶或消失，前中足大爪分裂，后足胫节细长。

雄虫触角鳃片与其余各节总长相等或稍长，前足跗节较粗壮，后足胫节筒形，表面光滑，布少数粗大长形刻点。雌虫触角鳃片稍长于其前5节总长，臀板隆拱弱，前足胫节端齿宽长面钝，后足胫节端齿显著扩宽，表面通常布较多粗大长形刻点。

10. 墨绿彩丽金龟 *Mimela splendrens* Gyllenhal

形态特征

成虫体长15.00~21.50 mm，体宽8.50~13.50 mm。全体墨绿色，通常体背带强烈金绿色金属色泽；有时前胸背板和小盾片泛蓝黑色泽或鞘翅泛弱紫红色泽；偶有背面前半深红褐。鞘翅和臀板黑褐，腹面胸部和股胫节红褐，腹部和跗节深红褐。腹面被毛弱，各腹节具1横列短弱毛。触角红褐。

体宽椭圆，通常后部较宽，体背不甚隆拱。体背甚光滑，布细微刻点。唇基宽横弱梯形，前缘直，上卷颇强，前角圆，皱点浅细，表面略隆拱；额头顶部刻点细小颇密。

触角鳃片长于（雄）或稍长于（雌）其前5节总长。前胸背板布颇密细微刻点；中纵沟明显，通常远不达前后缘；具1个或2个、甚少3个深显侧小圆陷，有时后角附近具1深斜陷，间或前角附近也具斜陷；侧腺均匀弯突，前角锐角、前伸，后角近直角，有时钝角，角端不尖；后缘沟线完整。小盾片宽圆三角形，刻点微细，沿侧缘具1浅沟线。鞘翅细微刻点行路可辨认，内侧3行近端部低陷，行距Ⅱ宽，布细微刻点，行距Ⅳ中部具横皱；侧缘前半部具发达宽平边，臀板隆拱，稀布细小刻点。前胸腹突薄犁状，后角直角形。中胸腹突甚尖短。足部不甚发达，前足胫节2齿，前中足大爪分裂，后足胫节纺锤形，后足跗节颇粗壮。

11. 园林发丽金龟 *Phyllopertha hortioola* Linne

形态特征

成虫体小型，鞘翅棕褐色，略有光泽，个体之间的色泽深浅略有差异，头部、前胸及小盾片呈墨绿色，且具金属光泽，其上密生小刻点，腹部宽阔，腹板棕色，其上疏生浅黄色毛。雌体较雄体大，色泽略浅。

卵椭圆形，初产卵时乳白色，孵化前淡黄色。

幼虫头黄褐色，胸、腹白色或黄白色，有横皱纹。

生活习性

1年发生1代，幼虫越冬，翌年3月化蛹，4月下旬为化蛹盛期，蛹历期40~50日，5月底至6月为成虫盛发期。卵期25~30日，6月下旬进入卵孵化盛期。

成虫白天活动，多在田间往返爬行，或飞翔，但飞翔能力不强，中午前后最为活跃，并在植株上取食、交尾，夜间栖息于田间叶片上及杂草或树枝上。

成虫多产于土层10.00 cm左右。幼虫在土中10.00 cm分布最多，约占70.00%。麦类在扬花灌浆至乳熟期受害最重，秋收后开始转移到其他作物上危害，当作物枯黄时，便入土（20.00~30.00 cm）越冬。

12. 皱点彩丽金龟 *Mimela rugosopunctata* Fairmaire

形态特征

成虫体长14.00~20.00 mm，体宽8.00~11.00 mm。体背草绿，臀板墨绿，带强金属绿色光洋，触角浅红（鳃片暗褐）；腹面和足通常黑褐，带绿色金属光泽，有时前中足股节、胫节和后足股节及腹端黄褐色，后足胫节红褐；少数背面暗枣红色。臀板、腹部和各足股节不甚密被长毛（腹部侧缘毛浓集成毛斑），胸部腹面密被长毛。

体椭圆，体背隆拱。唇基宽横近方形，有时向前略收狭，前缘直，上卷不强，前角圆，皱刻粗密；额部皱刻粗密，头顶部刻点较细，前胸背板密布粗深圆刻点，两侧刻点浓密而皱；中央常具1甚窄光滑纵隆线；无侧小圆陷；侧缘在中点近前强弯突，前段直有时稍弯缺，后段直，前角近锐角、前伸，后角钝角、端不尖；后缘沟线通常在小盾片前中断。小盾片宽三角形，侧缘弯，布细刻点，边光滑。鞘翅布浓密而深皱刻点，表面无光泽，行距Ⅰ和Ⅱ弱隆起，光滑无刻点，后者短，通常不达端突，中部宽，两端显著收窄；行距Ⅰ基部前半刻点略疏，点间略窄于点径，肩突和端突通常光滑，布细刻点。臀板隆拱。前胸腹突薄犁状，后角钝角或圆。中胸腹突不前伸。前足胫节2齿，基齿细小，中足大爪简单，后足胫节纺锤形，近端部收狭。

雄虫触角鳃片与其余各节总长相等，臀板隆拱强，布不甚密脐状粗刻点，前足跗节颇发达，大爪端具1十分细微齿突，下缘近中部钝角弯突。

雌虫触角鳃片略长于其前5节总长，臀板密布粗横刻点，前足大爪端弱分裂，后足颇发达。

13. 蓝黑弧丽金龟 *Popillia cyane* Hope

形态特征

成虫体长 10.00 ~ 14.50 mm，体宽 6.00 ~ 9.00 mm。体蓝、蓝黑或墨绿色，常具强烈金属光泽，或头和前胸背板火红、枣红或墨绿色。臀板无毛斑。

唇基宽横梯形，前缘近直，前角宽圆，边缘上卷弱，皱褶粗，额部皱刻粗密，头顶部刻点颇粗密，复眼内侧具纵刻纹。前胸背板盘部布疏细或略粗浅刻点，前部刻点较粗，后部光滑无刻点，两侧刻点粗密，前角附近刻点横形，粗大浓密，部分融合，侧缘中部强弯突，前段弯缺，后段直，后角圆，后缘沟线甚短。小盾片三角形，刻点疏细。鞘翅背面有 6 条刻点行，行 II 远不达端部，行距宽平；横陷深湿，阿缘镇边通常平坦不隆。中胸腹突长，侧扁，端足粗壮，前足、中足胫节或呈纺锤形。

雄虫臀板端部向后强烈伸突，布颇密脐状粗刻纹，隆突端部略近圆角状：前足踞节发达，大爪宽扁，中足大爪简单。外生殖器阳基侧基部宽，向前尖细，端部下弯，底片近端部下弯，端缘圆穹缺，两侧隆突长精圆形，具角状齿。

雌虫刻点较粗密，臀板均匀隆拱弱，密布粗横刻纹；后足十分粗壮。外生殖器阴片不正方形，省部内侧具 1 角质尖告。

14. 筛点弧丽金龟 *Pollia oribliolls* Ohaus

形态特征

成虫体长 8.00 ~ 12.00 mm，体宽 5.00 ~ 7.00 mm。头、前胸背板和小盾片墨绿色，带金属光泽；鞘翅、前足、中足和后足股节浅色深红褐，后足胫节和后足跗节深红褐，臀板和腹面黑褐。前臀板沿后缘被密毛；臀板被不甚密毛，基部有 2 个互相接近三角形大毛斑，端部被较疏细长毛；腹部每腹节具 2 横列密毛。

唇基宽横梯形，前缘近直，上卷弱，前角宽圆，皱粗密，额头顶部刻点粗密，有时前半皱。前胸背板通常布浓密粗大深刻点大部分或两侧一些刻点融合，仅后部光滑几无刻点，通常光滑区与刻点区分界颇明显，有时在中央具 1 光滑弱纵隆线，有时盘部颇光滑，刻点较疏细，侧缘中部偏前弯突，前后段稍弯缺，前角锐角前伸，后角钝角端角状；后缘沟线不达斜边半长。小盾片正三角形，侧缘略弯，基部布少数粗刻点。鞘翅背面有 7 条粗刻点沟行，行 II 刻点排列通常不整齐；行距窄脊状隆起；最外侧间距后半部圆脊状隆起。臀板中部布浅弱刻点；其余部分布颇密横刻纹。中胸腹突高而长，侧扁，底宽上窄，向前收细。后足粗壮，后足胫节纺锤形，近基部最宽。

雄虫臀板端部向后隆突，从背面不见端缘。外生殖器阳基侧突中部背面低

129

凹，近端半部被十分细弱短毛，近端 1/3 处具 1 斜褶纹；底片短，端部平截，从内伸出 2 根细长针状突。

雌虫外生殖器阴片左右不对称，右片大，表面布波状纹。

15. 琉璃弧丽金龟 *Popillia atrocoerulea* Bates

形态特征

成虫体长 8.50 ~ 12.50 mm，体宽 6.00 ~ 8.00 mm。体全蓝黑或全黑或前胸背板墨绿、鞘翅黄褐略带红色或前胸背板和小盾片墨绿或枣红，鞘翅黑色具 1 波折形黄褐横斑，横斑有时扩宽占鞘翅面积一半至大半，其余体部墨绿色。臀板基部有 2 个通常互相远离的小毛斑。腹部每腹节 1 横列毛，侧缘具 1 浓毛斑。

唇基横梯形，前缘近直，上卷弱，前角宽圆，皱褶粗；额皱刻点粗而甚密。前胸背板甚隆拱，盘部刻点通常颇粗密，向后逐渐疏细，两侧刻点粗密，前角附近有时具横形刻点；侧缘中部弯突，前后段近直，前角锐角前伸，后角圆；后缘沟线甚短。小盾片三角形，布颇粗刻点。鞘翅背面有 5 条粗刻点深沟行，行距隆起，行距 II 宽，沿中央分布排列不整齐、有时大致呈一列的粗刻点，不达端部，基部具横皱，行距 IV 和外侧通常具横皱；横陷深显。臀板密布粗或细横刻纹。或前胸背板刻点较疏细，盘部光滑或布细刻点；臀板中部近端光滑几无刻点。中胸腹突长，侧扁，端圆。中后足胫节纺锤形，后足粗壮。

雄虫臀板边端部向后强隆，从背面不见端缘；中足大爪简单。外生殖器阳基侧突背面略凹，端部尖细，底片短、端部呈横方形片状，后缘角具一角状齿突。

雌虫体表刻纹较粗；臀板拱弱。外生殖器阴片长方形。骨化弱。

16. 川臂弧丽金龟 *Popillia fallaciosa* Fairmaire

形态特征

成虫体长 8.00 ~ 10.50 mm，体宽 4.60 ~ 6.00 mm。体墨绿色，带强金属光泽；鞘翅黄褐有时红褐，外缘有时具不明显暗边，足部有时深红褐色，前臀板沿后缘被密毛；臀板被不密颇长毛，基部有 2 个互相接近大毛斑；腹部每腹节被 2 横列密长毛。

唇基宽横梯形，前缘近直，上卷弱，前角宽圆，皱褶粗，额部刻点粗密，前半皱，头顶部刻点疏细。前胸背板光滑，刻点疏细而浅，两侧刻点较粗密，前角附近粗大而密；侧缘中部偏前弯突，前后段略弯缺，前角锐角前伸，后角略大于直角，锐角状；后缘沟线甚短。小盾片宽略胜于长，近三角形，光滑无刻点。鞘翅背面有 7 条刻点沟行，行 II 刻点排列不甚整齐；行距窄脊状隆起。臀板隆拱，布颇密横刻纹。中胸腹突长，侧扁，向前收细，端不尖。足粗壮，后足更粗壮，后足胫节纺锤形，近基部最宽，后足跗节甚粗壮。

雄虫中足大爪简单。外生殖器阳基侧突表面被不密细弱短毛，端部圆细；底片宽长下弯，端缘弧状弯突，从内伸出2根细长针状突。雌虫生殖器阴片肾形，近端部外侧宽厚。

17. 中华弧丽金龟 *Popillia quadriguttata* Fabricius

形态特征

成虫体小型，体长7.50～12.00 mm，宽4.50～6.50 mm。头、前胸背板、小盾片、胸和腹部腹面三对足的基节、跗节、腿节、胫节等均为青铜色，有强烈闪光，尤以前胸背板闪光最强。鞘翅浅褐色、黄褐色、褐色。

唇基横宽呈梯形，前缘直，边缘上卷，前角圆。前胸背板强烈隆凸，具镜子状闪光。前胸背板侧缘从后角处起到中间的后半段几乎是一样宽，前半段明显收缩。前角前伸呈突状。侧缘在中间弧状外扩。后角钝宽呈弧形。后缘向后延伸，但在中段，位于小盾片前方，却向前呈弧状凹陷。前胸背板中间，具窄而光滑的纵凹线，且两侧中段稍里边处具1小圆形凹窝。小盾片呈正三角形。鞘翅宽而短。肩疣突明显。鞘翅背面每侧具6条粗刻点沟线，沟线间纵助5条。鞘翅从侧缘约1/2处开始直到会合缝处都具膜质边檐。前足胫节外齿2个，第1外齿大而钝，内方距位于第2外齿的基部对面下方。前、中足大爪分叉，后足大爪不分叉。腹部第1～5节的腹板两侧，有由白色密细毛构成的毛斑。臀板隆拱，密布锯齿状细横刻点，上有2个由白细毛组成的大毛斑。雄虫外生殖器阳基侧突的下缘端部，呈内弯的尖刀状。

本种的体型、色泽变异较大。大致可分为三种类型：

①体墨绿，鞘翅黄褐色或侧缘有暗黑边的（过去定为 *Popilliaatraminipennis* Kraatz，应为本种的异名）；②体全红褐色的（过去定为 *P. ruficollis* Kraatz，应为本种的异名）；③体全墨绿、黑、蓝或紫红色的（过去定为 *P. chinensis* Frivaldszky，应为本种的新异名）。

卵初产椭圆形，后呈圆球形，大小为1.46 mm×0.95 mm。

幼虫三龄幼虫体长8.00～10.00 mm，头宽2.90～3.10 mm。头部前顶刚毛每侧5～6根，成一纵列；后顶刚毛每侧6根，其中5根成一斜列。内唇端感区具感区刺3～4根，多数为3根，感觉器圆形的8～11个，其中4个较大。感前片与内唇前片明显，并连在一起。基感区具突班2个，突班四周光裸。左上唇根侧突端部向下呈90°圆弧形的钩状弯曲，伸向内唇中区。肛背片后部有由细缝（骨化环）围成的、中间微凹的心圆形臀板，后边敞开的比较大而宽。肛门孔呈横裂

131

缝状。刺毛列呈八字形岔开,每侧由 5~8 根,多数由 6~7 根锥状刺毛组成。

蛹体长 9.00~13.00 mm,宽 5.00~6.00 mm,唇基近长方形。触角雌、雄同型,靴状。具中中胸腹突,指状。腹部第 1~4 节气门近椭圆形,与体色同,不隆起。腹部背面第 1 至第 7 节体节具发音器 6 对。腹部每体节侧缘均有锥状突起,尾节近三角形,端部呈双峰状,其上生有褐色细毛。雌蛹臀节腹面平坦;雄性外生殖器阳基侧叶宽,发育后期可呈疣状,位于中间的阳基呈指头状。

生活习性

1 年发生 1 代,以幼虫越冬,6 月至 7 月下旬为成虫期。成虫羽化后,当日平均温度达 23 ℃时,成虫开始出土。成虫白天不活动,雌虫出土后 2~3 天即可交尾,每雌虫可产卵 20~65 粒,平均 33 粒,产卵期 6~8 天。

成虫白天不活动,趋光性不强,初孵化幼虫食作物须根和腐殖质。幼虫在土中受温度的变化作上升和下降移动,一般在 10 cm 厚土层中活动,11 月中旬开始越冬。翌年 4 月上旬开始上移至土表层活动,6 月初幼虫老熟,并筑蛹室化蛹,蛹期一般 8~10 天。

18. 幻点弧丽金龟 *Popillia varicollis* Lin

形态特征

成虫体长 8.50~11.50 mm,体宽 5.00~6.50 mm。体墨绿色,带强金属光泽;鞘翅黄褐色,通常翅缝和外缘边暗褐;或全体墨绿色。前臀板后缘被毛短弱;臀板基部有 2 个横毛斑。

唇基宽横,梯形,前缘近直,上卷弱,前角宽圆。皱刻粗密;额部刻点粗密,前部皱。前胸背板通常中央前半部具 1 条宽浅纵陷线,表面或布疏密不匀粗深刻点;前角附近刻点融合密皱,或布疏细刻点,两侧粗而颇密;侧缘中部弱弯突,前后段近直,后角近直角,后缘沟线通常短于斜边半长。小盾片圆三角形,布密粗刻点。鞘翅背面通常有 7 条粗刻点沟行,行 Ⅱ 刻点排列不整齐,有时散乱,行 Ⅴ 有时不完整、残缺或消失;行距隆起。臀板隆拱,中部布疏细或颇粗密刻点,两侧布浓密细横刻纹。中胸腹突长。足细长,后足胫节中部弱膨。前中足大爪分裂。雄外生殖器阳基侧突背面凹陷,端部尖细,雌外生殖器阴片不正长圆形。

本种与瘦足弧丽金龟(*Popilla leptotarsa* Lin)基本相似,但前臀板后缘被毛不发达,细弱而短;中胸腹突较尖细;后足胫节不粗壮,前胸背板刻点精密一些个体差别更明显。

19. 齿胫弧丽金龟 *Popillia viridula* Kraatz

形态特征

成虫体长 10.50～12.00 mm，体宽 6.00～7.00 mm。体墨绿色，带金属光泽；鞘翅红褐，鞘翅缝和侧缘窄边暗褐，臀板基部有 2 个近三角形大毛斑，近端部两侧被不密长毛，腹部每腹节侧缘具 1 浓毛斑。

唇基宽横、梯形，前缘近直，上卷弱，前角宽圆，皱褶粗密；额部刻点粗密，前部皱。前胸背板由前向后刻点逐渐疏细，两侧刻点粗密，前角附近更密，侧缘中部弯突，前后段稍弯缺或后段近直，后角大于直角，后缘沟线不达斜边半长。小盾片三角形，基部布少数刻点。鞘翅背面有 6 条粗刻点深沟行，行 Ⅱ 不达端部，刻点排列不整齐，部分刻点有时略成 2 列；行距颇宽，隆起，臀板布颇密粗横刻纹。中胸腹突长，侧扁，端圆。足粗壮，后足胫节内侧部近端具 1 薄片状齿突。

雄虫中足大爪简单，后足胫节长端部弯。外生殖器阳基侧突向前尖细，背面平塌，端尖锐；底片短，端缘下卷。雌虫外生殖器阴片长方形，端部具多个齿突。

20. 川绿弧丽金龟 *Popillia sichuanenis* Lin

形态特征

成虫体长 8.00～10.00 mm，体宽 4.50～6.00 mm。

头（唇基除外）、前胸背板和小盾片墨绿色，带强金属光泽，鞘翅和足黄褐，臀板（中部红褐）腹面、后足胫节端部（或大部分）和跗节深红褐或黑褐，前中足跗节红褐，后足胫节红褐成深红褐。前臀板沿后缘被密毛；臀板基部有 2 个内窄外宽横毛斑，两侧疏被长毛；腹部每腹节具 2 横列毛，上列疏短，卜列密长，侧缘具 1 浓毛斑。

唇基宽横梯形，前缘直，上卷弱，前角宽圆，皱刻粗密；额部刻点粗密，头顶部刻点较疏。前胸背板中部刻点颇粗密，后部甚疏细，两侧刻点粗密，前角附近更密；侧缘中部偏前强弯突，前角锐角前伸，后钝角，端角状；后缘沟达斜边全长。小盾片圆三角形，布不密粗刻点。鞘翅背面有 6 条粗刻点颇深沟行；行距 Ⅰ 宽，沿中央布不整齐刻点，有时略呈 2 或 3 列，后半部成单列达端部，有时端部刻点不整齐，其余行距甚窄，隆起不强。臀板隆拱、中胸腹突高而长，侧扁，端角状。足粗壮。

雄虫前胸背板侧缘前后段缺；臀板强隆拱，布颇密粗横刻，前足胫节外缘 2 齿尖短，互相接近，跗节不发达，爪大宽长。中足大爪简单。雌虫前胸背板侧缘前后段近直，后侧角端圆；臀板均匀隆拱，密布横粗刻纹点，后足十分粗壮。

21. 曲带弧丽金龟 *Popillia pustulata* Fairmaire

形态特征

成虫体长 7.00~11.00 mm，体小型，长椭圆形，鞘翅基部稍后处最阔。除鞘翅外，虫体深铜绿色，有强烈金属光泽。鞘翅黑褐或赤褐色，中部有黄褐色或红褐色折曲横带，横带有时折断为 2 个黄斑，有时斑不明显或无斑。臀板基部有 1 对横大白色毛斑，斑距与环宽接近。腹部 1~5 腹板侧端有时有白色毛斑。唇基阔大，前方略收狭，前缘近横直，前侧圆弧形，密布挤皱刻点，额部刻点粗大挤皱，头顶额点甚稀，后头刻点密，沿边缘呈圆形排列。触角 9 节，棒状部长大，3 节组成。前胸背板十分弧拱，前侧布深大刻点，少数刻点相互融合，中、后部刻点浅稀，侧缘于中点稍前明显向内收拢，后段近平行，后缘斜边框极短，中段明显宽于小盾片，向前弧弯，小盾片短阔三角形，散布少量刻点，鞘翅短，后方收狭，背面较平，有 6 条深显刻点沟，第 2、第 3 点沟靠近前部刻点沟混乱，第 2 刻点列部达端部，缘折只达转弯处。臀板短阔，密布刻点，中部刻点较稀。胸部下面有皱绒毛，中胸弧突较长，侧肩末端钝圆。腹下中部滑亮，外侧每腹板有一排毛。

生活习性

成虫昼伏夜出，白天活动，主要食害树木和果树叶片。

22. 弱斑弧丽金龟 *Popillia histeroidea* Gyllenhal

形态特征

成虫体长 8.00~11.00 mm，体小型。体蓝黑或墨绿色，带金属光泽；鞘翅有时红褐色或紫红色，基部有时有 1 方斑。鞘翅、侧缘和后半部蓝黑色，有时红褐色，鞘翅、臀板和腹面色较浅。臀板基部有 2 个互相远离细弱毛斑，毛斑有时密或皮全磨脱；腹部每腹节侧缘具 1 浓毛斑。

唇基宽横，向前略收狭，前缘近直，上卷不强，前角圆，表面和额部皱刻粗密，头顶部刻点密而颇粗，复眼内侧具纵刻纹。前胸背板前半部刻点粗深而颇密，两侧刻点粗密，前角附近刻点粗大浓密，常成横形，小盾片前光滑无刻点；侧缘中部强圆弯突，前段稍弯曲，后段近直，后角宽圆；后缘沟线极短。小盾片三角形，疏布粗刻点。鞘翅背面有 6 长粗刻点深沟行，行 II 短，通常不达中部；行距隆起；横陷深显。臀板十分隆拱，端部向后强烈伸突。从背面不见端缘，中部近端光滑，布不密刻点，两侧具粗密横刻纹。中足腹突长，侧扁，端圆。中后足胫节呈纺锤形。雄中足大爪简单。

雄虫外生殖器阳基侧突长形，端尖；底片宽长，两侧向上弯卷，端部尖舌状上卷。

雌虫外生殖器阴片不正矩形，端部内侧具1角状尖齿。

23. 瘦足弧丽金龟 *Popilla leptotarsa* Lin

形态特征

成虫体长9.50～11.00 mm。前胸背板全呈一色，中央或深或浅弧形弯缺。鞘翅短，平坦，基部最宽，向后收缢渐窄，腹部背面两侧可见，前臀板后部和臀板全部外露。中胸腹突端部平截成近直角形。臀板具2细小毛斑，明显、斑间宽于或等于斑长，其余部分不被密毛。

24. 棉花弧丽金龟 *Popillia mutans* Newman

形态特征

成虫体长9.00～14.00 mm，体宽6.00～8.00 mm。体蓝黑、蓝、墨绿、暗红或红褐色，带强烈金属光泽。臀板无毛斑，稀布在基部两侧（通常毛斑位置）具稀疏集毛。唇基近半圆形，前缘近直，边缘上卷弱，皱褶颇粗，额部皱刻粗密，头顶部刻点粗密。复眼内侧具纵刻纹。前胸背板甚隆拱，盘部和后部光滑无刻点，前部和两侧刻点通常较粗，有时刻点横形，前角附近密布粗大而深刻点，部分刻点横形；侧缘中部强弯突，前段弯缺，前角锐角前伸，后段直，后角宽圆，后缘沟线甚短。上片三角形，疏布细刻点。鞘翅背面有6条粗刻点沟行，行Ⅱ远不达端部，基部刻点乱，行距宽，稍隆起；横陷甚深显。臀板隆起，密布粗横刻纹。中胸腹突长，侧扁，端圆。足粗壮，中后足胫节强纺锤形。雄虫鞘翅侧缘镶边近圆脊状，臀板端部向后延伸突，从背面不见端缘；中足大爪简单。外生殖器阳基侧突向前尖细，内缘弯缺；底片中等长，端部向下弯卷，两侧具椭圆形小隆突。雌虫鞘翅侧缘镶边平或弱拱；臀板均匀隆拱；中足大爪分裂，后足十分粗壮。外生殖器阴片不正长方形，端部尖细（有时圆钝）。

25. 毛胫弧丽金龟 *Popillia pilifera* Lin

形态特征

雌虫体长11.00 mm，体宽6.00 mm。体墨绿色，带强金属光泽；鞘翅和股节黄褐色，鞘缝侧缘镶边后半和端缘暗褐。前臀板沿后缘被密毛；臀板被颇密长毛，基部有2个近三角形大毛斑；腹部每腹节具2横列毛，后列长而颇密，前列短而较疏；后足股节近端部被颇密长毛，胫节内侧缘密被长列毛。

唇基宽横弱梯形，前缘近直，上卷不强，闪角宽圆，纹刻粗密，额部刻点粗密，前半皱，头顶部刻点较疏。前胸背板盘部前半刻点颇密颇疏，后部光滑几无刻点，两侧刻点粗密；侧缘中部弯突，前后段略弯缺，前角钝角前伸，后角略大于直角，端角状；后缘沟线甚短。小盾片三角形，侧缘略弯突，光滑无刻点。鞘翅背面有 6 条刻点浅沟行；行距弱隆，行距等宽，沿中央具 1 列排列不甚整齐刻点。臀板隆拱不强，密布颇粗横刻纹，中部具细刻点。中胸腹突长，佩刀状，端不尖。前足前缘基齿尖，端齿弯长，后足粗长，后足胫节中部略宽膨。外生殖器阴片近三角形，近端部具 1 横隆脊。

（十二）鳃金龟科 Melolonthidae

隶属于金龟总科，是金龟子总科中最大的一科，全世界已记载9 000种左右，分布几乎遍及世界六大陆地昆虫区系。我国已记录 500 种，以热带、亚热带地区种类为多。本科种群繁多，类型复杂，包括甚多林农业重要害虫。

体型由小型到大型，卵圆形成长椭圆形。体色多棕色、黑色或黑褐色，在热带地区有的艳丽多彩。口器位于头部唇基之下，背面不可见。触角 8～10 节，棒状部 3～8 节组成。前胸背稍狭于或等于腹部之宽。中胸后侧片位于背面不可见，小盾片显著。鞘翅常有纵肋 4 条，或多至 9 条，或完全消失，臀板外露；后翅多发达能飞翔，也有少数退化仅留翅痕不能飞行者（皱鳃金龟属 Trematodes faldermamm）。腹末一对气门露出鞘翅之外。足短状或较细长，前足胫节外缘有 1～3齿，内缘多有距 1 个，中足、后足胫节各有端距 2 个。跗节末端有基本相似的爪1 对，少数（单爪鳃金龟族 Hoplini）则前足，中足之爪大小殊异，但其后足仅1 爪。

甘孜州已调查到有以下种类：

波婆鳃金龟 *Brahmina potanini* Semenov

波鳃金龟 *Brahmina* sp.

毛缺鳃金龟 *Diphycerus davidis* Fairmaire

双疣平爪鳃金龟 *Ectinohoplia tuberculicollis* Moser

影等鳃金龟 *Exolontha umbraculata* Burmeister

长角希鳃金龟 *Hilyoirogus longiclavis* Bates

二色希鳃金龟 *Hllytrogus bicoloreus* Heydlen

希鳃金龟 *Eillyotrogus* sp.

双斑单爪鳃金龟 *Hoplia bifasciata* Medvedev

单爪鳃金龟 *Hoplia* sp.

灰胸突鳃金龟 *Hoplosternus incanus* Motschulsky

日胸突鳃金龟 *Hoplosternus japonicus* Harold

胸突鳃金龟 *Hoplosternus* sp.

阔缘齿爪鳃金龟 *Holotrichia cochinchina* Nonfried

宽齿爪鳃金龟 *Holotrichia lata* Brenske

巨狭肋鳃金龟 *Holotrichia maxina* Chang

长切脊头鳃金龟 *Holotrichia longinscula* Moser

蛾眉齿爪鳃金龟 *Holotrichia omeia* Chang

齿爪鳃金龟 *Holotrichia* sp.

玛绢鳃金龟 *Maladera* sp.

大栗鳃金龟 *Melolontha hippocastani* Menetries

甘孜鳃金龟 *Malolcntha permira* Petter

鲜黄鳃金龟 *Metabolus tumidifrons* Fairmaire

棕色鳃金龟 *Holotrichia titanis* Reitter

麻绢鳃金龟 *Ophthalmoserica* sp.

暗黑鳃金龟 *Holotrichia parellela* Motschulsky

大云斑鳃金龟 *Polyphylla laticollis* Lewis

小云斑鳃金龟 *Polyphylla gracilicornis* Blanchard

中索鳃金龟 *Sophrops chinnsis brenske*

丽腹弓角鳃金龟 *Toxospathius auriventris*

绿腹弓角鳃金龟 *Toxospathius inconstans* Fairmaire

1. 大云斑鳃金龟 *Polyphylla laticollis* Lewis

形态特征

成虫体长 28.00~41.00 mm，宽 14.00~21.00 mm。体呈暗褐色稀有红褐色，足和触角的鳃片部暗红褐色，下颚须末节长而稍呈长卵形。雄性触角柄部由 3 节组成，第 3 节近端部扩大呈三角形，鳃片部由 7 节组成，大而弯曲，其长度为前胸背板长度的 1.25 倍。雌性触角柄部由 4 节组成，鳃片部由 6 节组成，小而直。唇基前缘明显卷起，几乎是直的。头部覆有相当均匀的黄色鳞状毛片，额除鳞状毛片外，还生有长的、竖立着的黄细毛。前胸背板中纵线附近的刻点，比两侧的刻点要稀。前胸背板前半部中间分成 2 个窄而对称的由黄色鳞状毛片组成的纵带斑；其两侧各有由 2~3 个毛斑构成的纵列。前胸背板前缘、侧缘生有单行的竖立着的褐色刚毛，后缘边沿无刚毛。小盾片覆有密而长的黄白色鳞状毛片。鞘翅上的鳞状毛片顶端变尖呈长椭卵形，并构成各种形状的斑纹，"云斑"因此而得名。臀板全部覆有密的锉状的小刻点和贴身的黄色小细毛。腹部各节腹板前缘具光滑的窄带。前足胫节外齿雄2雌3，中齿明显靠近顶齿。雄性外生殖器的基片、中片极短，略呈方形或稍长方形，阳基侧突显著细长，向下方延伸。从侧面观，阳基侧突与中片儿呈直角，阳基侧突向前方呈弓状弯曲。

卵椭圆形，初产时水青色，后逐渐变暗，孵化前呈不规则的梭形，并可见壳内幼虫的上颚。

幼虫三龄幼虫体长60.00~70.00 mm，头宽9.80~10.50 mm，头长7.00~7.50 mm。头部前顶刚毛每侧3~8根，多数4~6根，排成1斜列，后顶刚毛每侧1根。额中刚毛每侧多2根，额前缘刚毛4~8根，多数4~6根。沿额缝末端终点内侧常具平行的横向皱褶。唇基和上唇表面粗糙；内唇端感区具感区刺15~22根，较粗大的14~16根，圆形感觉器15~22个。肛腹片后部复毛区中间的刺毛列，每列多为10~12根小的短锥状刺毛组成，大多数两刺毛列几乎平行，刺毛列排列比较整齐，无副列；少数刺毛列排列不整齐，具副列。刺毛列的长度远没有达到复毛区钩状刚毛群的前部边缘处。

蛹体长49.00~53.00 mm、宽28.00~30.00 mm。唇基近长方形。触角雌、雄异型。前胸背板横宽，后缘中间具疣状隆起，在隆起处着生1对黑斑，其两侧沿后缘有1褐色条纹，条纹呈纵向排列，中间弧状，两侧较直。腹部第1~4气门椭圆形，发音器2对，分别位于腹部第4~6节之间。腹部第3~6节肯部中央，相当于发音器外侧处，各具1对弧形凹陷。尾节近三角形，尾角尖锐，两尾角端呈锐角岔开。雄性外生殖器由2个疣状突组成，基部的呈柱形，中间收缢，端部的呈圆形。雌蛹尾节腹面平坦，生殖孔位于中间，两侧各为1方形（内缘呈弧状）骨片。

生活习性

大云斑鳃金龟在甘孜州九龙县3年完成1个世代。成虫出土始期6月下旬，盛期7月上旬，末期7月下旬，历期30天。产卵始期为7月初，盛期为7月10日前后，末期在7月下旬。卵期最长25天，最短21天，平均23天。孵化始期为7月下旬，盛期为8月上中旬。一龄幼虫进入二龄，约315天；二龄幼虫进入三龄，约365天；到第3年5月中旬，进入预蛹期。预蛹经20天后化蛹，蛹期约20天。蛹始见6月初，终见6月末，盛期在6月15日前后完成1个世代，约990天。

成虫活动可分为前、后两段，以交配产卵为界，前期为昼伏夜出，后期为白天取食夜间迁飞。成虫趋光性强，尤其是雄虫。有假死习性。成虫每天19时开始出土，活动高峰在20~22时，此时黑光灯下虫量占全夜总虫量的61.60%~75.20%。田间调查雌蛹占47.70%，雄蛹占52.30%。雌雄性比为1:1.1。而黑光灯诱集的成虫，雌虫占 14.78%，雄虫占 85.22%。成虫取食玉米、杨树和榆树叶及细柳树枝的表皮，尤其喜食黑松的针叶。成虫出土后可在当天夜间或第 2 天夜间交配，一次交配时间 8~20 分钟。交配方式雌雄呈背负式，交配时并发出叫声。雌虫交配 3 天后开始产卵，卵单粒产。1 头雌虫产卵量平均 16.80 粒。产卵深度多在 10.00~30.00 cm 之间。

成虫寿命，雄虫 8~15 天，雌虫 10~23 天，雌雄平均 17 天。

杨树、柳林、榆树叶是大云斑鳃金龟成虫的最喜啃食植物，因而为大云斑鳃金龟成虫提供了丰富的补充营养源，提高了成虫的繁殖能力。凡是森林覆盖率大的地区，金龟子种群数量就大，这是川西高原金龟子种群数量大，危害要比盆地内重的原因所在。

灌水、降雨的影响。在一般情况下，灌水有抑制幼虫发生与危害的作用，但在干旱年份，灌水后则有利于成虫产卵及卵的孵化。如 1982 年，甘孜州 7、8 月两月共降雨 141.70 mm，此时是成虫产卵及卵孵化时期。据调在，未灌水的地每平方米平均有幼虫 2.35 头，灌水的地每平方米平均有幼虫 5.40 头。可见，在干旱年份灌水（7~8 月），有利于雌虫产卵及卵孵化。

雨量多少，直接影响土壤含水量。土壤湿度适宜，有利于雌虫掘土、产卵；土壤干旱、坚硬，增加了雌虫掘土的困难，对产卵和卵孵化均不利。特别是一龄幼虫，在干旱情况下，极易死亡。据调查，在降雨量较正常的年份（年降雨量 500.00 mm 左右），一龄幼虫量占总虫量 44.65%~46.05%；在降雨量少的年份（年降雨量 278.00 mm），一龄幼虫量占总虫量 36.31%。雨量对二、三龄幼虫影响不大。

土质对发生危害的影响。凡土层厚（超过 1.50 m）、较湿润（常年土壤含水量不低于 15.00%）、有机质含量高的肥沃中性土壤，都有幼虫发生，且虫量较多；而土层薄、较干旱（黄黏土，干土层厚，质地坚固），则虫量很少；黏质土或 1.00 m 以下处是沙砾，则很难找到大云斑鳃金龟幼虫。

2. 小云斑鳃金龟 *Polyphylla gracilicornis* Blanchard

形态特征

成虫体长 24.00~30.00 mm，宽 13.00~15.00 mm，长椭圆形，隆起。体为黑色、有光泽，鞘翅暗棕色，上被有密集成不规则的云斑状的黄白色鳞状毛。足和触角呈暗褐色。下颚须末节圆筒形、窄，顶端变钝。胸虫触角第 3 节前边靠近顶端具不对称的角状突起，触角鳃片部 7 节弯曲，其长度等于前胸背板长，雌虫触角鳃片部 6 节，直而短。唇基横长方形，前侧缘上卷，前缘中间凹陷。前角雄虫尖、雌虫钝，其上面除覆有密而长的黄色鳞毛外，还竖立着褐色细毛。前胸背板宽约为长的2倍，稍窄于鞘翅基部，中央及后方隆起，侧缘巨齿状。前胸背板覆有不密的大刻点，而后半部中央几乎是光滑的。前胸背板上的黄色鳞毛密集成光亮的图案，沿中纵线密集成1纵带；其两侧又各有1条中断的不对称的纵带，在侧缘间和边缘基部处，各有环形毛斑。前胸背板除后缘中间外，均整竖立着褐色缘毛。小盾片大，呈弧状三角形，除中纵线和顶端光秃外，覆有密的黄白色鳞毛。鞘翅隆起，椭圆形，两侧稍外扩几乎平行，其上覆有不密而浅的刻点、皱褶和白色鳞状毛。白色鳞毛聚成无数的各种大小不对称的云状毛斑，而毛斑间则几乎无鳞毛。但纵肋不发达，缝肋可见，缘折窄长，直达近弧状的后缘。臀板三角形，有密的锉状的小刻点，中间具光滑的纵脊，覆有密、小贴身黄细毛，在顶部具簇长的竖立着的褐细毛。腹部腹面，密生短的黄细毛，其间还散生较多的黄褐色长毛，每节腹板前缘光秃。前足胫节具外齿；雄虫只具1顶齿，雌虫3齿。雄性外生难器的基片、中片短，略呈方形或稍长方形。从侧面观，阳基侧突与中片几呈直角，阳基侧突向前方呈S状弯曲。

幼虫三龄体长55.00～65.00 mm。头部前顶刚毛每侧4～5根，后顶刚毛每侧1根较长，旁有1～2根短小刚毛，额中侧毛各2～5根，额前缘毛6～10根。触角第1节基毛4～7根，第2节3～4根。内唇端感区刺12～16根，排列成2～3层，前排8根较大，其前沿圆形感觉器12～16个，刺毛列由短锥状刺毛组成，每列多为10～11根，多数两列刺毛平行，也有前或后端的2根刺毛明显靠近，其前端远不达钩状刚毛群的前缘，约达复毛区的1/3处。肛门孔呈横裂缝状。

蛹体长30.00～33.00 mm、宽16.00～18.00 mm。唇基近方形。触角雌、雄异型。前胸背板横宽，中纵线呈脊状，后缘中部向后延伸，且明显凸起，凸起处具1对黑斑。前足胫节外齿雄蛹1个，雌蛹3个。气门椭圆形，腹部第1～4节气门围气门片黑褐色，气门腔明显。发音器2对，但不发达，分别位于腹部第4、5节和第5、6节节间交界处的背部中央。腹部第3～6节背中央，各具1对弧形凹陷，腹部第2～6节背面有明显的小疣点。尾节近三角形，具2尾角。雄蛹外生殖器，由2个疣突组成，基部的大些。雌蛹臀节腹面平坦，具1生殖孔。

生活习性

小云斑鳃金龟，3年完成1个世代。一龄幼虫越冬1次，三龄幼虫越冬2次。成虫始见为6月中旬，盛发期为7月中下旬，末期为8月中下旬，个别年份也有少量成虫，可拖至9月间。产卵始期为6月下旬，盛期为7月中下旬。6月中旬可见初孵幼虫，田间孵化盛期在7月下旬，当年以一龄幼虫越冬，第2年5月下旬幼虫上升至耕层活动危害，一龄幼虫于 6 月上中旬进入二龄，继续活动取食，于 8 月上中旬进入三龄，继续活动危害，当年以三龄幼虫越冬，第 3 年 4 月下旬又返回耕层活动危害，此三龄幼虫继续危害至秋，当年仍以三龄幼虫再行越冬，三龄幼虫经两次越冬，第 4 年 5 月上中旬开始化蛹，蛹期平均 29 天。成虫羽化后在土中经过 10 天出土，6 月上旬始见成虫，从而完成 1 个世代要跨 3 个年份。

成虫昼伏夜出，一般于 20 ~ 22 时为出土活动高峰，在阴雨天或成虫盛发期，亦可偶见少数个体在白天飞翔。成虫出土后即觅偶，多在田间草丛中交配，交配可长达 72 分钟；交配后雌虫即入土，雄虫则向它处飞去。

成虫雌雄性比为 1.23∶1。雄虫有极强的趋光性，而雌虫的趋光性则极弱。雌虫上灯率，仅为雄虫上灯数量的 0.10% ~ 0.20% 。

雌虫产卵为单粒，散产，每头雌虫最高产卵量为 50 粒，少者 1 ~ 11 数，平均 25.60 粒。一般成虫产卵期为 2 ~ 4 天，产卵量以第 1 天和第 2 天为多，约占产卵总量的 80.00% 以上，第 3、4 天则极少。卵多产在 6.00 ~ 15.00 cm 的耕土层处的卵室中。

初孵化的幼虫体白色，几小时后即开始活动、取食，但整个一龄期幼虫食量很小，危害不明显。越冬后的二龄幼虫和三龄第 1 年期幼虫食量大，是作物遭受严重危害的主要虫期。经第 1 次越冬后的三龄幼虫，在进入 8 月中旬后，活动取食显著减少，甚至基本不取食。可见小云斑鳃金龟幼虫期，在长达 44 个月中对作物造成严重危害。

影响幼虫在土中进行垂直活动的主要因子是温度，小云斑鳃金龟虫在日平均气温 11 ℃，25 cm 土温 15 ℃时，即开始下迁越冬，此时一般是 10 月上旬。当日平均气温降至的 -2 ℃，25.00 cm 以上土层土温降至 2 ℃左右时，各龄越冬幼虫即基本停止下迁，在原处做成土室开始越冬。春季，当日平均气温回升达 11.00 ℃，25 cm 土层处的土温达 14.9 0 ℃时，各龄幼虫均上升至距地面 25.00 cm 土层内活动，此时约在 4 月下旬，随着温度的不断升高，5 月上旬，幼虫多在 15.00 cm 土层处活动危害。

小云斑鳃金龟幼虫越冬深度为土中 30.00 ~ 90.00 cm，以 40.00 ~ 70.00 cm 的土层居多。但越冬深度各龄有差异：一龄幼虫多在 40.00 ~ 50.00 cm 处，二龄幼虫多在 50.00 ~ 60.00 cm，三龄幼虫多在 60.00 ~ 70.00 cm 土深处。

发生与环境的关系

在甘孜州九龙县、丹巴县、稻城县、康定县和泸定县调查，成虫出土后，经在出土附近地面作短暂停留，即飞翔至附近林区寻食和求偶，喜欢取食高山松、云南松针叶。又据报道（中国土居害虫），成虫主要取食玉米、杨树、榆树叶及细柳枝表皮，尤为喜食松树的针叶。

在甘孜州幼虫分布在海拔1 800.00～2 500.00 m地带，即丹巴—康定—泸定—九龙—稻城一线。玉米、马铃薯、小麦、青稞、黄豆、蚕豆、二季豆等作物地下虫口密度较大。在作物地旁附近灌木丛及枯枝落叶等土层较厚的土层中虫口数量甚大。

另外，土质也是影响大小云斑鳃金龟幼虫的分布的一个因素：紧沙质中所产的卵出土虫数量大于沙壤灰色土、沙土，中壤土虫口数较少，重壤土不适合云斑鳃金龟幼虫的生存。

3. 灰胸突鳃金龟 *Hoplosternus incanus* Motschulsky

形态特征

成虫体长2.00～31.00 mm，宽10.00～15.00 mm，近卵圆形，隆起。体底色呈深褐色或栗褐色，鞘翅色略淡。全体密被短的灰黄或灰白色鳞状毛。头宽大，唇基前方略收狭，边缘上卷，前缘中段微凹并隆起。下颚须末节窄长，端部收缢呈弧形，具小细毛。触角10节，鳃片部，雄虫7节，长而微弯；雌虫6节，直而短小。前胸背板短阔，稍隆起，密被尖针状鳞毛，由于鳞毛粗细不同，因而色泽略有差异。鞘翅肩突、臀突（端突）均发达，每侧有3条纵肋明显。臀板三角形，侧缘呈波浪形弯曲，末端相当宽而钝。中胸腹板前突很长，达前足基节中间，靠近端部收缩而变尖，腹部第1～5节腹板两侧，有由乳黄色鳞毛聚集成的往往不太明显的三角形斑。前足胫节外缘，具2～3齿，雌虫3齿明显。爪发达，爪下有齿，足内外爪并不完全对称，而雌虫前足内外爪差异最显，内大外小。雄性外生殖各阳基侧实，侧现似小腿状，尖端内弯。

幼虫三龄期体长50.00～60.00 mm。前顶刚毛每侧3～4根，后顶刚毛每侧1根。额中侧毛每侧8～12根，额前缘刚毛18～24根，呈1横列。内唇端感区刺15～20根，前边两排的感区刺较大。圆形感觉器20～30个，其中较大的6个。感前片和内唇前片均消失。刺毛列由尖端微弯的短锥状刺毛组成，每列18～25根，其前端远远超出钩状刚毛区的前缘，约达肛腹片前边1/4处。两刺毛列近于平行，同列刺毛排列整齐，唯两列前端数根刺毛，常略向中央靠拢。肛门孔纵裂短小，但明显可见。

蛹体长26.00～28.00 mm，宽10.00～12.00 mm。唇基横方形，但两前角弧弯。触角雌，雄异型。前胸背板横宽，后缘中间稍隆起并向后弧凸。中纵线凹陷，沟两侧具不长的平行横皱。位于前胸背板中央，具1对小疣突。从冠缝起，经前胸背板中纵线、小盾片，直到腹部第 6 节后缘的背板中央，纵贯 1 条呈凹陷的中纵线。腹部第 1~6 节的每节背面中间，具 1 横向的锐脊，第 1、6 节此横脊较弱。腹部第 1~4 节气门深褐色，气门腔明显突出。无发音器。尾节近梯形。尾角小而尖，端尖稍向内弯。雄蛹臀节腹板中间呈疣状凸出，阳基侧突不达阳茎下缘，阳茎呈乳头状，中央具生殖孔；雌蛹臀节腹板平坦，生殖孔两侧各具 1 不太明显的方形骨片。

生活习性

灰胸突鳃金龟在甘孜州九龙县两年完成 1 个世代。在四川省涪江流域冲积平坝 3 年完成 2 代。成虫羽化始期 6 月上旬，盛期 7 月上中旬，8 中旬终见。7 月中下旬产卵，盛期为 8 月上旬，卵期平均为 19 天。8 月初始见一龄幼虫，于 9 月上旬可进入二龄，当年均以一、二龄幼虫越冬。经越冬的一、二龄幼虫，于第 2 年 5 月初开始返回耕层危害。当年 10 月上中旬，以三龄幼虫越冬，第 2 年 5 月初上升至 15~30 cm 土层处，有些个体还取食一些植物的地下部分，但大多数已不再取食，于 5 月中旬进入预蛹期，预蛹期平均 11.70 天。蛹期平均 24 天。6 月上旬始见初羽化的成虫。成虫期平均约 25 天。

成虫雌雄性比 1:1.5，当日平均气温达 23 ℃时，成虫开始出土活动。成虫一般昼伏夜出，但在成虫盛发期或虫量大的情况下，常常在日落前，甚至白天，均可见其飞行或在高大树木（苹果、杨、榆树等）上活动，交配取食。成虫具有强烈的群集性和趋光性。成虫出土始、盛期，与灯诱始、盛期基本相近。成虫白昼不全部潜回土中，常在嗜食的树冠叶背潜伏，每当突然用力震动树干，成虫因受惊伪死，坠落地上。

幼虫杂食性，但喜食玉米、马铃薯、小麦、荞麦、黄豆、二季豆、大白芸豆，以及杨、槐和苹果等树木的地下部分。

4. **大栗鳃金龟** *Melolontha hippocastani mongolica* Menetries

大栗鳃金龟是甘孜州土居害虫中最重要的一种，其危害性十分严重，其经济重要性可想而知。

幼虫危害农作物及苗圃中的幼苗，1951 年康定营官乡的 1 483.00 亩受害作物中，有 44.00 亩颗粒无收；1954 年，炉霍县虾拉沱乡、通隆两个村的 2 709.00 亩播种土地中，有 129.49 亩颗粒无收或收不够种子；1957 年，据炉霍县城关、雅德、旦都三个乡的不完全统计，受害面积 1 119.45 亩，占播种面积的 40.03 %，其中 828.50 亩，损失在 50% 以上。1960 年，炉霍县虾拉沱乡苗圃的梨、苹、杉树幼苗，都不同程度地遭受其危害。

幼虫危害时期于 4 月上旬至 8 月上旬，即作物自发芽至收获前的整个生长发育期都可受害。因幼虫龄期和作物种类不同，受害部位也不同，表现出下列的害状：

地上部分枯死。青稞、小麦、豌豆、蚕豆等作物苗期地下部分被害后，地上部分即枯死，轻则缺苗断垄，重则成片死光。

地上部分生长发育不良。麦类作物拔节、豆类作物开花后，甜菜、马铃薯根茎膨大前，幼虫取食须根后，植株尚能继续生长，但生长发育不良，籽粒不饱满，根茎产量低，质量不好。受害青稞的干粒重减轻 6.09%，豌豆减轻 12.08%。由于根被食害，植株易被风吹倒，收刈时亦易连根拔起。

根茎被啃食成凹陷的孔洞。马铃薯、甜菜、根用甘蓝等的块茎、块根形成后，先从端部咬成缺口，啃食成凹陷的孔洞，或钻成隧道，潜伏其中取食。

成虫主要危害杉树，特别是林椽背风沟边和与桦树混交林区的孤立树。每当成虫飞行年，这些杉树的新叶往往被吃光，仅留老叶新枝，严重时可使幼树枯死。

成虫在杉树上的密度很大，1960 年 6 月 8 日，在炉霍县然柳村林区用击落法调查，一般 8 ~ 14 年龄的幼树上每株有虫 2.10 ~ 4.30 kg，曾在一株树上捕捉到 68 kg 害虫。每千克害虫约有 1 000 只。

形态特征

成虫体长 27.00 ~ 33.00 mm，宽 11.00 ~ 16.00 mm，体棕色。下颚须末节长而稍弯，顶端变尖，上面具大的长椭圆形深的凹窝。触角 10 节，雄虫鳃片部 7 节，大而弯曲；雌虫鳃片部 6 节，短而直。唇基横、方形，前角呈宽弧形，边缘明显上卷，前缘直或稍凹陷，密布小刻点和竖立的黄褐色长细毛。头部亦密布小刻点和竖立的长黄灰色细毛。前胸背板横阔，不很隆起，稍窄于鞘翅基部；中纵线呈沟状，散生有大小刻点，中纵沟内密生黄灰成黄褐色细毛，沟侧几光裸，而两侧密被具毛刻点密集成纵带状，由前缘延伸到后缘；前缘和后缘无沿；前角钝，顶端突出成小齿，后角是尖的，在后角前边具相当深的凹陷。小盾片半椭圆形，平坦光滑无毛，具零星的小刻点。鞘翅每侧具 5 条发达的纵肋，纵肋上具稀小刻点，肋间则具被灰细毛的密小刻点。腹部第 1 ~ 5 节腹板两侧，具由密而短的白细毛组成的三角形斑。臀板上被有密刻点，密生细毛，在端部侧缘上有长而竖立的细毛。臀板端部延伸成窄突，前后宽窄一致，有时端部稍膨大些，雄虫比雌虫略长。前足胫节外缘雄具 2 齿，雌具 3 齿。附节各节下有短刚毛。爪等大，弯曲如弧形，基部下面有尖齿，略向后弯。雄性外生殖器，从侧面看，呈下边无掌的小腿状。

卵乳白色，卵壳具不规则斜纹。产出时，椭圆形，测量 50 粒的粒长为 2.30 ~ 4.00 mm，平均 3.50 mm；宽 2.20 ~ 2.90 mm，平均 2.50 mm。后随着卵的发育而膨大，以产后 14 ~ 24 天增长最多。孵化前长 3.80 ~ 4.90 mm，平均 4.50 mm；宽 3.10 ~ 4.10 mm，平均 3.60 mm。

幼虫三龄期体长 50.00 ~ 58.00 mm，头宽 8.00 ~ 8.50 mm，头长 5.40 ~ 5.80 mm。头部前顶刚毛每侧 3 ~ 4 根，呈 1 纵列，后顶刚毛每侧多数 1 根。额中侧毛每侧 3 ~ 13 根不等。额前缘毛 12 ~ 26 根，分呈横弧状 3 ~ 4 层排列，以第 1 层（前排）感区刺最大，为 9 ~ 10 根。圆形感觉器多为 16 ~ 17 个。基感区中间的 1 个突斑两侧具毛，其上端部有感觉器 4 ~ 5 个。刺毛列由尖端微弯的短锥状刺毛组成，每列各为 28 ~ 38 根，多数 35 根左右。两刺毛列的排列有的整齐，前后基本平行，也有的排列不整齐，具副列。刺毛列前端略超出钩状刚毛区的前缘，达臀节腹面的 2/3 ~ 3/4 处。肛门孔纵裂不甚明显，呈一痕迹状（表 4-3）。

表 4-3 各龄幼虫体长、头壳宽和体重表（四川省炉霍县 1955-1959）

龄期	体长（mm）	头宽（mm）	体重（g）
初龄	19 ~ 21	–	0.20 ~ 0.30
一龄	29 ~ 32	3 ~ 5	0.90 ~ 1.20
二龄	36 ~ 42	4 ~ 6	2.30 ~ 3.30
三龄	40 ~ 49	6 ~ 7	3.20 ~ 4.10
四龄	43 ~ 51	7 ~ 8	3.90 ~ 4.90

蛹体长 32.00 ~ 34.00 mm，宽 14.00 ~ 17.00 mm。唇基近方形，前缘微隆。触角雌雄异型。前胸背板横宽。从头前方经前胸背板、小盾片直至腹部第 2 节背面中央具 1 条凹陷的中纵线。腹部第 1 ~ 4 气门近圆形，棕色，隆起。发音器 2 对，双唇形，分别位于腹部第 4 ~ 5 节和第 5 ~ 6 节背板中央节间处。尾节近三角形，具尾角 1 对。雄性外生殖器阳基侧突位于阳基后部；雌蛹尾节腹面平坦，生殖孔位于腹部第 9 节腹板前缘中间。

生活习性

戴贤才等研究大栗鳃金龟在北纬 30°以上北的甘孜州炉霍县、道孚县 6 年才能完成其生活史，在北纬 30°以南的甘孜州康定县、理塘县、松潘县、茂县 5 年才能完成其生活史，是很典型的生活史上特征种群数量发展缓慢的高原型特有种。以在饲养基地内饲养为主，辅以田间调查进行。饲养工作于 1955 年开始，5 月 22 ~ 27 日黄昏时，从田间采回出土成虫放入养虫笼内，观察其交尾取食活动情况。交尾后，将雌虫移入高 28 cm、口径 8 cm、内盛沙壤土的玻璃缸内产卵。6 月 29 日共设置无釉瓦缸 40 个，每个饲养同日孵化的幼虫 3 头，共计 120 头。11 月 11 日，埋入土中越多。1956 年 4 月 26～28 日，从土中挖出继续饲养，11 月 12 日第 2 次埋入土中越冬。1957 年 4 月 30 日，从土中挖出继续饲养，10 月 11 日第 3 次埋入土中越冬。1958 年 3 月 26 日，从土中挖出继续饲养，10 月 15 日第 4 次埋入土中越冬。1959 年 4 月 4 日，从土中挖出继续饲养，8 月 25 日倒土检查时，幼虫已进入蛹期，当即第 5 次埋入土中越冬。1960 年 4 月 27 日，从土中挖出，将老熟幼虫从无釉瓦缸中移入培养皿内，进行蛹期饲养。幼虫于 6 月 16 日开始化蛹，7 月 3 日全部化蛹。蛹于 8 月 15 日开始羽化，9 月 2 日全部羽化。

无釉瓦缸饲养的幼虫，大部分在饲养过程中死亡，1955 年死亡 48 头，1956 年 21 头，1957 年 16 头，1958 年 18 头，1959 年 9 头，1960 年化蛹羽化观察时，仅存幼虫 8 头。这些幼虫的卵，于 1955 年 6 月 29 日至 7 月 9 日产出，8 月 6～14 日羽化，卵期 32～41 天，平均 36.4 天。幼虫于 1960 年 6 月 16 日至 7 月 3 日化蛹，幼虫期 58 个月又 2～28 天，平均 58 个月又 15.4 天。蛹于 1960 年 8 月 15 日至 9 月 2 日羽化，蛹期 58～63 天，平均 60.8 天。成虫在土中越冬，第 2 年 5 月上中旬出土，交尾产卵后，于 6 月中旬至 7 月上旬死亡，成虫期约 10 个月。羽化的 8 个成虫中雌雄各半。

养虫池饲养与无釉瓦缸饲养的生活史一致，1955 年 5 月 28 日放入成虫，1960 年 4 月 26 日挖掘检查时，在 33.00 cm、40.00 cm、51.00 cm 深处各获得老熟幼虫 1 头，移入培养皿内饲养观察，于 6 月 19 日、24 日、29 日化蛹，8 月 19 日、29 日、30 日羽化，全是雄虫。

田间调查各虫态的出现日期，与饲养观察所得大体一致，出现始末期略有出入。田间卵始见于 5 月下旬，终见于 10 月上旬。7 月下旬开始孵化，10 月上旬全部孵化。1957 年 5 月 28 日黄昏，捕捉飞回田间产卵的雌虫在室内饲养，5 月 30 日开始产卵。7 月 30 日调查卵的垂直分布中，共得卵 12 堆，其中 6 堆已孵化；9 月 22 日、24 日调查幼虫密度中，又获得两堆卵，一堆 9 粒，一堆 11 粒，带回室内饲养，于 10 月 1～5 日孵化。

田间蛹始见于 6 月下旬，7 月下旬开始羽化，9 月上旬全部羽化。1958 年在炉霍城关乡调查幼虫垂直分布中，6 月 16 日没有获得蛹，6 月 30 日获得蛹 1 个，7 月 15 日蛹 2 个，7 月 31 日蛹 2 个、成虫 3 个，8 月 15 日蛹 2 个、成虫 5 个，8 月 31 日蛹 3 个、成虫 15 个，9 月 15 日以后没有获得蛹。

通过饲养调查，查明大栗鳃金龟在炉霍县虾拉沱乡 6 年发生 1 代，幼虫越冬

5次，成虫越冬1次。将生活史用表4-4表示。

表4-4　大栗鳃金龟生活史

虫态 年月	I 上中下	II 上中下	III 上中下	IV 上中下	V 上中下	VI 上中下	VII 上中下	VIII 上中下	IX 上中下	X 上中下	XI 上中下	XII 上中下
第一年	+++	+++	+++	+++	+++	+++ / +	·	··· / ---	··· / ---	· / ---	---	---
第二年	---	---	---	---	---	---	---	---	---	---	---	---
第三年	---	---	---	---	---	---	---	---	---	---	---	---
第四年	---	---	---	---	---	---	---	---	---	---	---	---
第五年	---	---	---	---	---	---	---	---	---	---	---	---
第六年						xx	--- / xxx / +	- / xxx / +++	x / +++	+++	+++	+++

注：·卵；-幼虫；x蛹；+成虫。

卵

土壤湿度与孵化率、卵期的关系　卵生活在土中，需不断从土中吸取水分，才能生长发育，故孵化率、卵期受土壤湿度的影响很大。对此，于1956年就不同土壤湿度对孵化率、卵期的影响进行了试验。

控制湿度风干、含水10.00%、20.00%、30.00%、40.00%五项处理。供试卵于6月8~12日产出，每项处理30粒。7月6日开始检查，3天检查1次，开始孵化后，每天上午9时检查。7月27日含水量30%的开始孵化，其他处理相继孵化，8月8日结束。结果表明以土壤含水量20.00%为适宜，孵化率93.33%。风干土内卵不能发育，产出后30天左右，卵壳下凹，变黑死亡。卵在含水量10.00%的土壤内的发育情况，与在风干土内基本一致，大部分卵不能发育孵化。卵期与含水量成反比，在试验规定含水量范围内，含水量愈高，卵期愈短（表4-5）。

表4-5　土壤含水量与卵的孵化率、卵期的关系（四川省炉霍县，1956）

土壤含水（%）	供试卵数（粒）	孵化率（%）	卵期（天）最长	最短	加权平均
风干	30	0	–	–	–
10	30	16.67	66	53	59.60
20	30	93.33	62	47	50.30
30	30	83.33	63	47	50.10
40	30	56.67	59	45	48.20

卵的孵化　卵接近孵化前，卵壳透明，可以看到卵内幼虫及其蠕动情况。卵孵化时，幼虫蠕动频繁，初则停2~3分钟蠕动一次，随后停止时间愈来愈短，

最后至卵壳破裂。卵壳一般纵裂，个别横裂，也有纵裂时同时横裂的。卵壳破裂后，幼虫一般头部先伸出，向前爬行丢掉卵壳；个别腹部先出，后缩丢掉卵壳。卵壳破裂至幼虫丢掉卵壳的时间，据 1955 年 8 月 15 日、28 日、31 日 3 次观察为 18 ~ 40 分钟，平均 26.70 分钟。8 月 15 日，观察到孵化后 4 小时的幼虫啃食卵壳。

幼虫

幼虫的垂直分布　幼虫是生活史中最长的阶段，也是危害农作物的虫态，在饲养条件下孵出的幼虫，脱离卵壳后，爬行或停 2 ~ 3 分钟钻入土内。在自然条件下，季节性垂直迁移非常明显。据 1957 ~ 1958 年在炉霍城关乡每半月调查一次，每次调查 5 m² 的结果表明，幼虫第 4 次越冬前后季节性垂直活动情况是：气候转冷，表土结冰前的 10 月中旬，开始下降至土层 40 cm 以下越冬；翌年，随着地温升高，表土解冻后的 4 月中旬，又开始上升至表土层。4 月下半月至 9 月下半月，即农作物的生长发育季节，大部分幼虫分布在 5 ~ 15 cm 的土层中。幼虫第 4 次越冬后，则于 7 月份开始下降，进入前蛹阶段越冬（图 4 – 13）。

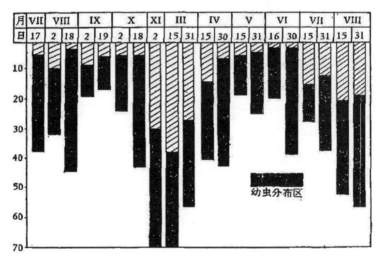

图 4 – 13　幼虫第四次越冬前后的垂直分布区

幼虫的取食　初孵化的幼虫取食腐殖质、牲畜粪、作物和杂草须根。田间卵开始孵化时，作物已进入成熟收时期，故对当年农作物不造成灾害。幼虫第 1 次越冬后开始危害，由于成虫产卵成堆，孵化后尚未扩散，一年生幼虫有成团危害现象。以后随着虫龄的增长食量增大，作物受害加重。幼虫第 3 次越冬后进入暴食阶段，造成严重缺苗断垄，甚至大片农作物被其吃尽，颗粒无收，一株草都不留。幼虫第 4 次越冬后取食不多，7 月份进入前蛹阶段，不再取食。幼虫第 5 次越冬后，化蛹羽化为成虫，不危害农作物。因此，幼虫阶段的 5 年中，第 1 年不危害，第 2～4 年危害农作物，摧毁性灾害发生在第 4 年，第 5 年危害很轻。

幼虫的食性　幼虫是杂食性害虫，危害当地绝大部分作物和森林苗圃中的幼苗。据田间调查，被害作物有 16 种，分属于 8 个科（表 4－6）。

表 4－6　幼虫危害作物种类（四川省炉霍县，1955～1957）

作物名称	学　名	科　名	受害程度
青　稞	*Hordeum vulgare* L.	禾本科	＋＋＋
小　麦	*Triticum aestivum* L.	禾本科	＋＋＋
玉　米	*Zea may* L.	禾本科	＋＋＋
燕　麦	*Avena sotiva* L.	禾本科	＋＋＋
豌　豆	*Pisum sativum* L.	豆　科	＋＋
蚕　豆	*Vicia jaba* L.	豆　科	＋＋
马铃薯	*Solsnum tuberosum* L.	茄　科	＋＋
油　菜	*Brasscia chinensis* L.	十字花科	＋
甜　菜	*Beta vugaris* L.	藜　科	＋＋
萝　卜	*Raphanus sativus* L.	十字花科	＋
根用甘蓝	*Brassica oleracea* L.	十字花科	＋
胡萝卜	*Daucus carota* L.	伞形花科	＋
甘　蓝	*Brassica oleracea* L.	十字花科	＋
莴　苣	*Lactuca sativa* L.	菊　科	＋
葱	*Allium fistulosum* L.	百科科	＋
大　蒜	*Allium sativum* L.	百合科	＋

注：＋轻；＋＋重；＋＋＋严重。

幼虫除分布在作物地外，还大量分布在耕地边荒地和林缘草地里。除危害农作物外，也取食田间及荒地杂草，据野外调查，危害对象在 30 种以上。

蛹

蛹室　幼虫第 5 次越冬后，在土室中化蛹。化蛹前筑造土室，老熟幼虫潜伏土室中。土室椭圆形，长 2.40～2.70 cm，直径 1.90～2.30 cm。蛹在土室中仰卧或俯卧，仰卧较俯卧多。在饲养条件下，幼虫未化蛹前，土室受外力破坏时可以重建。化蛹后，土室受外力破坏时仍然可以羽化。

蛹在土中垂直分布。1956 年 8 月在炉霍县虾拉沱乡、1958 年 6～8 月在炉霍县、城关乡掘土调查中，先后获得蛹 39 个，分布在 12.00～44.00 cm 的土层中，以 20.00 ~ 30.00 cm 深处最多，占 46.15%。

羽化　1960 年 8 月 22 日观察到蛹的羽化情况是：蛹仰卧在土室内，前足颤动并抖破蛹壳，前足显露出来。随后用前足抓破头部蛹壳，头部逐渐出现；同时胸部蛹壳自腹面裂开，胸部腹面及中足逐渐露出来。再后，虫体转为侧卧，后足出现，翅逐渐显露出来。最后，虫体伏卧，腹部蛹壳自腹面裂开，并向前爬动脱离蛹壳。自前足颤动至脱离蛹壳，历时 21 分钟。羽化后约 5 分钟，自排泄孔排出清水。

成虫

越冬成虫于 5 月上旬开始出土，时间为晴天 20 时 30 分至 21 时。出土前，先用头部顶破表土，停留至出土时间，开始慢慢爬出，随即飞入高空，转往附近林区。飞翔时，发出似飞机马达声的响声。成虫出土后，在地面留有椭圆形土洞，荒地、休闲地上更明显，这可作为成虫出土时期和出土数量的标识。我们利用这种土洞进行了成虫出土时期和出土数量调查，即在固定的地块上，每 5 天调查 1 次，数计地块上的虫数，边数边用棍棒击毁。调查在甘孜州虾拉沱乡进行，1956 年调查休闲地 3 066.00 m²，荒地 682.00 m²，土洞 1 143 个，平均每平方米 0.30 个；1957 年在相同的面积上继续调查，土洞 8 783 个，平均每平方米 2.30 个。成虫出土时期始于 5 月上旬，5 月中旬最盛，6 月中下旬终止（图 4 - 14）。

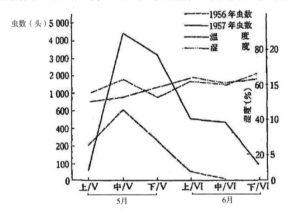

图 4 - 14　成虫出土时期（甘孜州虾拉沱乡，1956、1957）

雨天成虫不出土。19 时左右的气温对成虫出土的影响很大，12 ℃以上成虫大量出土，12 ℃以下成虫很少或不出土。

性比　雌雄比率因捕捉方式不同而有较大的差别。1956 年、1957 年 4 月下旬，检查耕地时翻到地面的成虫 1 113 个，雌雄比 51.75%；5 月份检查黄昏捕捉成虫 1 096 个，雌雄比 69.43%。耕地拾检的性比接近 1:1，可以真实地代表雌雄比率。黄昏捕捉雌雄比率大的原因，是雌虫出土后，要爬行至较高土块或杂草上，展翅试飞2～3次，才能盘旋飞入高空，较易捕捉；雄虫出土后，停留1～5分钟，即直起飞入高空，造成不易捕捉的结果。

林区成虫消长情况及性比变化　成虫在林区的分布是林缘多于腹地，沟边多于当风坡地。有假死性，击动树身时，大量成虫从树上落下。在林区的分布上限约为4 200.00 m，即当地雨季来临的5月份，一般是高山下雪，谷地下雨，雨雪交界的雪线以下。成虫飞入林区后，白天不离树入土，潜伏在枝叶丛中取食。全天都可以看到成虫飞翔，以16～22时最盛。飞翔活动主要是雄虫寻找雌虫交尾。这种活动，受温湿度的影响。雨天不活动，气温下降时停止活动。1957年5月25日在林区观察成虫活动，17时10分以前，成虫与往常一样飞翔活动，17时30分左右，天气转变，气温由17 ℃下降至13.50 ℃，下微雨，成虫活动随之停止，保持幽静至第2天。

根据历年观察，林区成虫始见于5月上旬，终见于7月上旬。成虫在林区的消长情况及性比变化，于1960年在甘孜州炉霍县然里村林区进行了系统调查。方法是在没有采取防治措施的杉树林里，固定杉树3株，每株标记树枝3个，每3天上午9时数计标记树枝上的虫数。同时在附近杉树上，用击落法收集成虫，检查雌雄比。结果表明林区成虫数量只有一个高峰，出现在5月28日；雌雄比初期低于1:1，至5月28日接近1:1，随后有所下降；至6月上旬末期至中旬初第2次接近1:1，再后又逐渐下降；6月下旬末雌雄比又上升，最后略高于1:1（图4-16）。

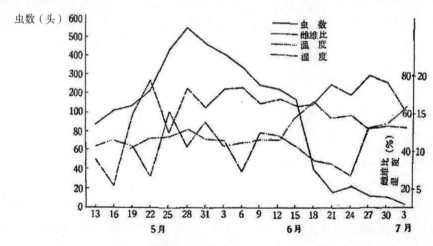

图4-15　林区成虫消长情况及性比变化（四川省炉霍县，1960）

图 3 – 17 表明的林区成虫绝对数量只有一个高峰的原因是：成虫进入森林后，白天不离树入土，气候剧烈变化也只停止活动而不离开树林，致林区成虫数量逐步上升；雄虫交尾后、雌虫产卵后相继死亡，致成虫数量逐步下降。雌雄比率的起伏变动，首先是雄虫出土较雌虫早，成虫开始出土进入林区至绝大部分成虫出土进入林区的过程，也就是雌雄比由低于 1∶1 到接近 1∶1 的过程。5 月下旬末，雌虫开始飞回田间产卵，林区雌虫量减少，便又一次出现了雄高于雌的比率。雌虫产出部分卵后，再次飞往林区交尾取食，又使雌雄比恢复到接近 1∶1。以后，此次雌虫再次飞回田间产卵，并在产卵后死亡，林区雌虫数量逐渐减少，便出现了第 3 次雄高于雌比率。交尾后，雄虫一般较雌虫死亡早，致最后的雌雄比又高于 1∶1。这些现象，与我们黄昏观察成虫飞行，饲养观察成虫产卵中所看到的一致。1957 年在甘孜州虾拉沱乡，1960 年在然里村，1963 年在仁达观察成虫飞行，产卵飞行都始自 5 月下旬末，随后大量成虫再次飞往林区取食交尾。1957 年室内饲养成虫产卵中，查明了雌虫产出部分卵后，要再次出土取食交尾。

交尾　成虫出土后当天即飞入附近林区取食交尾。交尾次数在饲养条件下多达 4 次。产出部分卵后，要再次交尾取食。1957 年室内饲养观察证明，所有雌虫在产出部分卵后，都要出土取食，其中Ⅲ号雌虫于 6 月 14～20 日产卵 25 粒，23 日 19 时放入雄虫，23 时 11 分再次交尾。

交尾呈倒悬式。首先雄虫爬至雌虫背上，六足紧握雌虫胸腹部，伸出生殖器，腹部下弯，与雌虫生殖孔接合。接着，雄虫前中足放松，反转倒悬或仰卧，有时后足随着放松，雄虫不吃不动，一切由雌虫支配；人为的移动雌虫，雄虫亦无所作为。最后雄虫恢复原状，伏于雌虫背上，抽出生殖器，离开雌虫或继续伏在雌虫背上。交尾经历的时间相当长，据 1957 年 5 月 27 日观察 8 对的结果，历时 4 时 18 分至 8 时 18 分，平均 5 时 31 分。

产卵

产卵期和产卵量　成虫在土内产卵，产出部分卵后又要出土取食，了解产卵期及产卵数比较困难，虽经多次饲养观察，成虫均于产卵未完前即归死亡，没有获得理想的结果。1956 年 5 月 31 日，采集飞回田间产卵而未入土的雌虫 13 个进行饲养观察，饲养 5～10 天开始产卵，产卵期 9～19 天，平均 12.80 天；每雌产卵 14～47 粒，平均 32.80 粒。5 个尸体内有遗卵。同时观察了 11 对在饲养条件下取食交尾的成虫产卵期和产卵量，它们在第 1 次交尾后 13～23 天平均产卵 12.80 粒；解剖雌虫尸体时，腹内都有遗卵，每雌 6～17 粒，平均 11.4 粒。1957年重复进行，获得了类似结果。这指出成虫出土后的环境条件与产卵量的关系很大，自然条件下取食交尾雌虫的平均产卵量，等于饲养条件下取食交尾雌虫平均产卵量的2.90倍。

卵在土中的垂直分布 雌虫交尾后2~3周，在与出土时间相同的时间内飞回地里产卵，雄虫交尾后在林区相继死亡。产卵飞行与取食飞行明显地不同，前者自高空盘旋而下，后者盘旋飞入高空，在同一时间内，根据飞行方向，可以清楚地识别。成虫着地后，随即用前足掘土并钻入土内，自开始掘土到全身掩没，历时9~17分钟。

成虫在土内产卵呈堆，每堆12~28粒，平均21粒；卵分布在13.00~26.00 cm的土层中，以20.00~25.00 cm深处最多，堆数占66.67%，粒数占61.51%（表4-7）。

表4-7 卵在土中的垂直分布（甘孜州虾拉沱乡，1957）

深度（cm）	数 量		占总数（%）	
	堆	粒	堆	粒
10.10~15.00	1	24	8.33	9.52
15.10~20.00	2	53	16.67	21.03
20.10~25.00	8	155	66.67	61.51
25.10~30.00	1	20	8.33	7.94
合 计	12	252	100	100

成虫产卵趋性 成虫产卵飞行着地后，有时不入土又飞往他处。继续查明雌虫产卵是否有选择性，于1957年秋收后耕地前，在甘孜州炉霍县虾拉沱乡、通隆乡选择土质相同作物不同，作物相同土质不同的地块各5块调查初龄幼虫密度，间接印证成虫产卵对作物、土质的趋性。结果是土质为冲积沙壤土的青稞、小麦、豌豆地里的初龄幼虫密度依次为平均每平方米7.98、6.33、5.86头，差异不大；作物有青稞，土质为沙壤土、石沙土地里的初龄幼虫密度依次为平均每平方米2.76、0.96头，前者为后者的2.80倍。这表明成虫产卵对土质的选择大于对作物的选择。

危害猖獗区的划分及环境条件

大栗鳃金龟在川西北高原分布于海拔2 300.00~3 600.00 m地区，成虫活动上限为海拔4 200.00 m，幼虫分布下限在海拔1 800.00 m左右的河谷地带。表现出明显周期性猖獗危害的规律。

猖獗分布区 大栗鳃金龟分布在海拔3 000.00~3 600.00 m的四川省甘孜州高原河谷地区，猖獗危害。在这些地区内，由于山谷的存在，构成间断的面积不等的以下猖獗区。

炉霍城关猖獗区：位于雅砻江支流鲜水河中游。东起城关镇的益阳坝，西至朱倭乡的典古沟，东西长约50.00 km。土地面积734.00万亩，耕地面积8.78万亩（表4-8）。

表4-8 大栗鳃金龟幼虫周期性猖獗危害情况（四川省甘孜州，1954～1975）

单位：年

幼虫危害及程度	猖 獗 区 名		
	炉霍城关区	道孚—炉霍区	康定新都桥区
	— 1960 1966 1972	— 1957 1963 1969	—1958 1963 1968 1973
	成 虫 飞 行 年		
轻	1955 1961 1967 1973	— 1958 1964 1970	1954 1959 1969 1974
重	1956 1962 1968 1974	— 1959 1965 1971	1956 1961 1971 —
严重（猖獗）	1957 1963 1969 1975	1954 1960 1966 1972	1955 1965 1970 1975

道孚—炉霍猖獗区：沿鲜水河东下，东起道孚格西乡，西至炉霍县客木，东西长约75.00 km。土地面积273.44万亩，耕地面积12.70万亩。

康定云关猖獗区：位于康定县折多山以西，雅砻江支流贯穿全区，东起中横坝，西至柏桑，东西长约50.00 km。土地面积445.28万亩，耕地面积9.99万亩。

理塘濯桑猖獗区：位于雅砻江支流理塘河两岸，南自甲哇，北至格虾，南北长约35.00 km。土地面积884.66万亩，耕地面积1.63万亩。

猖獗区的生态环境

地势、土质：猖獗区位于雅砻江岷江、大渡河、岷江支流的高原河谷地带，海拔3 000.00～3 600.00 m，地势相对平坦，谷地较宽。两岸山地阴坡，生长成片云杉、白桦、红桦、落叶松及其他灌木，阳坡生长多年生牧草。树林的上缘接连宜牧草原，有的山脊终年积雪。土质以山地棕褐土为主。有冲积性壤土、细沙土、红沙土。

气候：各猖獗区的气温较低，日照强烈，雨量集中在6～8月。年平均气温5.10～7.80 ℃，年降雨量567.20～949.10 mm，年平均10 cm土温9.10～10.40 ℃。

作物、耕地制度：高原河谷地区寒冷季节长，无霜期短，农作物一年一熟。多种植耐高寒的青稞、豌豆、小麦、马铃薯、蚕豆等。一般多实行青稞—小麦—豌豆、蚕豆、马铃薯三年轮作或青稞—豌豆、蚕豆、马铃薯两年轮作。

建立猖獗区的依据

由于成虫的生物学特征（主要是趋性），在各猖獗区内虽然世代重叠，经过几十年的调查和观察：在这个地域内，大栗鳃金龟的种群数量达到了整个蛴螬（金龟子幼虫）群落中的 70.00% 以上，才是猖獗区。同时还发现，在一年一熟区内，没有发现大栗鳃金龟、甘孜鳃金龟（亦是川西北高原优势种群之一），混合危害的地区都有中索鳃金龟子、棕胸鳃金龟子伴生的情况。

大栗鳃金龟越冬期存活率

经过多年的调查，大栗鳃金龟在越冬期死亡情况：成虫死亡率可达 92.90%，卵死亡率最小仅 6.70%（表 4-9）。

表 4-9　大栗鳃金龟生活期的存活率（%）

虫期	始期存量数（粒，头）	死亡原因	死亡率	存活率
卵	7 267	土壤不适合	6.70	93.30
一龄	6 780	白僵菌、鸟食、人为	27.80	72.20
二龄	5 274	同上	55.50	44.50
三龄	5 801	除同上外，寄蝇	84.10	15.90
蛹	706	同上	90.80	9.20
成虫	671	鸟食、寄生菌、寄生蝇	92.90	7.80

测报与防治指标的探讨

测报依据

大栗鳃金龟是 5~6 年发生 1 代的农业害虫，种群数量变动缓慢。影响种群变动的诸因素中，主要是天敌和耕作措施，土壤、气候、食物的影响次之。天敌主要是鸟类，环境对他们的影响较小，对虫害的抑制作用较稳定。根据甘孜州炉霍县虾拉沱乡天敌和耕作措施对种群的综合影响组建生命表，卵期死亡率6.70%，一龄幼虫期累计死亡率 27.80%，二龄幼虫期累计死亡率 55.50%，三龄幼虫第 1 次越冬后累计死亡率 72.30%，第 2 次越冬后累计死亡率 83.70%，第 3 次越冬后累计死亡率 90.30%，蛹期累计死亡率 90.80%。成虫期累计死亡率 92.90%，存活率为 7.10%。成虫性比接近 1:1，繁殖力 16.40，存活率等于6.10%，其后代保持原有的数量水平，存活率大于 6.10%，其后代呈发展趋势，存活率小于 6.10%，其后代呈下降趋势。

测报办法

长期趋势测报：检查上个周期（5 年或 6 年）测报是否准确，提出下个周期发展趋势。

测报内容：下个周期成虫飞行年，幼虫危害周期。

调查时间：各猖獗区猖獗世代幼虫于7月下旬化蛹羽化，9月收后耕地前调查。

调查方法：选定常年虫害轻、中、重的地块（最好是在黄土、卵石黄土、石块黄土）各3块，每块地取样5点，每点1.00 m²，10.00亩以上的地块每加大5亩增加一个点，挖深60.00 cm左右记入表4-9，调查数据需进行数理统计分析。（同一土类取样点不得少于30个）通过七值测验，尽量做到数据可靠。

表4-10　大栗鳃金龟种群结构调查表样

地块编号　　　　　　　　　　　　　　　　　　　　　　　年　　月　　日

虫态 点号	成虫和蛹		幼　　虫			说明
	♀	♂	一龄（卵）	二龄	三龄	
1						
2						
3						
4						
5						
6						
7						
8						
9						
10						
11						
12						
13						
……						
29						
30						
合计						

据各猖獗区猖獗世代发生危害的历史分析，下个周期的发生趋势是：

炉霍城关猖獗区：1990年是成虫猖獗飞行年，1991～1993年是幼虫危害周期。1990年秋至1991年夏为幼虫一龄期，1994年秋至1995年夏为幼虫二龄期，1996年秋进入幼虫三龄期。

炉霍虾拉沱道孚猖獗区：1993年是成虫飞行年，1994～1996年是幼虫危害周期。1993 年秋至 1994 年夏为幼虫一龄期，1994 年秋至 1995 年夏为幼虫二龄期，1995 年秋进入三龄期。应于 1992 年秋进行调查，发出下个周期趋势预报。

康定云关狷獗区：1993 年是成虫飞行年，1994～1996 是幼虫危害周期。1993 年秋至 1994 年夏为幼虫一龄期，1994 年至 1995 年夏为幼虫二龄期，1996 年秋进入三龄期。1992 年秋调查，发出 1993～1995 年发生趋势预报。

理塘濯桑狷獗区：1994 年是成虫飞行年，1995～1997 年是幼虫危害周期。1994 年秋至 1995 年夏为幼虫一龄期，1995～1996 年夏为幼虫二龄期，1997 年秋幼虫进入三龄期。1993 年秋调查，发出 1994 年至 1997 年趋势预报。

中期测报

在长期趋势测报的基础上，调查成虫出土数量、预测三龄幼虫危害程度。

测报内容：成虫取食飞行达总虫口密度的 2/3，林区中雌雄比例接近 1：1，观测产卵飞行的成虫已飞回农耕地产卵，应立即发报开展防治，15 天内为防治适期。

幼虫周期虫害测报，每平方米出土成虫 0.50 头以上，三龄幼虫危害可能成灾，预报防治一龄幼虫。

调查时间：成虫出土前的 5 月 1 日至 6 月 5 日每两天调查 1 次。

调查方法：选择越冬前调查附近的荒地和轮歇地各 3 处，每处 200 m²，单日或双日上午定时漫步低头观察取食迁飞后留下的孔洞数，边记数边销毁，记于表 4 - 11 中。

表 4 - 11　大栗鳃金龟成虫出土调查表样

年　月　日

日期＼虫洞数＼项目	天气状况	荒地				轮歇地				合计	说明
		1 m²	2 m²	3 m²	小计	1 m²	2 m²	3 m²	小计		

林区性比调查，在没有采取防治措施的杉树林里，选杉树 3 株，用击落法收集成虫，检查雌雄性比。

短期测报

测报内容：二龄幼虫越冬后挑治预报，虫口密度每平方米 5 头以上的地段，越冬后春播施药毒土防治。

三龄幼虫第 1 次越冬后防治预报，越冬前虫口密度每平方米 3 头以上的地块，应于春播时施药抑制危害。

调查时间：二龄幼虫越冬前，三龄幼虫第 1 次越冬前、收获后，秋耕前。

调查方法：二龄幼虫越冬前，选药剂防治和没有防治的黄土、卵石黄土、石块黄土调查虫口密度（方法同长期测报）。三龄幼虫第一次越冬前，调查当年发生虫害的黄土、卵石黄土、石块黄土地虫口密度（方法同前）。

防治指标探讨

大栗鳃金龟幼虫猖獗危害时期，发生在三龄幼虫第一次越冬后第二次越冬前，防治一龄幼虫是抑制三龄幼虫猖獗危害的关键时期，要求根据成虫发生量，预测三龄幼虫虫害程度，为预报防治提供依据。

根据历年调查材料综合分析，第一次越冬后的三龄幼虫每平方米 1.50 头以下，对生产无明显影响，当地生产粗放，主要作物麦类，防治指标定为每平方米 2 头以上。按生命周期累计死亡率指标：第一次越冬后的三龄幼虫每平方米 2 头，相当于耕地卵量每平方米 7.20 粒个，越冬前的一龄幼虫每平方米 6.70 头，越冬前的二龄幼虫每平方米 5.20 头，越冬前的三龄幼虫每平方米 3.20 头。每平方米成虫 1 头，减除林区自然死亡率 15.40%，按繁殖力 16.40 指标田间产卵量为每平方米为 13.90 个，等于三龄幼虫第一次越冬后每平方米 2 头推算出耕地卵量的 1.90 倍。为简便计，将防治指标为每平方米成虫 0.50 头以上，越冬前的一龄幼虫每平方米 7 头以上，越冬前的二龄幼虫每平方米 5 头以上，越冬前的三龄幼虫 3 头以上。

5. 甘孜鳃金龟 *Melolontha permira* Reitter

形态特征

成虫体大型，雌虫体长 25.00 ~ 29.50 mm，平均 27.50 mm，宽 12.50 ~ 15.00 mm，平均 13.50 mm；雄虫体长 24.00 ~ 28.00 mm，平均 25.30 mm，宽 12.00 ~ 14.00 mm，平均 12.90 mm。初羽化成虫头部、前胸背板栗褐色，鞘翅柔软透明，银灰色，一天后变成栗褐色或浅咖啡色；足、触角、颚须红褐色或浅咖啡色。触角 10 节，鳃叶状，第 3 节较长，外侧丛生刺毛，雄虫鳃片部 7 节，长大而弯曲；雌虫鳃片部 6 节，短小而直立。头上密布小刻点，刻点内有短绒毛。前胸背板较鞘翅基部稍窄，上面有大小不等的刻点，中间较稀疏，两侧较密。背板中部有纵长凹痕、有的断间为两处，前深后浅，内生灰白色绒毛。小盾片半椭圆形，鞘翅中部较宽，纵肋 5 条，纵肋间有小而密的刻点及向后平伏着的绒毛。胸部密生长绒毛，足上绒毛较少，只有腿节上的绒毛较密。雄虫胫节外侧具 2 齿，端齿长于跗节第 1 节，内方距离较近。雌虫前足胫节端部隆起，类似 2 齿，端齿长达跗节第 2 节的 1/3，内方距着生基齿和中齿之间而靠近基齿。中足和后足胫节细，仅在端部略膨大，表面有椭圆形刻点和绒毛，外面有长的绒毛和长短不等的刺，端部边缘有 1 列长短不等的刺和距。跗节各节端部面有长短不等的刺，外面有数根刚毛。爪等长，弯曲呈弧形，基部下面有尖齿，略向后弯。腹部腹板两侧各有 1 个三角形毛斑，第 6 节毛斑小，臀板密布小刻点，密生黄灰色短绒毛，端部的刻点和绒毛较稀。雄虫臀板端部延伸，且窄突，雌虫臀部呈三角形，窄突缺如或极短，此特点是与大栗鳃金龟区别所在。

幼虫体弯曲呈 "C" 形，三龄幼虫体长 41.00～49.00 mm，平均 45.15 mm。一龄幼虫头宽 2.90～3.60 mm，平均 3.30 mm；二龄幼虫头宽 5.10～5.90 mm，平均 5.50 mm；三龄幼虫头宽 6.90～8.50 mm，平均 7.90 mm。头部浅栗色。胸部随虫龄的增长颜色由乳白色逐渐变成灰白色。前胸有气门 2 对，胸足 3 对，背面两侧各有 1 个长而不规则的浅栗色长斑。腹部 10 节，1～6 节各有气门 1 对，末节腹部两侧有较整齐的刚毛，每侧 32～36 根，自肛门上边开始着生，两侧刚毛间距相等，或中部较两端较宽，上端略窄，有的闭合相连伸出钩状刚毛区，在腹部末节的 2/3 处，钩状刚毛达于刚毛列的 3/4 处。

蛹体长 30.00～33.00 mm，平均 30.90 mm，宽 12.50～14.50 mm，平均 13.80 mm，裸蛹。初化蛹时金黄色，后逐渐变为黑褐色。变色的顺序依次为头——前胸——中胸——腹端。头部藏于前端下方，背面观仅见后头。前胸呈梯形，后胸稍突出。翅鞘紧贴于身体两侧，伸向腹部而不相接触，前翅覆盖于后翅上。雄蛹末节腹面有一馒头状突起，雌蛹略突而不明显。雄蛹触角贴于前足上，交叉呈锐角，雌虫前足不与前足接触。中足端节达到腹部第 1 节，后足端节达到腹部第 2 节。腹部腹面可见 6 节，背面可见 9 节。第 1 节中央有一 "U" 状凹痕，2～6 节中脊沟两侧各有眼形凹痕 1 个，4～5 节后缘，各有眼形突起 1 对，呈对眼形。第 9 节向后翘起末端分叉。

生活习性

甘孜鳃金龟在甘孜县 5 年发生 1 代，一、二龄幼虫各越冬 1 次，三龄幼虫越冬 2 次，成虫越冬 1 次。其生活史（表 4－12）：成虫羽化后，当年不出土，逐渐下移至 33.00 cm 土壤中越冬，翌年 4 月上中旬逐渐上升到土表，在 4 月下旬或 5 月初开始出土活动。晴天 16 时至 20 时 30 分雌虫出土后，一般停留在土洞旁或缓慢爬行，并分泌性诱物，引诱雄虫交尾，即离开土面 1 m 左右顺风飞行，阴天一般不飞行，雨天出土后不飞行，一般风速在 1.60～5.30 m/s，雄虫飞行正常，每秒风速在 6.10 m 以上停止飞行。成虫出土后一般停歇休闲地或荒地上，并明显留下土洞。雌雄交尾时呈倒悬式，历时 1.50～2 小时不等，交尾后雌虫引诱力

表4-12　甘孜鳃金龟生活史

	1上	1中	1下	2上	2中	2下	3上	3中	3下	4上	4中	4下	5上	5中	5下	6上	6中	6下	7上	7中	7下	8上	8中	8下	9上	9中	9下	10上	10中	10下	11上	11中	11下	12上	12中	12下
第一年	+	+	+	+	+	+	+	+	+	+	+	+	+	+	•	•	•	•	•	•	•	•	•	-	-	-	-	-	-	(-)	(-)	(-)	(-)	(-)	(-)	(-)
第二年	(=)	(=)		(-)	(-)	(-)	(-)	(-)	(-)	(-)	-	-	-	-	-	-	-	二	二	二	二	二	二	二	二	二	二	二	二	二	(=)	(=)	(=)	(=)	(=)	(=)
第三年	(三)(三)(三)			(三)(三)(三)			(三)(三)(三)			(三)	三	三	三	三	三	三	三	三	三	三	三	三	三	三	三	三	三	三			(三)(三)			(三)(三)		
第四年	(三)(三)(三)			(三)(三)(三)			(三)(三)(三)			(三)(三)			三	三	三	三			三	三	三	三	三	三	三	三	三	三			(三)(三)			(三)(三)		
第五年	(三)(三)(三)			(三)(三)(三)			(三)(三)(三)			(三)(三)			三	三	三	三	◎		◎◎◎			◎◎◎			◎◎◎			+	+	(+)	(+)	(+)	(+)	(+)	(+)	(+)

注：一、二、三各代表一龄、二龄、三龄幼虫；◎代表蛹；+代表成虫；()代表各虫态越冬。

随之消失，雄虫离去或入土，雌虫就地入土，也有的交尾时雌虫拖着雄虫就地入土。交尾后第 2 天有 86.7% 雄虫继续飞行，而雌虫则不再飞行。成虫一般不进行补充营养。在自然情况下，雌雄比 1.02：1.21。成虫产卵期为 11~16 天，平均12.90 天。每雌虫可产卵 16~40 粒，平均为 25.4 粒，大都即 1 次产完，在田间卵粒一般分布在 21~25 cm 土层中，共查获卵 4 堆分别为：16 粒、26 粒、31 粒和53 粒与在饲养条件相接近，孵化率很高，可达 98.90%。

在田间一般成虫于 4 月底至 5 月初开始出土，5 月中旬田间开始产卵。卵期56~59 天，平均 57.8 天。一龄幼虫越冬后，于 6 月中旬至 7 月下旬蜕皮进入二龄幼虫，二龄幼虫越冬后于年 6 月下旬至 8 月上旬发育至三龄幼虫，三龄幼虫经过两次越冬后，于第 4 年 6 月下旬至 7 月上旬化蛹，幼虫历期约 47 个月。8 月中旬至 9 月下旬羽化，并下移越冬。蛹期 53~58 天，平均 55.3 天。第 5 年的 5 月成虫开始出土，成虫期约 9 个月。成虫交尾产卵完成后即死亡。1960 年在甘孜县采用性诱方法，从 18 时 45 分钟开始到 20 时 45 分钟，共诱到雄性金龟子 530 头都未交尾，已交尾的 1 头也未诱集到。说明甘孜鳃金龟成虫基本不危害植物。

发生与生态环境的关系

甘孜鳃金龟幼虫在川西北高原，垂直迁移以适应土壤温度的季节性变化，15.00 cm 土温接近 10 ℃的 4 月上中旬上升至土表，10 月中下旬下迁到土层40.00 cm 以下，这种上升下迁，除了适应土壤温度的变化外，还与作物地下部分的生长发育有关，以达到种群生存繁殖的目的。幼虫期是危害作物虫态，在河谷地段，择地而栖，主要危害作物，在沿河（江）两岸，除危害粮经作物外，还危害天然牧草。在雅砻江北分布达海拔上限3 900.00 m。食性杂，可危害 10 科 18种作物（表 4-13）。

表 4-13 甘孜鳃金龟对作物的危害情况

作物名称	学 名	科 名	受害程度
青 稞	*Hordeum vulgare* L.	禾本科	+ + +
小 麦	*Triticum aestivum* L.	禾本科	+ + +
玉 米	*Zea may* L.	禾本科	+ + +
燕 麦	*Avena sotiva* L.	禾本科	+ +
豌 豆	*Pisum sativum* L.	豆 科	+ +
蚕 豆	*Vicia jaba* L.	豆 科	+ +
马铃薯	*Solsnum tuberosum* L.	茄 科	+ +

续表

作物名称	学　名	科　名	受害程度
油　菜	*Brasscia chinensis* L.	十字花科	+
甜　菜	*Beta vugaris* L.	藜　科	＋＋
萝　卜	*Raphanus sativus* L.	十字花科	+
胡萝卜	*Daucus carota* L.	伞形花科	+
莴　苣	*Lactuca sativa* L.	菊　科	+
葱　科	*Allium fistulosum* L.	百科科	+
大　蒜	*Allium sativum* L.	百合科	+
紫色芍子	*Vicia cracca* L.	豆　科	+
当　归	*Angelica sinensis*（Oliv.）Diel	伞形花科	＋＋
路党参	*Codonopsisi tangshen uliv*	桔梗科	＋＋
甘　蓝	*Brassica oleracea* L.	十字花科	+

注：＋轻；＋＋重；＋＋＋严重。

　　土质与甘孜鳃金龟数量的关系是：沙质黄土发生危害重；细河沙土、卵石黄土、石块黄生危害轻；粗河沙土、石沙土、灰石块土、石渣土等一些保水差的土质基本无甘孜鳃金龟生活，这与该成虫无须补充营养有关系。

6. 暗黑鳃金龟 *Holotrichia parellela* Motschulsky

形态特征

　　成虫体长 17.00~22.00 mm，呈窄长卵形，体无光泽，被黑色或黑褐色绒毛。前胸背板最宽处在侧缘中间。前胸背板前缘具沿并有成排列的长褐色边缘毛。前角钝弧形，后角直具尖的顶端，后缘无沿。小盾片呈宽弧的三角形。鞘翅伸长，两侧几乎平行，靠后边稍膨大。每侧 4 条纵肋不显，位于肩疣处的两侧缘，有相当粗而长的边缘毛。前足胫节外齿 3 个，中齿明显靠近顶齿。内方距位于中、基齿之间凹陷处的对面，但稍近基齿。后足胫节第 1 跗节几乎与第 2 跗节等长。爪齿于爪下面中间分出爪呈垂直状。腹部腹板具青蓝色丝绒色泽。雄性外生殖器阳具的大部不分叉，上部相当于突部分呈尖角状。

　　卵初产时呈长椭圆形，白色稍带黄绿色光泽，后期圆形，洁白而有光泽。孵化前能清楚看到有 1 对略呈三角形的上颚。

　　幼虫三龄期体长 35~45 mm，头宽 5.6~6.1 mm，头长 4.2~4.6 mm。头部

前顶刚毛每侧 1 根位于冠缝两侧。绝大多数个体无额前缘刚毛，偶有个体只有 1 根额前缘刚毛。内唇端感区感区刺多数为 12～14 根。内唇前侧褶区折面退化，但额纤细的折面明显可见，每侧折面多为 14～17 条。在感区刺与感前片间，除具 6 个较大圆形感觉器外，尚有 9～11 个小圆形感觉器。肛腹片后部阔状刚毛多为 70～80 根，平均约 75 根，分布不均，上端（茎部）中间具裸区，即钩状刚毛群的上端有 2 个单排或双排的钩状毛，呈"V"字形排列，向基部延伸。

　　蛹长 20.00～25.00 mm，宽 10.00～12.00 mm。前胸背板最宽处，位于侧缘中间。前足胫外齿 3 个，但较钝。腹部背面具发音器 2 对，分别位于腹部第 4～5 节和第 5～6 节交界处的背面中央。尾节三角形，二尾角呈锐角分岔开。雄性外生殖器明显隆起，雌性外生殖器只见生殖孔及两侧的骨片。

生活习性

　　寄主　20 余年的调查资料整理，暗黑鳃金龟分布较广，食性较杂，在四川省各地均有分布，其幼虫取食烟草、花生、大豆、甘蔗、棉花、麻类等经济作物的根或果荚；其成虫取食桑树、刺槐、檀木、幼柏木、紫穗槐、合欢、冬青、七里香、青杠、榆树、苹果、柑橘、梨树、杨树等乔灌木的嫩叶作为补充营养并造成危害。

　　生活周期　室内饲养观察，暗黑鳃金龟在四川省均为 1 年发生 1 代，发生期不整齐。产卵期拖得很长，6 月中旬在田间可见到产卵，6 月下旬田间卵量增多，7 月上中旬很少见到产卵，据室内饲养观察，到 9 月份仍有一些在产卵，这部分个体，可能是造成发生期不整齐的原因；6 月底至 7 月上中旬为一龄幼虫期，7 月中下旬为二龄幼虫期，7 月底至 8 月上旬为三龄幼虫期，9 月下旬至 10 月上旬为三龄幼虫盛期。9 月下旬至 10 月上旬三龄幼虫开始下移做土室越冬，11 月中旬下移稳定。翌年 4 月中旬三龄幼虫开始上移化蛹，4 月下旬为化蛹盛期，5 月上旬为化蛹末期及成虫羽化初期。5 月中旬为成虫羽化盛期，5 月下旬为羽化盛末期。成虫发生期从 5 月中下旬开始至 7 月底 8 月初结束，成虫发生始盛期为 6 月上旬，高峰盛期为 6 月中旬，盛末期为 6 月底 7 月初。据室内观察，成虫羽化后第 3 天方可出土寻食，在田间一般要下雨后才能出土寻食。根据室内组建的生命表，也表明暗黑鳃金龟种群数量增长，6 月中旬至 8 月中旬为正加速期，8 月中旬后，种群数量开始降低，至 9 月中旬后，种群数量变动趋于平衡。这主要是该虫产卵开始时间为 6 月中旬，6 月下旬达产卵盛期，7 月上旬至 7 月底为一、二龄幼虫期，死亡率突增，至 9 月中下旬，幼虫入土越冬（表 4-14）。

　　根据室内观察，成虫习化后，在土内一般有一个 15 天左右的潜伏期，以便

表 4-14 暗黑鳃金龟年生活史（四川省成都市，1990）

时间	1月~3月	4月			5月			6月			7月			8月			9月			10月~12月
		上	中	下	上	中	下	上	中	下	上	中	下	上	中	下	上	中	下	
虫态	三 三 三　三 三	⊙ ⊙　⊙⊙⊙																		
					+	+ + +	+ + +	+ +												
					O O O O															
						一 一	二 二 二	二 二 二	二 三 三	三 三 三	三 三 三									

注：+ 成虫；O 卵；⊙ 蛹；一 龄幼虫；二 龄幼虫；三 龄幼虫。

成虫鞘翅角质化和等待有利出土的土壤环境。潜伏时间长短主要受降雨量大小的影响，5 月下旬至 6 月上旬，降雨将会增加土壤湿度，土壤变疏松，有利成虫出土，因而大雨出现的早迟，影响成虫潜伏期的长短，制约成虫发生盛期的出现。在生产实际过程中，在进行该虫发生期、发生量预测时，必须考虑这一因素。成虫为昼伏夜出型，于傍晚 8：20 左右（北京时间）开始出土，10 分钟后达出土高峰，在室内出土后飞向被入树枝上，取食在田间，出土后飞向附近的玉米穗节叶、桑树、刺槐、黄荆等叶上取食交尾，交尾呈直角交尾状，交尾时间可持续 10~25 分钟，最长可达 1 小时，交尾后雄虫先离去，以后群集取食，直至凌晨 5：30 左右在室内飞向饲养盒土内，在田间飞向作物土内及荒坪、田埂入土 5.00~10.00 cm 潜伏，一直持续 20 余天左右，在晚间用手电（以红布护住手电玻璃）进行观察。

成虫取食桑树、刺槐、檀木、幼柏木、紫藕槐、合欢、冬清、青杠、泡桐等乔木嫩叶，主要以取食桑叶为主。室内饲养观察，成虫有隔日出土取食习性，产卵期食量最大占食叶量的 60.00%~65.00%。

成虫卵巢发育成熟时间约需 23 天（产卵前期），成堆散产。有趋嫩绿、趋茂密、趋高台位和取食后就近产卵的习性。室内以桑叶饲养观察，每雌产卵 3~130 粒，平均 31.68 粒。经室内观察，成虫取食种类与产卵量多少无差异。

据田间随机采集（夜 20：00~24：00，用手电筒捕捉）和室内饲养 550 头成虫鉴别，雌雄比例为 1：0.88。

成虫有隔日出土的习性，成虫出土日与非出土日的数量相差极大。图 4-16 是利用 20W 黑光灯诱集到的成虫数量经整理做出的图。不仅暗黑鳃金龟有此习性，其他许多金龟子都有此习性，其原因有待进一步研究。

3 月夜间下雨，当晚基本未诱集到成虫，而 6 月 4 日诱集到成虫雌虫 415 头、雄虫 385 头是当季黑光灯诱集最多的 1 个夜晚，占整个黑光灯诱集期的 18.29%。

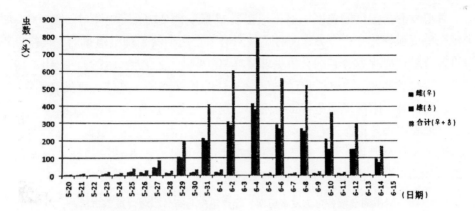

图 4-16　暗黑鳃金龟隔日数量表（20W 黑光灯，四川省攀枝花市，2012）

在 6 月 4 日以后双日出土数量又较单日出土数量多，因此作者认为暗黑鳃金龟等金龟子成虫有隔日出土的现象。

成虫产卵于植株穴下 5 ~ 10 cm 深的土内，初产时为白色，长椭圆形，孵化时近球形，透过卵壳可见虫体，卵孵化率近100%。

初孵幼虫取食卵壳和土内有机质和作物幼根，二龄幼虫开始蛀食作物根，三龄为虫害盛期，因此对产量损失不大，危害不很严重。

种群在土中和不同地势的分布　垂直分布：生长期幼虫（7 月至 9 月上中旬）集中在 5.00 ~ 10.00 cm 土深内。据田间调查占总虫量的 90% 以上，11.00 ~ 20.00 cm 内仅占 10.00% 左右，生长期幼虫集中深度与作物根部位一致，有利于幼虫的取食危害；收获期后，10 月上旬幼虫开始下移，做土室进入越冬虫态，入土深度与土层厚薄有关，土层越厚，入土越深，越冬深度在 10.00 ~ 50.00 cm，平均为 27.00 cm 左右，其中以 26.00 ~ 40.00 cm 居多，约占 90.00%，与其他虫种相比暗黑鳃金龟越冬幼虫入土最深，因而受农事活动及气候条件的干扰影响小，可能也是该虫种形成优势种的原因之一。

生态分布　暗黑鳃金龟的分布及种群数量变化因不同地理位置、植被状态、品种类型、耕作方式的不同而有差异。在四周种植有成虫寄主植物如桑树、刺槐、幼柏树较多的块地，亩虫卵密度较没有种植成虫寄主的花生地高 3.50 ~ 4.00 倍。这是因为寄主植物多，诱集成虫多，且成虫营养丰富，成虫又有就近产卵的习性，因而造成作物田内虫卵密度大。

根据不同地势调查结果，幼虫数量一台地占 6.00%，二台地占 38.10%，三台占地 55.90%，在同走向的台位，一般随台位的增高，土质砂性增强，通透性好，成虫有选择通透性好的土壤产卵的特性，因而虫口密度大。

种群发育与温度的关系 石万成等在成都室内变温条件下饲养的1 000头暗黑鳃金龟资料统计分析，分布按各个体虫态发育历期间平均气温累加，再将总积温进行分组列成次数分布表，根据邹祥光（1994）、丁岩钦（1980）提出的变温条件发育起点温度（℃）与有效积温（K）的计算公式（具体计算见有关章节）进行统计计算，暗黑鳃金龟各虫态发育历期、发育起点温度与有效积温见表4-15。结果表明，各虫态发育起点温度以三龄幼虫最高，蛹期为最低。三龄幼虫生活时间为8月至翌年6月，这段时间只有18天的日均温才达三龄幼虫的发育起点温度24.70 ℃，其余288天的日均温在此温度之下，因此三龄幼虫历期最长。

表4-15 暗黑鳃金龟各虫态发育历期、起点温度与有效积温（成都市室内，1990）

项目	卵	一龄	二龄	三龄	蛹	产卵前期	产卵期
发育历期（天）	8.980 8 ± 1.212 5	19.192 3 ± 3.870 6	19.942 3 ± 5.553 4	245.745 1 ± 9.488 6	22.607 8 ± 3.704 5	22.971 4 ± 2.242 7	60.425 3 ± 13.032 7
变幅（天）	7 ~ 11	14 ~ 32	218 ~ 219	16 ~ 17	18 ~ 27	29 ~ 81	
发育起点温度（℃）	14.09	21.44	21.47	24.71	12.69	13.68	
有效积温日度（K）	105.16	47.61	65.42	3 019.33	162.78	148.75	

种群的数量动态 种群数量动态是昆虫种群动态的核心。昆虫数量是指种群在一定环境条件下，种内、种间矛盾斗争的结果，这种矛盾受外界条件的影响，并通过种群内在的遗传特征作用。在有利于种群发展的因素下，种群繁衍速度加快，种群数量增加。反之，繁衍能力减弱，死亡率增加。表征昆虫种群动态，一般常用出生率、死亡率、内在（内禀）增长率等指标。石万成、刘旭等在成都郊区于暗黑鳃金龟（*Holotrichia parellela* Motschulsky）成虫盛发地采集成虫，在四川省农业科学院植保所昆虫实验室配对，置于用盆栽桑树作饲料，底部覆有50.00 cm深细沙土的1.50 m×1.50 m×2.50 m 的饲养笼内，每笼放置成虫50对左右，每天观察并移出成虫当日所产卵为供试虫源。将成虫所产卵单头置于内装50.00 cm厚土的罐头瓶内，瓶口以8.00 cm×8.00 cm玻璃盖住，幼虫以马铃薯作为饲料，至成虫羽化。将羽化成虫集中于饲养笼内产卵，每5天观察1次，记载卵孵化数、各虫态死亡数、成虫产卵数等项目。

根据室内自然温湿条件饲养暗黑齿爪鳃金龟资料，组建该虫的特定时间生命期望表和特定时间生殖力表。生命期望表以着重估算该虫进入各年龄组个体的生命期望值或平均数，因只涉及各虫态死亡率的描述，没有考虑年龄特征的繁殖力，因而以各虫态划分时间间隔设计，而生殖力表以着重估算种群内禀增长率和周限增长率，描述的是某一特定年龄生殖力与死亡率的相互关系，因而以 5 天作为时间间隔划分设计。表中 x 为时间间隔，l_x 为在 x 期间开始存活的个体数量或概率。d_x 为 x 时时间间隔（即 $x—x+1$）死亡个体数量，l_x 为在 x 和 $x+1$ 年龄期间内还存活着的个体数量，$l_x = l_x - 1/2d_x$；T_x 为 x 年龄至超过 x 年龄的总体数，$T_x = l_x + l_x + l_x + 2\cdots\cdots l_x + w$；$ex$ 为进入 x 年龄个体的生命期望或平均数，$e_x = T_x / l_x$；$100q_x$ 为 100 个个体在该生命期间开始死的死亡率；m_x 为 x 年龄期间每雌的产雌数，各栏数据均以雌雄性比 1∶0.88，两性个体死亡率相等的条件下计算的（表 4 – 16，表 4 – 17，图 4 – 17，图 4 – 18）。

表 4 – 16　暗黑鳃金龟生命期望表（成都市室内，1990）

x	l_x	d_x	l_x	T_x	e_x	100%
卵	1 000	10	995.0	3 687.0	3.687 0	10
一龄幼虫	990	161	909.5	2 692.0	2.719 2	162.626 3
二龄幼虫	829	85	786.5	1 783.0	1.338 7	102.533 2
三龄幼虫	744	557	465.5	996.0	2.836 9	748.655 9
蛹	187	8	188.0	530.5	1.941 3	42.780 7
产卵前期	179	3	177.5	347.5	1.341 3	16.759 8
产卵期	176	12	170.0	170.0	0.965 9	68.181 8

表 4 – 17　暗黑齿爪鳃金龟生殖力表（成都市室内，1990）

x（5 天）	l_x	m_x	$l_x m_x$	$l_x m_x x$	x	l_x	m_x	$l_x m_x$	$l_x m_x x$
0	1.00				77	0.15	1.300	0.195 0	15.015 0
67	0.21				78	0.15	0	0	0
68	0.18	0.200	0.036 0	2.448 0	79	0.14	1.675	0.234 5	18.525 3
69	0.18	0.360	0.064 8	4.471 2	80	0.13	1.585	0.206 1	16.488
70	0.18	1.005	0.181 0	12.670 0	81	0.12	1.380	0.165 6	13.413 6
71	0.18	1.055	0.189 9	13.182 9	82	0.11	1.375	0.151 3	12.406 6
72	0.18	1.250	0.225 0	16.200 0	83	0.07	0	0	0
73	0.17	1.565	0.266 1	19.425 3	84	0.03	0.450	0.013 5	1.134 0
74	0.17	0.945	0.160 7	11.801 8	85	0.01	0.135	0.001 4	0.114 2
75	0.16	0.855	0.136 8	10.260 0	70	0.11	0	0	2.222 7

生命期望表和生殖力表说明：暗黑鳃金龟各年龄阶段的生命期望值（$e.$）以卵期为最大（3.687 0），产卵期最小（0.965 9）。各年龄阶段的死亡率以三龄幼虫最大（74.87%），卵期最小（10%）；整个世代的净增值率 $R = \sum l_x m_x = $ 2.227 7 表示每个个体在经历个世代后，可产生2.227 7 个后代，种群数量呈增长趋势，同时还表明从雌成虫产卵三日起雌成虫死亡率与每雌产卵数（以♀：♂=1：0.88 计）曲线，表明成虫从产第一粒卵到产最后一粒卵，时间为 90 天左右，平均产卵历时期为60.425 3天±3.032 7 天，成虫产卵数有两个明显的高峰期，成虫死亡率在产卵初期均比较小，到产卵 70 天后死亡率加大。世代存活曲线：用威布尔分布理论模型拟合种群存活率曲线的合适模型，当形状参数 $c > 1$ 时，死亡率是年龄的增函数，曲线类型表现为Ⅰ型，当 $c < 1$ 时，曲线为 1 的常量，曲线类型为Ⅱ型，当 $c = 1$ 时，死亡率是年龄的降函数，曲线类型表现为Ⅲ型。

利用暗黑齿爪鳃金龟世代存活率拟合 Weibuul 分布模型为：

$$S\ (t)\ = \exp\ [\ (t/2.702\ 8)\ 4.622\ 7]$$

其存活率曲线的性状参数 c 为2.708 2，大于1；尺度参数 b 为4.682 7。存活曲线为Ⅰ型，死亡率为该虫发育年龄的增函数，表明暗黑鳃金龟卵期和一、二龄幼虫期存活率都较高（达70%以上），三龄幼虫期死亡率突增，达55%以上，这与调查结果一致，三龄幼虫初期是危害盛期，因此在进行预测和制定防治策略时，必须考虑这一点。

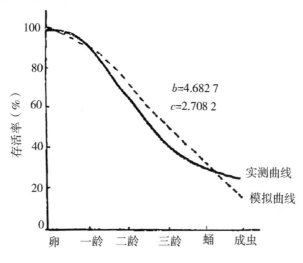

图 4 - 17　暗黑齿鳃金龟世代存活率曲线

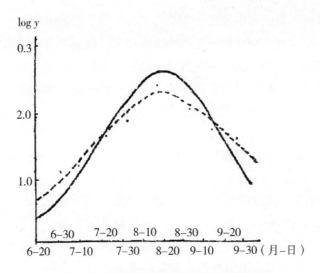

图 4 - 18　暗黑齿爪鳃金龟种群增长曲线图

——模拟曲线；……实测曲线

暗黑齿爪鳃金龟种群增长过程中，实测曲线与拟合曲线表明，暗黑鳃金龟种群数量增长，6 月中旬至 8 月中旬为正加速期，8 月中旬后，种群数量开始降低，至 9 月中旬后，种群数量变动趋于平衡。这主要是该虫产卵开始时间为 6 月中旬，6 月下旬达到产卵盛期，7 月上旬至 7 月底为一、二龄幼虫期，死亡率突增，至 9 月中下旬后，幼虫入土越冬。该拟合曲线与实际调查结果一致。

应用昆虫生命表分析昆虫种群数量动态，是了解害虫种群动态和预测预报的有力工具之一，它的基本特征是按昆虫的年龄阶段（以时间或发育阶段为单位），系统观察并记录昆虫一个完整的世代或几个世代之中年龄阶段的种群初始值，再分别记录或计算出各发育阶段的年龄特征、生育特征、生殖力和各年龄特征死亡率。同时记录各阶段的主要致死因子及其造成的死亡数。

组建昆虫生命表中的出生率，分最高出生率和生态或实际出生率。我们说的最高出生率是指在理想条件下（无生态上的条件限制），一头雌虫在理论上的最大生殖率，又称之为恒定的最大出生率。生态出生率或实际出生率是指在自然的环境条件下昆虫种群的增长值，这种增长值随环境条件的变动，种群密度以及组成的变化。昆虫种群生活在自然条件下，环境条件随时在改变，如天气条件、营养条件、天敌等的影响，其生殖力有一定的限制。本书中的暗黑鳃金龟生命表是在室内自然变温条件下组建出来的，比较接近实际。所谓死亡率也有两种：一种是生理死亡，即在适宜的环境条件中生活的昆虫个体达到生理极限上的自然（衰老）死亡，这在自然条件下是不太可能的；生态死亡或实际死亡，指昆虫个

169

体因环境条件而不能满足生理上的需求而死，种群数量减少。

为了验证实验室内所获得数据，作者在田间进行了调查，其结果基本一致。

我们于1994年在乐至县4~8月定10株烟田附近的洋槐，每日捕捉金龟子调查表明，暗黑鳃金龟成虫始发期5月下旬，6月上旬达到最高峰，8月上旬为终末期。结合降雨量分析，发现成虫的发生常受前2~3天降雨量大小的制约，常常在大雨后2~3天，出现成虫上树突增的规律。因此，5月上中旬雨水来临的迟早，制约着成虫出土的迟早，5月下旬至6月份降大雨否，是影响成虫发生高峰期的重要因素。

暗黑鳃金龟幼虫在土内的种群数量消长调查，其结果表明：

在一龄幼虫阶段的6月底至7月上中旬种群数量较高，而进入二龄幼虫阶段的7月中下旬种群数量略有下降，进入三龄幼虫阶段的7月底至8月上旬种群死亡率特别高，9月中旬后幼虫种群数量变动趋于平稳。这与室内饲养一、二龄幼虫自然死亡率不大，三龄幼虫死亡率很大的结论一致。经室内在自然变温条件下组建生命表表明，暗黑鳃金龟各年龄阶段的生命期望值（e_x）以卵期为最大，产卵期最小。生命期望值随发育的曲线为1例"S"形，各年龄阶段的死亡率（q_x）以三龄幼虫最大，卵期最小。整个世代的净生殖率 $R_0 = \sum l_x m_x = 2.2277$，即可产生2.2277个后代，种群数量呈增长趋势。上述调查结果与实验室条件试验结果基本一致。昆虫的生物学特征研究，由于田间条件限制，所以4项在实验室进行。

暗黑鳃金龟田间发生数量，一般取决于越冬基数的多少，或同成虫产卵期和幼虫孵化期的降雨量有关系。降雨量的多少关系到土壤含水量的大小，土壤含水量高，卵的孵化率低，幼虫死亡率就大。尤其初孵幼虫至二龄期，死亡率较高。在室内进行初步研究，得出一个结论：分别将卵粒接进含水10.00%、12.00%、14.00%、16.00%、18.00%和20.00%的土壤中，其卵粒孵化率分别为63.50%、71.50%、81.30%、35.00%、11.00%、1.0%。初龄幼虫其存活率分别为61.50%、72.50%、85.90%、25.40%、21.50%、0.00。在田间情况，通过多地观察如果在5~6月有2~3次较强降雨（雨量100.00 mm以上）和低洼地暗黑鳃金龟等多种土居害虫数量少，危害较轻。

7. 中索鳃金龟 Sophrops chinnsis brenske

形态特征

成虫体长约15.00 mm，宽约7.00 mm，两侧平行，上面光裸，褐黄色。触角10节，鳃片部3节。头不大，短。唇基横形，额无横脊。前胸背板横形，稍窄

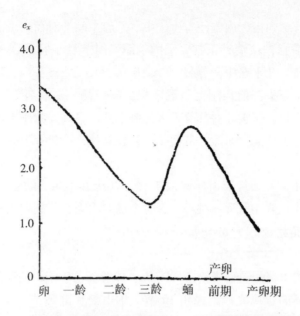

图4-19 暗黑齿爪鳃金龟生命期望值（e_x）随年龄增长的变化曲线

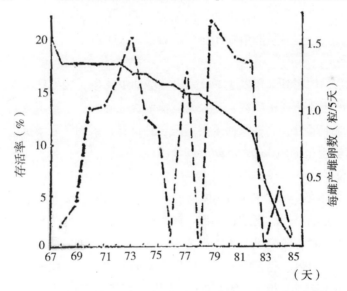

图4-20 暗黑齿爪鳃金龟成虫年龄特征存活率曲线和年龄特征每雌产雌卵数（m_x）曲线

——l_x；　　　- - -m_x

（横坐标年龄从卵产出之日起计算，时间间隔为5天）

于鞘翅基部，前缘具沿，前角直，后角钝，两侧缘钝齿状，着生短的边缘毛。小盾片三角形，鞘翅明显伸长，具弱肋，两侧无边缘毛。臀板微隆起，具刻点，光裸。前足胫节外缘3齿，内方距着生于中、基齿中间的对面。中后足胫节外具两个明显退化的横脊，顶端具正常、窄的端距。跗节长于胫节，下边具成列的刚毛。爪明显弯曲，几乎在中间分裂。

幼虫体中型。头部前顶刚毛每侧2根，额中侧毛左右各2根，上唇前缘前突，略呈3叶片状。肛腹片后部复毛区无刺毛列，只具钩状刚毛群。最后一排钩状刚毛特别长，由后向前略短。肛门孔3射裂缝状，纵裂等于横裂一侧长的1/2。

生活习性

在甘孜州九龙县烟袋镇1年完成1代，以幼虫越冬。幼虫栖于荒草地和耕地。成虫夜出性，群集取食核桃叶，有时全株被吃光，影响核桃正常成熟。

8. **丽腹弓角鳃金龟** *Toxospathius auriventris*

形态特征

成虫体长约16.00 mm，宽约7.00 mm。体背面色较淡，淡茶褐色，腹部及臀板棕色，具明显的金属光泽。触角10节，雄虫鳃片部7节，雌虫鳃片部5节，雄长雌短。前胸背板横向，隆起不明显，有大的刻点，具缘沿，后缘弧状。鞘翅明显延伸，两侧平行，无明显纵肋，两侧无缘毛。胸、腹部具稀的细毛。前足胫节外缘具3齿，中、后足胫节端距正常、较窄。

生活习性

在甘孜县、炉霍县1年发生1代，以三龄幼虫越冬。成虫日出性，6月出土，取食地边灌丛叶片，观察到取食苹果树、箭舌豌豆叶片，不形成灾害。幼虫取食作物和植物地下部分，危害秋播麦类，啃食马铃薯，影响产品质量。

9. **鲜黄鳃金龟** *Metabolus tumidifrons* Fairmaire

形态特征

成虫体长13.00~14.00 mm。体色黄亮，光裸无毛。头上有明显中纵沟，沟侧有近角状折曲的隆凸。唇基近梯形。触角9节，雄虫鳃片部长大。前胸背板沿细，两侧不成齿状。鞘翅纵肋 Ⅰ、Ⅲ 清楚。前足胫节外缘中齿接近端齿。

卵初产时乳白色，稍带绿色，椭圆形，中期圆球形，孵化前呈淡黄色。卵的大小为 1.50 mm × （0.90~1.60） mm，平均为 1.56 mm × 1.16 mm。

幼虫头宽 3.50~4.10 mm，头长 2.90~3.30 mm；头部前顶毛每侧3根，排列成一纵列，其中冠缝旁2根（后方1根常较小或退化），额缝旁1根，后顶毛每侧1根，额中侧毛左右各2~3根，额前缘毛常6~8根；下颚发音齿约12个，排列较紧密，尖端较尖锐，均指向前方；内唇端感区的感区刺9~16根，多为10~13根，前排的7~8根较大，感前片发达，以左右两片，呈倒八字排列，在基感区位于弯曲的中衡棒，左右两端各具2各感觉器。

腹部第1~5节气门板减小甚微，第6~8节尤以第8节气门板显著减小，气门板的开口均较大；腹部第7节、第8节、第9节各节背面，除前、后两横列长针状毛及第7节前横列前方较多粗短刺毛外，毛极少，基本裸露。复毛区的刺毛列由两种刺毛组成，前段为尖端略弯的短锥状刺毛，每列7~11根，后段为长锥状刺毛，每列10~15根，前段短锥状刺毛和后段短锥状刺毛相接处的刺毛，常呈介于两者间的过渡类型，长度不完全相等，两种刺毛每列共18~25根，前后端略微向中央靠拢，后半段中部略向两侧扩张，整个刺毛区的2/3处，沿刺毛列各有一排列较整齐的钩状刚毛；复毛区钩状刚毛较少，每侧通常不超过20根，肛下叶极少钩状刚毛；肛门孔3裂状，纵裂略短于一侧横裂的1/2。

蛹长14.10~15.50 mm，宽6.00~15.00 mm。唇基近半圆形，初化蛹为白色，后变黄、黄褐，触角雌雄异型。腹部第1~11节气门椭圆形，明显隆起。无发音器，腹部1~6节背板中央具横脊，尾节近方形，具尾角1对，呈锐角岔开。

雌虫尾节，腹面平坦，生殖孔位于中间，两侧各具一个不太清晰的骨毛，雄虫尾节腹面中央外生殖器明显突出呈疣状。阳具侧突达于阳基端部。

生活习性

1年发生1代，以幼虫越冬。翌年6~7月成虫出孔。成虫昼伏夜出，20时开始出土。成虫出土后即可交尾，多数多次交配，卵散产于5~10 cm土层中，但每卵之间非常靠近，呈核心型分布（即集团发生和危害）。

成虫趋光性很强，以雄虫趋光性最强，出土数量与黑光灯下诱集数量一致。该种喜欢土坡、荒草地等非耕地，在耕地中大豆地虫口最多，在肥沃疏松的土壤中虫口密度最大。

附：鲜黄鳃金龟 *Metabolus tumidifrons* Fairmaire 和小黄鳃金龟 *M. fiaresens* Brensue 的主要区别：前者体尖裸，后边稍膨大，后者体具小细毛，两侧平行；前者唇基前缘具不深的凹隔，后者唇基前缘无凹隔；前者前足胫节外方具3齿，前后者，前足胫节外方具2齿；体色前者红黄色，后者黄色。

10. 棕色鳃金龟 *Holotrichia titanis* Reitter

形态特征

成虫体长17.50~24.50 mm，宽9.50~12.50 mm，体呈长卵形，全身棕色，微有丝绒状闪光。头部较小，唇基宽短，几呈新月形，前缘中间明显凹入，前侧缘上卷。下颚须末节：雄虫的呈长椭圆形。雌虫的呈卵形。触角10节，鳃片部3节。雄虫触角鳃片部的长度等于柄部；雌虫触角鳃片部的长度等于第3~7节之长。前胸背板与鞘翅基部等宽，侧缘中间外扩，其上覆有相当大的刻点，两侧较密。中纵线光滑微凸。前胸背板前、后角钝。侧缘中间呈明显的角弧状外扩，侧缘边不完整，呈锯齿状，前半部着生有密而长的边缘毛。后缘具沿，至小盾片处中断，小盾片三角形，基部与中间光滑，每面具 4 条明显纵肋，靠缝的纵肋，后方收狭变尖，肩凸显著。前足胫节外缘 3 齿，第 3 齿退化呈痕迹状，爪下部中央垂直生有 1 尖齿。腹部圆而大，有光泽。臀板呈扇形。雄性顶端变钝，末端中间隆起，刻点稀；雌性扁平三角形，顶端稍长，刻点密。雄性外生殖器呈筒形。

幼虫三龄幼虫体长 45.00～55.00 mm，头宽 6.10～6.70 mm，头长 4.60～5.00 mm。头部前顶刚毛，每侧 3～5 根，呈 1 纵列；额中侧毛每侧 1～2 根；额前缘毛 6～12 根呈 1 横列。内唇端感区具感区刺 14～20 根，前排约 8 根较大，呈弧状排列，其前方的小的圆形感觉器 10～18 个，其中较大的 6 个，感前片仅右半段明显呈新月形，宽大而发达，前侧褶区，各具 1 个较明显的骨化斑，内唇前片仅存前段，不与感前片相连。在肛腹片后部复毛区中间的刺毛列，由尖端略弯的短锥状刺毛组成，每列 16～26 根，多为 20～24 根，少数个体刺毛列排列整齐；多数个体刺毛列排列不整齐，具副列。刺毛列的前端超出了被钩状刚毛占据着复毛区前缘，到达肛腹片后部前边 1/4 处。肛门孔三射裂缝状，纵列略短于一侧横裂的 1/2。

蛹体长 28.00～30.00 mm、宽 9.00～13.00 mm。唇基近长圆形。腹部第 1～4 节气门圆形，深褐色，隆起。无发音器。腹部第 1～6 节背中央具横脊。尾节近方形，两尾角呈锐角岔开。雄蛹尾节背面，具多行纵皱纹。雄性外生殖器阳基侧突将阳基包在其中；雌蛹臀节腹面平坦，生殖孔位于两竖立的唇瓣中间，两侧各具 1 略呈方形骨片。

生活习性

两年完成 1 代。成虫于 4 月下旬至 5 月出土，成虫产卵前期 15～24 天，产卵期 6～15 天，卵期 19～25 天。卵多产于土层 20.00 cm 深处。成虫产卵最少13.00 粒，最多 48.00 粒，平均多为 26.30 粒。

成虫昼伏夜出，18 时开始出土，19 时为出土高峰，20 时开始入土潜伏，趋光性弱。雌虫活动性弱，仅作近距离爬行或跳跃或飞行，交配后立即入土，有多次交尾的习性。从群体出土到入土，约历时 1.5 小时，活动范围小，因而有局部发生的特点。

棕色鳃金龟多发生在通透性较多土壤的坡土和粗沙土，而平地、沙质壤土则分布较少。

11. 波婆鳃金龟 *Brahmina potanini* Semenov

形态特征

成虫体长 14.00 ~ 16.00 mm，光亮褐红色。鞘翅缝和肩疣黑色，腹部褐黑色。触角 10 节，雄虫鳃片部同柄部那样长，雌虫较短。触角长 2.40 mm，第 2 节最长，第 1 节、第 3 节近等于等长，第 4 节最短，第 1 节具毛 3 根，第 2 节具毛 1 ~ 2 根，仅 1 根较长。前足爪略长于中足爪，后足爪较短小。小盾片具密的刻点和细毛。前胸背板前缘无膜质沿，侧缘成齿状。覆有竖立的细毛。前足胫节齿被尖角凹陷分隔。

幼虫头宽 3.70 mm，头长 2.60 mm，头部前顶毛每侧 2 根，冠缝、额缝旁各 1 根，额中侧毛每侧 1 ~ 2 根，有时脱落，额前缘毛较多，通常多于 8 根，额前侧毛每侧仅 1 根较长。下颚发音齿约 16 个，尖端较尖锐，均指向前方。腹部第 1 ~ 7 节各气门板大小近于相等，第 7 节气门弧常略大于第 6 节气门弧，开口均较大，约呈大半环形，第 8 节气门板较前各节气门板显著减小，开口极大，约呈半环形，长度约为第 7 节的 1/2；腹部第 7、8 节各节背面，除前、后两横列长针状毛外，毛较少，但第 8 节前横列毛前方多少有几根粗短刺毛，第 7 节背面除两横列长针状毛外，毛较多，散生较多粗短刺毛，尤以前方密布粗短刺毛。复毛区的刺毛列前段略近于平行，仅前端刺毛略微靠拢，中部略向两侧扩展后又常略收狭，后半部急剧向两侧岔开，整个刺毛列约呈 "八" 字形，每列 18 ~ 22 根，由长度不完全一致的较短锥状刺毛组成，后段刺毛多呈上下压扁状，前段为前后略压扁的锥状刺毛，前、后端刺毛常较短；两列刺毛列间相距较远，两列刺毛尖端绝不相遇或交叉，同列刺毛间排列较整齐，但常有少数刺毛略相互错开，刺毛列前段接近或略超出钩毛区的前缘，略超过复毛区的 1/2 处，其前方常仅个别钩状刚毛；肛门孔 3 裂状，纵裂略微长于一侧横列的 1/2。

生活习性

成虫出现期 6 ~ 7 月，夜出活动，有趋光性。幼虫食害植物地下部分，但农田中危害不显著。

12. 毛缺鳃金龟 *Diphycerus davidis* Fairmaire

形态特征

幼虫头宽约 2.20 mm，头长约 1.60 mm。头部前顶毛 3 根；后顶毛 2 根，常短小，额中侧毛左右各 1 ~ 2 根，常仅 1 根较长，额前缘毛 6 根，额前侧毛左右各 1 根。上唇前缘中央略向前突出。上颚腹面光滑；下颚发音齿约 10 个，尖端较尖锐，指向前方。

内唇端感区刺 4~5 根，感区刺后方尚有骨化较强的刺毛，前沿小圆形感觉器约 10 个，其中 6 个较大，内唇前片似仅存前端一小段，不甚明显；中部缘脊宽，每侧缘脊约 10 条，每侧前 3 条缘脊内缘有 1 长条形骨化斑；缺亚缘脊；左侧毛区基部粗惊刺较弱，2~3 根；右侧毛基部细惊刺较少，不向前延伸到中部，侧裸区较大；基感区左侧仅 2 个圆形感觉器较明显。

腹部第 1~4 节各气门板大小近于相等，第 5~8 节各气门板较前 4 节气门板显著减小，气门板开口均特大，约呈新月形；腹部第 7、8、9 节各节背面毛较多，均匀散生短针状毛，第 7 节背面前半部密生粗短刺毛。

复毛区的刺毛由上下扁的较长锥状刺毛组成，每列 10~14 根，同列刺毛长度不完全一致，排列不甚整齐，常有副列，尤以后端排列不整齐，刺毛列的长度约为刺毛列中部宽度的一倍半，两列间中后部相距较远，两列刺毛前端靠拢，常几乎将刺毛列前端不达钩毛区的前端，也不达复毛区的 1/2 处，略超过 1/3 处，钩状刚毛端部弯度大，刺毛列两侧钩状刚毛较少，各 18~22 根，其两侧针状刚毛细而密；肛门孔 3 裂状，纵裂短于一侧横裂的 1/2。

生活习性

1 年发生 1 代，以老熟幼虫越冬。成虫出现期在 5 月下旬至 6 月上旬。幼虫常栖息在沿河小灌木下边根际附近沙土中。

13. **长角希鳃金龟** *Hilyoirogus longiclavis* Bates

形态特征

成虫体长 18.00~19.00 mm，体宽 8.00~9.00 mm，长椭圆形。体色棕褐。触角 10 节，鳃片部 5 节，雄长雌短。前胸背板前缘有膜质边。鞘翅长，每鞘翅有 4 条纵肋，其中纵肋 I 最宽，纵肋 III 模糊。胸下密被茸毛。足长穴，前足胫节外缘 3 齿。爪发达，端部深裂。

生活习性

在甘孜州炉霍县 1 年发生 1 代，以三龄幼虫越冬。幼虫取食植物地下部分。秋播肥麦，青稞可造成危害。成虫黄昏时出土。

14. **二色希鳃金龟** *Hilyotrogus bicoloreus* Heyden

形态特征

成虫狭长卵圆形，体长 14.30~15.50 mm，体宽 7.00~8.00 mm。体背面颜色差异较显，头部、前胸背板及小盾片栗褐色，鞘翅淡茶褐色，腹部颜色与鞘翅相近。头较阔，唇基短阔，散布深大刻点，边缘折翘，前缘微弧凹，侧缘弧形，沿额唇基缝微横隆；额头顶部刻点稀疏，中间有 20 个左右浅大具毛刻点，触角

10 节，棒状部 5 节组成，雄者长大，除第 1 节明显较短小，各节长度接近，雌者较短小，各节长短不齐。前胸背板短，中部侧密布有大型刻点，前缘边框阔，有呈排纤毛，侧面弧形，前后侧角皆钝角形，后缘无边框。小盾片短阔。鞘翅散布大刻点，4 条纵肋可见。臀板皱，端缘有长毛。胸下密被绒毛。前足胫节外缘 3 齿。后足跗节第 1、2 节两节几乎等长。爪端部深裂，下支末端斜截。

生活习性

在甘孜州炉霍县 1 年发生 1 代，以三龄幼虫越冬。幼虫取食植物地下部分，对秋播小麦和秋播青稞形成轻度危害。成虫具夜出性。

15. 日胸突鳃金龟 *Hoplosternus japonicus* Harold

形态特征

成虫体长 20.00 ~ 29.00 mm，长椭圆形。体黑褐色，至红褐色。全身被黄灰色细毛，底色被盖住。腹板两侧由细毛集成三角形白毛斑。体上刻点密、小。头具密刻点，后头光滑。唇基宽正方形，具宽的弧状前角，额缝不明显，中间微凹。触角 10 节，雄虫鳃片部 7 节，长而稍弯；雌虫鳃片部 6 节，小而直。前胸背板横向，稍窄于鞘翅基部。小盾片大，稍成长椭圆形。胸部具黄灰色细毛，密而长，中胸腹突短，直、顶端圆形，不延伸到基节前边。鞘翅椭圆形，肋间具密而小的刻点，两侧缘无边缘毛。臀板稍斜，顶端钝，不突出成分叉的尖突。

幼虫体大型，头部前顶刚毛每列 3 根，成一纵裂。额中侧毛、额前缘毛呈不整齐横列。肛腹片后部复毛区的刺毛列，由尖端微弯的短锥状刺毛组成，两列间近于平行，前缘接近。肛门孔 3 射裂状，纵裂很短。

生活习性

以幼虫越冬，春夏化蛹羽化。成虫取食林木叶片，幼虫取食草、木本植物地下部分。

16. 巨狭肋鳃金龟 *Holotrichia maxina* Chang

形态特征

成虫体长 26.20 ~ 30.30 mm，体宽 13.20 ~ 15.20 mm。体色棕褐，头、胸及小盾片赤褐带黑。薄被灰色闪色层，头胸部尤著，足光亮。体硕长，两边几乎平行，背腹略扁圆。头宽大（头顶宽度等于或大于前胸宽度之半），唇基前缘中凹明显，两侧圆弧形，刻点略密；额头顶部平缓，刻点较分散；触角鳃片部长如其前 6 节之和。前胸背板短阔，表面颇平正，散布细圆刻点，侧方刻点稍密，中纵带微凸，清楚；前缘边框阔，侧段疏列具毛刻点；后缘侧段有横脊状边框；侧缘弧形扩出，最阔点略后于中点，前段翻翘颇显，为若干纤毛所断，后段直，前角近直角形，稍前伸，后角钝。小盾片中带宽平。两侧布少数刻点。鞘翅散布脐形刻点；4条纵肋清楚，纵肋Ⅰ后方略收狭，缘折内弯甚微。臀板颇圆隆，散布浅细刻点。腹下刻点极细浅。前胫外沿中齿接近端齿，内沿距与基中齿间凹对生；后跗第1节显著短于第2节；爪齿中位，短于爪端并与之构成直角。本种特征为体硕长，两边几平行，前胸背板侧缘前段明显翻翘，后跗第1节明显短于第2节。

17. 长切脊头鳃金龟 *Holotrichia longinscula* Moser

形态特征

成虫体长16.70~17.00 mm，体阔6.80~11.80 mm。触角10节，鳃片部长大。前胸背板侧缘有少数缺刻，强烈扩突呈角状，前角呈直角形。小盾片布有明显刻点。鞘翅前缘4条平行纵肋。后足跗节第1节显著短于第2节。

18. 峨眉齿爪鳃金龟 *Holotrchia omeia* Chang

形态特征

成虫体长20.50~21.70 mm，体宽约11.00 mm。体扁圆，后方略膨阔。体上方及足棕褐带黑，十分油亮，胸下及腹部色较浅。头宽大，唇基前缘中凹显著，侧缘圆形，布粗大刻点；额部散布具毛刻点；触角甚细长，鳃片部明显短于其前5节之和。前胸背板短阔，密布刻点，至少在前部中央可见浅纵沟，前缘边框宽平，疏布具毛刻点，前段有少数具毛缺刻，前角锐，甚前伸，后角圆钝。小盾片近半圆形，散布刻点。臀板及腹下匀分布细小具短竖毛刻点。前胫内沿距与中齿对生，后胫横脊完整。后跗第1节显著长于第2节。爪齿中位垂直，末端微向爪基弯招。

雄虫臀板正常，末腹板短小。雌虫臀板两侧均等洼陷，中纵隆起似脊，后端翘起，与长大末腹板相合呈似猪嘴状。

19. 影等鳃金龟 *Exolontha umbraculata* Burmeister

形态特征

成虫体长20.70~25.70 mm。体深褐色或黑褐色，鞘翅栗褐色。缝肋、纵肋及缘褐色较深，鞘翅前半部有心形或三角形闪光毛斑，其后为后缘模糊的深色"V"形毛斑，有似倒置的伞影，翅端部色淡，深色茸毛杂生。

大型甲虫、椭圆形，后方稍见扩阔，头较狭长，唇基长大，前缘近横直，密布挤皱刻点；头顶圆隆，刻点挤密，表面粗糙。有长短茸毛均布。触角10节，棒状部短状，7节组成。前胸较前狭后宽，侧缘钝锯齿形，后缘近横直，刻点皱密，毛被与头上相似，小盾片近半圆形。翅狭长，茸毛斜生，4条纵肋几乎平行。臀板近梯形，雄性较狭，有宽浅纵沟。雌性较宽，纵沟宽，端部较宽深呈凹坑。胸下被纤长茸毛。雄性腹部肩平或凹瘪。足较纤弱，前足胫节外缘 2 齿，后足胫节端距大小差异大；后足跗节第 1 节短于第 2 节，爪修长。

生活习性

成虫夜出活动，趋光。

20. 宽齿爪鳃金龟 *Holotrichia lata* Brenske

形态特征

成虫体长 20.00 ~ 28.80 mm，全体棕褐或黑褐色，被铅灰色粉状层。头、前胸背板颜色稍深，头、足颜色光亮。体大型，短宽，卵圆形，较扁圆。头宽大，唇基宽于额，前缘微折翘中凹明显，密布深大刻点，额唇基缝向后钝角折曲，额前中部刻点稀少。触角 10 节，棒状部缩小，3 节组成，前胸背板刻点细而稀，侧方刻点稍密；前缘边框光洁，前缘圆弧形扩出，最阔点略后于中点；前侧角直角形或近直角形，后侧角钝角形。小盾片，后端圆钝，有宽平中纵带。鞘翅微皱，散布细或浅刻点，4 条纵肋可辨，后端模糊不清，臀板后缘前有瘢痕。胸下被短稀绒毛。腹下散布圆浅无毛刻点。各足末跗节有端毛 5 根，前足外缘 3 齿，后足胫节横脊中断。后足第 1 跗节略长于第 2 跗节。

生活习性

成虫食性杂，每年 4 ~ 5 月活动危害，昼伏夜出，成群在一株植物上食害叶片。

21. 阔缘齿爪鳃金龟 *Holotrichia cochinchina* Nonfried

形态特征

成虫体长 15.50 ~ 22.70 mm，体中型，长卵圆形，背腹相当鼓圆。体黑褐色或茶褐色，以褐黑色居多；体上和胸下，被铅灰色闪光薄层，常常几乎盖住底色，腹下薄层明显较淡，腹部色泽较淡，茶色或棕褐色。唇基与额等宽，前缘中凹勉强可见。头上密布刻点。触角 10 节，棒状部 3 节组成，雄虫棒状部约与前 6 节之和等长，雌虫则短于前 6 节之和，前胸背板短阔，布圆形刻点，有宽平中纵线；前缘边框光滑，中侧强度钝角形扩出，前段有 6 ~ 9 个钝形具毛缺刻；前、后侧角皆钝角形，小盾片有宽平中纵线，两侧散布刻点。鞘翅散布刻点，纵肋宽隆，4 条纵肋清楚，纵肋 I 后方扩阔，不与纵肋相接，缘折通常很宽。臀板光亮，散布刻点。胸下密布灰白绒毛，末前腹板后方有浅缢痕。末腹板雄虫甚短，雌虫长大。前足胫节外缘 3 齿，内缘距与中齿对生，后足胫节有宽中断的横脊，第 1 跗节略长于第 2 跗节，爪发达，爪齿中位垂直生，爪修长弯曲。

生活习性

成虫喜食苹、梨等果树叶片。

（十三）叩头虫科 Elateridae

隶属于鞘翅目多食亚科。分 Elateridae、Cerophytidae 和 Melasidae 等科，组成叩头虫总科。本科约8 000多种，广布于全世界六大陆地昆虫地理区。

成虫体方形，背面略扁，小型至大型；体色多为黄褐色，体被细毛或光亮无毛。前胸背板后缘角向后突出而尖锐；前胸腹片后缘中部向后突出呈楔形，插入中胸腹板前缘的沟槽内；前胸大而能活动，成虫仰卧时，能借前胸弹动而跃起，并发出"嗒嗒"的响声，故有叩头之称。触角锯齿状、栉状或丝状，11～12节，其形状和节数因雌雄而异。足短，后足茎节至少在内侧常扩大呈板状，盖及后腿节；跗节5节，简单或某节腹面分为丙叶；爪为单爪，或每爪内侧着生一排细齿，呈梳齿状。

幼虫称金针虫，体细长，筒形或略扁，体壁坚硬而光滑，体色大多略为黄色或红褐色，有金针虫、铁丝虫、钢丝虫之称。前口式，上唇退化，头壳前缘凹凸不平；前胸节最大，有大小相似的3对胸足；腹部末节具骨板、齿状或突起，并有尾足。腹末节的形状、附器是常用于区分属种的重要特征。

成虫生活于土壤中或植物上，有时危害植物的花、芽等部位。幼虫多数生活在土壤中，危害作物的种子、根、茎、芽等，构成作物的重要土居害虫。

幼虫历期很长，为3～5年，蛹期很短，仅3周左右。

1. 暗褐金针虫 Selatosomus sp.

形态特征

成虫雌虫体肥大，体长 11.50～13.00 mm，平均 12.10 mm，宽4.50～5.50 mm，平均4.7 mm；雄虫较瘦小，体长8.00～10.00 mm，平均9.10 mm，宽3.00～4.00 mm，平均3.30 mm。头部暗褐色，中央至前部稍下陷，后部及两侧突起，密布刻点及由前向后的白色短毛，触角浅褐色至褐色12节，鞭节略成锯齿状，从第2节起具刻点和长短的白色毛。雌虫5～12节，各节略呈倒梯形；雄虫5～11节，前半部呈倒梯形，后半部为一短的小柄。复眼黄褐色至褐色，半球形。前胸背板暗褐色，具金属光泽，边缘及后缘侧角色稍浅，背面凸起，前缘两侧角向前方稍突出，端部可达复眼后缘。小盾片暗褐色，半球形，密布刻点和白色短毛。鞘翅暗褐色，具金属光泽，完全覆盖于腹部背面。背面突起，由9条相连的粗刻点形成的丛沟。前缘突起，密布刻点和白色短毛。后翅退化。足浅褐色，具刻点和短毛。胫节端部具短距2枚，小刺数枚，跗节5节。1~4节腹面具小刺数十枚。爪节长，简单。腹面可见5节，腹板中部暗褐色，边缘色稍浅，密布刻点和短毛。

卵乳白色，椭圆形，长经0.60~0.69 mm，平均0.65 mm，宽经0.43~0.54 mm，平均0.48 mm。

幼虫老熟幼虫体长16.00~25.00 mm，头宽1.57~2.65 mm。体浅黄褐色，上颚和尾铗端部暗褐色。体筒形略扁，头部扁平，两侧具长毛数根。胸部和腹部1~8节背面中央有1条明显的纵沟。背面具稀疏刻点和短毛，两侧具长毛数根。第2胸节和腹部1~8节各具气门1对，红褐色。尾节呈铗状。背面中部稍凸起，两侧各有4个突起，尾端两个较大，前端两个较小，两侧各有长毛2根。尾铗端部为2个小齿。铗的基部两侧各有个突向背面的大齿，一个突向侧后的小齿。铗的内面围成近椭圆形，黄色。

蛹体长11.00~16.00 mm，平均13.00 mm，宽3.00~4.50 mm，平均3.93 mm。初化蛹时体乳白色。羽化前复眼、上颚足爪褐色，其余浅黄色或乳白色。头部向胸部弯曲，背面仅能看到后头，触角贴于前胸腹面两侧纵缝。口器及附属官贴于前胸腹面。前胸背板凸起，前缘两侧、后侧角端部各具突须1对，半透明。前翅仅贴于体侧伸长腹面盖于后足腿节和基节上，翅尖达腹部第3、4节。翅具9条纵沟。3对足的腿节和基节紧靠在一起，向两侧平伸，跗节由前后伸，后足跗节末端可达腹部5节。腹部腹面可见8节，背面观可见9节。1~8节背面中央具1条不甚明显的纵沟。第2胸节和腹部1~8节各具体门1对褐色。尾端具须突1对。

生活习性

据霍永海等研究，暗褐金针虫在四川省甘孜县6年发生1代。幼虫越冬5次，少数个体5年或7年完成1个世代，幼虫越冬次数相应减少或增加1次。成虫仅越冬1次，成虫于3月底4月初出土，雄虫历期很短，交尾后即死去，雌虫产卵完成后于6月下旬死亡，成虫自羽化（越冬期）至出土后死亡，历时270~330天，田间于5月中旬见卵，6月上旬至7月中旬卵期31~41天，平均35天，幼期1 860~1 875天，蛹期很短12~21天，平均17.50天。其生活史见表4-18。

由于暗褐金针虫生活史长，对幼虫龄期研究甚少，各龄幼虫历期，头壳宽度等研究更少。

在四川省甘孜县越冬成虫于3月底至4月初开始出土，4月上旬为出土盛期。出土的时间为晴天上午9时至下午6时30分，阴天，大风天气一般不出土活动。

表4-18　暗褐金针虫生活史（四川省甘孜县,1987）

年份\月份	1上	1中	1下	2上	2中	2下	3上	3中	3下	4上	4中	4下	5上	5中	5下	6上	6中	6下	7上	7中	7下	8上	8中	8下	9上	9中	9下	10上	10中	10下	11上	11中	11下	12上	12中	12下
第一年									+	+	+	+	+	+	+	+	+	····	····	····	——	——	——	——	——	——	——	——	——	——	——	——	——	——	——
第二年	——	——	——	——	——	——	——	——	——	——	——	——	——	——	——	——	——	——	——	——	——	——	——	——	——	——	——	——	——	——	——	——	——	——	——	——
第三年	——	——	——	——	——	——	——	——	——	——	——	——	——	——	——	——	——	——	——	——	——	——	——	——	——	——	——	——	——	——	——	——	——	——	——	——
第四年	——	——	——	——	——	——	——	——	——	——	——	——	——	——	——	——	——	——	——	——	——	——	——	——	——	——	——	——	——	——	——	——	——	——	——	——
第五年	——	——	——	——	——	——	——	——	——	——	——	——	——	——	——	——	——	——	——	——	——	——	——	——	——	——	——	——	——	——	——	——	——	——	——	——
第六年	——	——	——	——	——	——	——	——	——	——	——	——	——	——	——	◎◎◎	◎◎◎		◎◎◎	◎◎◎		◎◎	◎◎◎		◎◎◎			◎◎◎			◎◎◎			◎◎◎		

注：+ 为成虫，· 卵；一为幼虫；◎ 为蛹。

成虫不进行补充营养，有假死性但不强。成虫后翅退化，交尾一般不能飞翔或飞行能力不强。雄虫出土后一般在地面作短距离爬行，有时爬至土、石块下，不停地摆动触角，释放信号，寻找交配偶，雌虫出土后侧留于土、石块下的缝隙，个别也可爬至地面活动，交尾时间达 20～40 分钟，平均 30 分钟。交尾一般于晴天上午 9 时左右进行，都在石块或土块的缝隙中进行。雌虫交尾后就地入土寻找土缝隙产卵，自交尾至抱卵期 27～43 天，产卵期 5～22 天，平均 13.60 天。每雌产卵 146～418 粒，平均 264.40 粒。产卵在土壤中的深度，在饲养条件下，一般为 2.90 cm，平均 5.20 cm。在田间产卵的深度为 12.00～14.00 cm，孵化率在 70.10%，田间与饲养条件下卵的孵化率基本一致。

土壤含水量大小关系密切，由于卵产于土壤中，需要一定的湿度才能维持正常的发育，土壤含水量在 20.00% 时，卵的孵化率为 90.00%；含水量在 10.00% 和 30.00% 时，其孵化率均为 87.50%；土壤含水量 40.00%，其孵化率为 82.50%。在室内烤干的土壤中排的卵，不能孵化，全部死亡。土壤含水量高低对卵的发育历期也有一定的关系，土壤含水在 32.00% 时，其卵历期最长，平均达为 32.30 天；土壤含水量在 10.00% 和 30.00% 这阶段梯度，卵的历期均平均为 31.00 天；但土壤含水达到 40.00% 时，其卵历期仅 25.80 天；土壤含水量在 20.00% 左右，最适合卵的发育。另外，土壤肥力高的卵石黄土卵的密度最大，卵孵化率也高，相对幼虫密度也大。

幼虫由于长期生活在土壤中，土壤中的温度变化对幼虫在土壤中上下移动影响很大，这与土中的食物有关。11 月中旬当地各种作物基本收获，此时幼虫下迁到 15.00 cm 以下深处越冬（无论是龄期大小），次年 3 月中旬开始上迁到表土层活动，如此往返上下迁移，直至化蛹。根据调查，一般在 3 月底至 5 月上旬这个时段内绝大多数幼虫都集中在土层 15 cm 以上活动，如果 2～3 月雨量充沛，土壤湿润，对其发生有利，麦类作物受害重。因为这段时间害虫都集中危害春播作物，从 5 月中旬开始逐渐下迁，到 11 月中旬基本不再下迁，停留在 15.00 ~ 20.00 cm 这段中土层中越冬。在 15.00 cm 以上的土层中难寻其幼虫，但也有个别例外，仅极少数仍停留在表土层，但几乎都死亡。幼虫老熟后在土中 5.00 ~ 26.00 cm 范围内，会做长 17.00 ~ 23.00 mm、宽 7.00 ~ 10.00 mm 的椭圆土室化蛹其中。

暗褐金针虫幼虫食谱广，危害作物种类达 11 种之多，其中青稞、小麦、燕麦受害最严重；根据调查上述 3 种作物每头幼虫可食还未萌发的种子，平均达 4.50 粒，被害幼苗 2.20 ~ 2.70 株，4 月下旬至 5 月中旬危害最重。麦类（青稞、小麦和燕麦）播下种至萌发，幼虫钻入胚芽处危害影响水分吸收而死亡。3 叶期后，低龄幼虫危害造成枯心苗，大龄幼虫危害可造成全株死亡。拔节以后幼虫不再危害主茎，而危害分蘖，幼虫潜入叶鞘内危害后，形成纤维状，被害部分留下部分纤维丝。另外，还可危害马铃薯、萝卜、根用甘蓝、油菜、甜菜、胡萝卜、当归等，但被害轻，主要在地下茎中钻孔，做成隧道潜入其中危害。

幼虫在土中作室化蛹，蛹室为卵圆形，两端稍尖，长径为 17.00 ~ 33.00 mm，宽径为 7.00 ~ 10.00 mm。

2. 褐纹金针虫 Melenotus canalicalatus Fald

形态特征

成虫体细长，长约 9.00 mm，宽约 2.70 mm，黑褐色并生灰色短毛。头部凸形黑色，密布较粗的刻点。前胸黑色，刻点较稀小，后缘角向后突起。鞘翅黑褐色，长为头部的 2.50 倍，有 9 条纵刻点。腹部暗红色。触角暗褐色，第 2、3 节两节略为球形，第 4 节稍长于 2、3 节两节。足暗褐色。

卵初产时白色略黄，椭圆形。孵化前呈长卵圆形。

幼虫老熟幼虫体长约 30.00 mm，宽约 1.70 mm，体细长，圆筒形，茶褐色并有光泽。第 1 胸节及第 9 腹节红褐色。头扁平，呈梯形状，其上有纵沟，并着生小刻点。体背有细沟及微细刻点。第 1 胸节长，第 2 胸节至第 8 腹节各节前缘两端均着生有新月形斑纹。尾节扁而长，尖端有 3 个小突起，中间的尖锐红褐色，尾节前缘有两个半月形斑，靠前部有 4 条纵沟，后半部有皱纹，突生较粗大而深的刻点。幼虫共 7 龄。

蛹初蛹乳白色，后变黄色。羽化前复眼黑色。

生活习性

据报道（张范强，1986），完成一个生活史最长 1 400 天，最短 1 052 天，平均

1 163.2 天（3 年多完成其生活史）。幼虫共 7 龄，在土中幼虫发育至六龄或七龄后老熟化蛹，化蛹深度为 20.00 ~ 30.00 cm，蛹历期 14 ~ 28 天，平均 17 天，成虫羽化后在土中越冬。

越冬后成虫当气温平均为 17 ℃ 时出土（约在 5 月上旬左右），当气温达 18 ℃ 以上时大量出土，20 ~ 27 ℃ 最适宜成虫活动，降水后最适宜成虫出土。

成虫昼出夜伏。成虫具假死性。雌雄交尾方式为背负式，持续 8 ~ 18 分钟。卵散产于麦株根际 10.00 cm 土中。成虫寿命为 258 ~ 303 天，平均为 288 天。卵历期约为 16 天。

幼虫在春秋两季危害，春季在土表层活动食害作物根茎，6 ~ 8 月没有作物的情况下潜到土层 20.00 cm，到秋季又上升至 10.00 cm 土层食害植物根系，到 10 月下旬至 11 月气温下降后，又潜到 40.00 cm 左右的土层中开始越冬。

（十四）叶甲科 Chrysomelidae

属鞘翅目，多食亚目叶甲总科。根据陈世骧（1973）叶甲总科的分类系统，本科包括锯胸叶甲、萤叶甲、跳叶甲和叶甲 4 个亚科，我国已记录1 200余种。此科遍布世界六大陆地昆虫地理区系。我国横跨古北区、东洋区两区，以东洋区最为丰富，但叶甲亚科又以古北区为优势。叶甲科种类丰富，适应性强，广布于各种自然环境中，从热带雨林到寒带针叶林，农田至垦地，绿洲至荒漠，从平原到高原草甸，均有分布和危害。成虫和幼虫都为植食性，还有些种类是食草性，从这一点看，还可以用于生物除草。

叶甲，又名金花虫。体圆形、椭圆形或圆柱形，小型至中型。

成虫体色多为艳丽的金属光泽。跗节为假 4 跗型（实际 5 节，第 4 节极小，隐藏于第 3 节的两叶中）。头为亚前口式，唇基不与额愈合，前部明显分出来前唇基，前缘平直。前足基节横形或柱形突出。基节窝关闭或开放。触角丝状或近似念珠状，一般 11 节，个别 9 节或 10 节。

触角着生的位置是分别科的依据。

叶甲亚科触角着生一般较前，接近口沿或接近上颚基点，相聚较远。

萤叶甲亚科和跳甲亚科，触角着生在两复眼之间，彼此接近；跳甲科后足退化，股节特别粗大，内具跳器，有很强的跳跃能力。

绝大多成虫具翅 2 对，鞘翅盖及腹末，膜翅发达，有一定飞翔能力，但有许多营土、石生活的种类，这些种膜翅常退化至消失；许多高山种类，鞘翅亦趋短缩，形成 1 对跗器。

雌雄成虫次生特征比较明显，主要表现腹部末节顶端形状和前、中足跗节是否膨阔等。雄虫腹末节端缘多呈三叶状或中央具圆形、三角形凹窝，前、中足第1跗节较短阔。雌虫腹末节端缘圆形拱凸，跗节正常。

幼虫蛹形，咀嚼式口器。触角3节，胸足3对。体表常具瘤突和毛丛。

幼虫生活方式相当奇异。大部分为裸生食生。

老熟幼虫入土化蛹或悬垂叶下化蛹。

1. 皱异跗萤叶甲　*Apophylia rugiceps* Gressittand Kimoto

形态特征

成虫全身密被黄色细毛。体长雄虫约 6.60 mm，雌虫约 7.00 mm。头后半部黑褐色。复眼黑色，较发达。触角丝状共 11 节，近基部 5 节色稍淡，呈黄褐色，以后各节黑褐色。前胸背板黄褐色，左、右边缘处及中部各有 1 菱形黑斑，中央黑斑稍大。中、后胸黑褐色。足黄褐色，鞘翅初羽化呈翠绿色，以后渐变黄绿色，有光泽。腹部黑褐色，雌虫腹部末端超出鞘翅末端外呈椭圆形，雄虫腹部末端与鞘翅等长，呈半圆形。

卵多数呈椭圆形，少数长椭圆形，表面有网纹状点刻。卵长平均 0.94 mm，宽 0.57 mm。初产时橙黄色，后渐变灰褐色。

幼虫老熟幼虫约 11.60 mm，最长 14.00 mm，最短 10.00 mm。全身呈暗褐色。前胸背板骨化较强，以后各节均具黑褐色斑点，斑点上着生刚毛。臀节扁平，背中部凹陷，生细刚毛，呈椭圆形，腹面有 2 瘤突。

蛹裸蛹，黄白色，长约 6.50 mm。

生活习性

成虫仅取食唇形科植物叶片，如青兰（学名待定）、香蕉 *Musa nana* Lour.，琴柱草 *Salvia nipponica* Miq. 等。当以上 3 种草不存在时，成虫亦可取食薄荷草。

幼虫除取食禾本科粮食作物外，其梯牧草 *Phleum pratense* L.、鹅观草 *Roegneria kamoji* Ohwi、看麦娘 *Alopecurus aequalis* Sobol. 等杂草也可危害。

发生代数：据方迁伦室内饲养观察，皱异跗萤叶甲在马尔康地区 1 年发生 1 代，以卵越冬。翌年 4 月上旬左右，越冬卵开始孵化幼虫，6 月上旬成虫交配产越冬卵。

虫态历期：经饲养观察，虫态历期如表 4 - 19。

成虫羽化后从土室爬出，四处寻找寄主植物取食。早晚栖于草丛中，当日出土后，成虫爬至草面取食。午后 1 ~ 2 时活动最甚，行动敏捷，如遇风吹草动或物影晃动，即假死掉落草丛中，5 ~ 8 分钟后又行动。成虫飞翔力不强，一般只能跳跃式短距离飞行。

表4-19 虫态历期表（四川省马尔康县，1972）

虫态 虫期 （天） 期距	卵	幼虫	蛹	成虫
最多	350	47	15	66
最少	270	22	9	23
平均	290	34	12	41

成虫可多次交配，一生产卵约200粒。成虫雌雄比1:2.2。

卵一般产在1.00～3.00 cm土层内，常以20～30粒一堆，少数为单粒。卵堆外表无胶质物，稍加振动即散开。

幼虫孵化后，即向四周爬行寻食危害。危害时，先在植株基部钻入直至心部，然后向上蛀食。当茎心蛀空时，幼虫即转向爬出另害它株。一头幼虫可危害3～5株。一株植物上有幼虫少则1头，多则4头。幼虫老熟后，即在土中1.00～2.00 cm处做土室化蛹。

发生与环境条件的关系：与杂草多少的关系，凡耕作粗放，杂草丛生地块，皱异跗萤叶甲危害就重。据1973年调查，杂草多的玉米植株受害枯死率为38.00%，较草少的枯死率（1.690%）高57.90%。

与土壤质地的关系，土壤质地不同，作物被皱异跗萤叶甲危害轻重也不同。黏土地玉米受害率67.10%，较沙地受害率（4.20%）高94.00%。黏土有利于皱异跗萤叶甲活动，虫口密度较大，作物受害较重。

与作物播种期的关系，作物播种期不同，其受害程度有差异。早播（5月5日）玉米，植株受害率为80.00%，枯死率17.50%；迟播（5月15日）玉米，受害率33.00%，枯死率为3.20%。早播作物受害重于迟播，其原因可能出于播种晚的玉米苗期躲过了幼虫的危害。

2. 青稞萤叶甲 *Geinula antennata* Chen

形态特征

成虫体长形，雌虫体长7.50～8.00 mm，宽3.70～4.00 mm，雄虫体长5.10～6.20 mm，宽2.30～2.80 mm。头前胸及足淡棕黄色，杂有黑斑，头顶包括额颊及前胸背板除去前后缘部分，通常都呈黑色铜光；中后胸及腹部黑色，带铜色光泽；鞘翅铜绿色，中缝及端缝紫铜色；触角末端4节黑色，其余各节棕黄带黑色或黑底带棕。体背腹面均覆盖有相当密的灰白色短毛。头部触角之间的区域极阔；额瘤前后阔，与头顶无明确的界限；头顶刻点极密。触角细长，达到体长的3/4左右。雌雄差异很大。雄虫第1节棍棒形，长约为其阔处的2倍；第2节最小，近于球形，长不到第1节的1/2；第3节向端膨阔，呈三角形；第4节膨阔最大，像椭圆形或梨圆形；第5节稍形扁阔，长为阔的两倍；3~7节的形状不同个体颇有差异。雌虫触角较正常，仅第4节特长，较扁阔，端末4节与雄虫相似。前胸背板阔至少相当于长的2倍，前部阔于后部，四周边沿除前角附近外均具狭框。后缘中央或多或少凹进，有时很微，有时呈角状；表面两侧各有1个相当大的凹潭，中央有1条凹沟，不明显，一般在前部较阔；刻点密而小，较深，向后较皱。鞘翅短，端末裂开，腹部2~3节外露，膜翅完全消失。鞘翅无缘折，肩瘤明显。瘤内从翅基到翅端前有1条相当宽的纵沟，此沟有时只在翅中部前较明显，或化为2条较不明显的狭沟，变化不一；刻点极密，多皱，大小与前胸背板相仿，全部混乱不成行列。足长，胫节端末无刺；爪形处于双齿与附齿式之间，雌雄差异不很明显，但雄虫较近双齿式，雌虫较近附齿式。雄虫腹面尾端有1黑的三角形凹注。

卵初产时橘黄色，孵化前为黄褐色或黑褐色。椭圆形，长0.80~1.00 mm、宽0.60~0.80 mm。表面光滑。

幼虫初孵幼虫青灰色，老熟幼虫黄色，头部黑色，前胸背面和腹部臀板硬化，黑褐色。虫体各节背面有大小不等、形状各异的黑褐色斑点，中后腹部斑点，中后腹部斑点14个，腹部各节斑点1个，排列亦各不相同，每个斑点上生有刚毛。尾节有2个瘤状突起。

蛹为离蛹，鲜黄色，体长4.20~5.80 mm。

生活习性

青稞萤叶甲在四川省炉霍县1年发生1代，以卵越冬。在饲养条件下，越冬卵于5月下旬孵化，7月中下旬化蛹，幼虫期50~62天，平均为54.80天。蛹于7月上旬至8月上旬羽化为成虫，蛹期11~18天，平均15.40天。成虫取食交尾产卵于8月下旬至9月上旬后死亡，成虫期29~65天，平均44.30天。6月下旬至8月中旬产卵，次年5月中旬至6月上旬孵化，孵期267~335天，平均270.5天。1980年田间调查幼虫发生始期5月上旬，盛期6月中旬，末期6月下旬。蛹发生始期5月下旬，盛期6月中旬，末期7月中旬。成虫发生始期6月上旬，盛期6月下旬，末期9月上旬。与室内饲养条件下，基本一致。

青稞萤叶甲膜翅消失，不能飞行，迁移活动性不强，爬行活动半径25.00 m

以内。成虫出土后，爬至蒿类杂草上取食交尾，产卵前不离开入土。需补充营养，不取食者不能正常交尾产卵。成虫取食菊科臭蒿。假死性较强，受惊即从蒿草上掉落。雌雄比 1. 4∶1。交尾重叠式，交尾时间 6 ~ 7 分钟，可多次交尾。雌虫喜在疏松耕地中产卵，产卵前期 19 ~ 23 天，平均 21 天；产卵期 9 ~ 27 天，平均 19. 5 天。成虫多次产卵，每次产卵 1 ~ 24 粒，有的产卵次数多达 6 次。

卵分布在 5. 00 cm 以上表土层内，0. 00 ~ 3. 00 cm 土层占卵总数 82. 20%，3. 10 ~ 5. 00 cm 占 15. 60%，5. 00 cm 以下占 2. 20%。卵在土中数粒或数十粒堆积在一起，表面无覆盖物，多附着于土块，石块缝隙间和植物残根上。越冬卵的抗逆力很强，冬季长期低温干旱，无损于卵的生长发育。卵在土壤湿度 5. 00%、10. 00%、15. 00%、20. 00%、25. 00%、30. 00%、35. 00%、40. 00%的常温下越冬，均能孵化。

幼虫主要危害青稞，小麦被害较轻，也取食燕麦和鹅冠草。初孵幼虫较活跃，爬到寄主茎基部，从幼嫩部咬一圆孔蛀入取食。幼苗新叶萎蔫时，从茎的上方咬一圆孔钻入，在土中短暂停留或蜕皮后再蛀入新的植株取食。平均每条幼虫取食 4 根。老熟幼虫在植株根部附近筑圆形土室，在土室内化蛹。蛹分布在 10. 00 cm 以上耕作层内，0. 00 ~ 5. 00 cm 土层蛹占总数的 97. 30%，5. 10 ~ 10. 00 cm 占 2. 70%。

青稞萤叶甲分布在海拔 3 180. 00 ~ 3 460. 00 m 地区，石块黄土、石渣黑土、石块黑土虫口密度大、虫害重，其他土壤虫害轻。耕地边缘蒿类杂草多，幼虫危害重；坝地重于坡地；耕地四周重于中部，耕地下方重于上方。当年成虫发生高峰期的虫口密度，与次年的幼虫危害程度呈明显的正相关，当年成虫发生高峰期虫口密度大，次年幼虫危害重。幼虫危害程度与当年 4 月下旬至 6 月上旬降雨量呈明显的负相关。定地定点连续调查，在成虫密度变化不大的情况下，1985 年 4 月下旬至 6 月上旬降雨量 162. 20 mm，青稞被害枯心率 28. 58%；1986 年降雨量 112. 80 mm，青稞被害枯心率 49. 65%，1988 年降雨量 63. 90 mm，青稞被害枯心率 71. 72%。幼虫危害与降水强度、气温和当年进入雨季早迟等气象因素有一定关系，但不明显。

青稞萤叶甲被取食的杂草主要有：臭蒿 Artemisia hedinii，艾蒿 Artemisia argyi Levl，冷蒿 Artemisia frigida Willa，牛蒡 Arctium lappa L.，尤喜食臭蒿。

青稞萤叶甲的天敌是一种线虫，成虫被寄生后不能交配产卵而死亡，寄生死亡率有时高达 60. 70%。

3. **绿翅短萤叶甲** *Geinula jacobsoni* Ghkim

表4-20　青稞萤叶甲生活史（四川省炉霍县，1973）

月	1			2			3			4			5			6			7			8			9			10			11			12		
旬	上	中	下	上	中	下	上	中	下	上	中	下	上	中	下	上	中	下	上	中	下	上	中	下	上	中	下	上	中	下	上	中	下	上	中	下
生态历期															—	×	×	×	×	×	×	×			+	+	+	+	+	+	+	+	+	+			

注：·卵；——幼虫；××蛹；++为成虫。

形态特征

成虫体长 4.70~6.40 mm，体宽 1.90~2.50 mm。头前半部和足淡棕红色，头后半部、前胸腹板、中胸、后胸和腹部黑色。前胸背板前后缘黄褐色，鞘翅金绿色，有时蓝绿色。足腿节和胫节背部有黑条。触角 1~7 节黄褐色，每节背部染有黑褐色，末端 4 节黑色。头部中央具深纵沟，上唇较大，前缘中部凹陷很深，触角之间平坦，额瘤光亮，有时具细刻点。触角较粗壮，长不达翅端，第 1 节粗，短于 2、3 节之和，略长于第 3 节，第 4 节长于第 3 节。前胸背板两侧边框消失，仅基部明显，两侧缘向基部明显收狭，基部中部凹切显著，后角近于圆形；表面有 3 个清晰可见的凹痕，中部的前中央 1 个，两侧边各 1 个；刻点粗大，稠密，而且有毛。小盾片基部较宽，顶端很窄，平截，表面有毛。鞘翅皮革状，密布皱纹和短毛，雌雄爪形差别明显，雄双齿式，雌单齿式。腹部背面自第 4 节起外露，外露部分的中线长远短于鞘翅长度；雄虫腹板末节顶端中部有宽凹切，凹切之前为凹洼；雌虫该节顶端中部平截。

卵初产时橘黄色，孵化前为黄褐色或黑褐色，椭圆形，长 0.80~1.00 mm，宽 0.50~0.70 mm，表面光滑。

幼虫老熟幼虫体长 8.40~10.10 mm。初孵时青灰色，老熟幼虫体黄色，头部黑褐色，前后背板、臀板硬化，呈黑褐色。其余各节背面有大小不等、形状各异的黑褐色斑点，斑点上均生有刚毛。尾节具 2 个瘤状突起。

蛹离蛹，鲜黄色，长 4.1~5.0 mm。

生活习性

绿翅短萤叶甲在四川省炉霍县 1 年发生 1 代，以卵越冬，在饲养条件下，越冬卵于 4 月下旬至 6 月上旬孵化，卵期平均约 280 天。幼虫于 6 月中旬至 7 月下旬化蛹，幼虫期 39~56 天，平均 44 天。蛹于 6 月中旬至 8 月上旬羽化为成虫，蛹期 11~18 天，平均 12.40 天。成虫取食交配产卵后，于 7 月下旬至 9 月中旬死亡，成虫期 16~71 天，平均 47.70 天（表 4-21）。

表4-21　绿翅短鞘萤叶甲生活史（四川省炉霍县,1973）

月	1			2			3			4			5			6			7			8			9			10			11			12		
旬	上	中	下	上	中	下	上	中	下	上	中	下	上	中	下	上	中	下	上	中	下	上	中	下	上	中	下	上	中	下	上	中	下	上	中	下
生	·	·																																		
态										—	—	—	—	—		—	—	—																		
历													×			×	×	×	×	×																
期																+	+	+	+	+	+	+	+		+	+										
																						·	·	·	·	·										

注：·卵；——幼虫；××蛹；++为成虫。

1980年田间定点定期调查结果：幼虫发生始期4月下旬，盛期6月上旬，末期7月中旬。成虫发生始期6月上旬，盛期7月下旬，末期9月中旬。

绿翅短鞘萤叶甲后翅消失，只能爬行，最大活动半径25.00 m左右。群集于臭蒿、艾蒿、冷蒿、牛蒡上取食交尾，青稞、小麦、马铃薯苗上可以见到成虫，没有观察到取食。成虫取食期间，一般不离开寄主植物。假死性强。受惊时迅速掉落，过后又爬上去继续取食。雌雄比1.59∶1。交尾重叠式，交尾前，雄虫常重叠于雌虫身上停留较长时间，随着雌虫在蒿草上停留或爬行，交尾历时6～7分钟。在饲养条件下，雌雄成虫均可多次交尾，最多达8次。雌虫产卵前期13～30天，平均20.40天；产卵期7～39天，平均20天。每头雌虫产卵23～135粒，平均65.40粒。雌虫第1次产卵后，均再次出土取食交尾，产卵1～7次，平均3.60次，每次产卵1～35粒。卵主要分布在5.00 cm以上的土层内，3.00 cm以上占80.00%以上。幼虫喜食青稞，小麦次之，饥饿时取食野燕麦、鹅冠草。幼虫孵化后，爬行寻找寄主从幼苗基部咬孔蛀入取食，被害株萎蔫时，从茎的上方咬孔钻出，寻找新的植株，一般转株危害2～6次，平均约4次，幼虫老熟后，在5 cm以上的土层筑土室化蛹。

绿翅短鞘萤叶甲分布较广，在海拔2 900.00～3 700.00 m的黄土和卵石黄土地里危害。迄今未观察到它和青稞萤叶甲在同一地块混合发生危害。由于成土原因不同，土种分布互相交错，绿翅短鞘萤叶甲和青稞萤叶甲随之交错分布危害。幼虫危害程度与上年成虫发生量呈正相关，与当年4月下旬至6月上旬的降雨量呈负相关。

四、鳞翅目 LEPIDOPTERA

（一）夜蛾科 Noctuidae

夜蛾科害虫在我国已记录有1 500余种。夜蛾科成虫多夜间活动，体色一般较灰暗，喙多数发达，静止体减缩，普遍有大唇须，多有单眼，复眼大，半球形，少数肾形，光滑或有毛；额骨化很强，形状多样；触角有线形，锯齿形或栉形。胸部有毛或鳞片。中足胫节有1对距，后足胫节有2对距，某些种类胫节具刺，前翅翅脉属4叉型即M2自中室下角伸出，后翅有4叉型或3叉型，即SC和R脉基部部分合并，但不超过中室之半。

幼虫多为植食性，但有少数捕食其他昆虫。

某些成虫有吸果汁之习性，是山区果树一大难题；甚至某些成虫能吮吸动物或人类的眼泪。

本书记录了小地老虎、黄地老虎和八字地老虎及麦奂夜蛾。

地老虎种类繁多，全国已知170多种（陈一心，1986），其中以切根夜蛾属Eurxoa 和地夜蛾属 Agrotis 最多。甘孜州有3种：小地老虎 Agrotis ypsilon Rottemberg、黄地老虎 Agrotis segetum Schiffermuller 和八字地老虎 Agrotis cnigrum Linnaeus。

地老虎的形态特征

成虫体型中等，全身遍布鳞片或毛，灰褐色或黑褐色。头部有发达的虹吸式口器，上唇和上颚退化，下唇呈片状，下唇3节，下颚的内颚也发达，延伸极长，左右两片合成1条喙管，端部有很多味觉感觉器，静息时在头部下方蜷缩成发条状。

触角雌虫丝状，雄虫栉状或丝状具有纤毛，腹面有毛状和鳞状感受器多种。雄性触角的每根栉齿上都有极长的感觉毛，因此对性信息有很灵敏的嗅觉。在飞翔时触角总是平行地伸向前方，并且不停地摆动，静息时则紧贴在头的后方两侧。

复眼2只，半球形。每个眼面约有1万个小眼集合而成，最外层的角膜呈六角形。睫毛很少，下方是由6个细胞集合成的网膜色素细胞，中心部位组成视杆，下面有1层气管组成和反光层。最下方是基膜与基细胞。网膜细胞和基细胞

191

中都有大量色素。这些屏蔽色素还能随光的强弱面移动，与反光层一样都有强烈的反光性能，这种重叠型小眼结构，使地老虎在夜间微光线下能增加视觉的敏感性。

额的骨化程度较高，突起的形状是切夜蛾亚科各属的分类特征。

胸部 3 节，前胸背面有小形领片（翼片）2 片，中胸很大，有肩板和盾片组成，表面覆有鳞片和毛，犹如披着蓑衣一般。体外多处生有毛簇。前翅窄长，有翅脉 13 条；后翅较宽，有翅脉 9 条。前后翅都有明显的中室。前翅有环状纹、肾状纹、楔状纹和剑状纹，以及基横线、内横线、亚缘线和缘线等条纹。后翅有新月纹（横纹脉）。后翅前缘基部有翅缰，雄蛾 3 根，雌蛾 1 根。在前翅的腹面有簇毛形成的系缰钩，雄蛾在亚前缘脉处，雌蛾则在肘脉处。翅缰插入钩中，使前后翅在飞行时连成一体。

前足胫节上有净角器；中足胫节上有端距 1 对；后足胫节上还有 1 对中距；跗节 5 节。

卵多呈馒头形，表面有很多滤泡细胞分泌形成的刻纹，中央有个卵孔，是精子进入口，并具有通气功能。周围有菊花纹，再外围即有纵棱与横道组成，两纵棱间尚有很多沟。卵色随胚胎发育不同而异，初产时乳白色，继而转为橘黄色，最后变成黑色，孵化后留下白色卵壳。

幼虫呈毛虫式（蠋型），不活动时呈"O"形弯曲。头部较硬。唇基大，侵占了额的位置，形成一个三角区，有人称此区为"额"，而真正的额是唇基外侧狭窄的"人"字形区域，过去称为"额侧片"。

额的两侧是颊，后面为后颊，额与颊有明显的分界线，末端较阔，左右两端相距较远，它的距离与后颊宽度之比，称为"后颊指数"，是地老虎分类的另一个形态标志。

颊的前方有 6 个单眼，排列成一条弧形线，第 3、4 两个单眼的距离较近。

幼虫的头壳宽度，随龄期增加而变宽，通常用头宽来确定龄期，各龄期增长比例范围为 1.28～1.84。

幼虫口器属咀嚼式。上唇中部有 1 个缺口，前缘形成 1 条向内陷入的弧线。上颚强大，有主齿 5 个，另外还有 1 个腹齿。下颚和下唇合成一体，又称吐丝器。但大多数地老虎并不吐丝，小麦切根虫能在受惊时吐丝下垂。下颚须 3 节，其内侧为外颚叶，内颚叶缺如，上有感受器与较长的感觉毛。下颚须为负须节，具 1 根长大的刚毛，以下为茎节，也有 2 根长刚毛，再下即为轴节。下唇位于左右下颚之间，大部分与下颚的茎节、轴节相愈合。下唇后方是颏与亚颏。下唇须

2节，第1节粗大，第2节微小，上有1根粗大的刚毛。舌位于下唇的内面，为膜质突起，上有小刺和绒毛。

触角短小，位于单眼与上颚之间，共4节，在第2节侧面有2根细刚毛。端部除着生第3节以外，还有一个端部具8个乳突状锥形感受器，第3节与第4节各有1个锥形感受器。触角可向内缩入，也能迅速外伸。

胸部分前、中、后胸。前胸背板有1块骨化程度较高的前胸盾。各节表皮与腹部一样都具有很多微小颗粒或突起，在固定部位有较长的刚毛，初龄时尖端呈圆球形。具有高度灵敏的触觉功能。此外各节都有很多皱褶，各龄期至充分成熟时，体躯不断增大，穿越和皱褶也逐渐展平。

胸部仅前胸中后方有1对气门，其余都已退化。

腹部10节，表面粒突与色泽同胸部。臀节前面有一臀板，其色泽、花纹和形状是分类的一个依据。下侧是肛门，由肛上片、肛下片和肛侧片所组成，腹背面有毛片。

第1~8腹节侧面各有气门8对，初龄时近圆形，三龄以后呈椭圆形，第1与第7气门略向前移。前胸和第8腹节气门较大。气门缝内有很多枝刺，阻挡外界尘土或脏物侵入，故称筛板。

腹足5对，位于第3、4、5、6、10腹节上，最后1对又称臀足。一至二龄时第1与第2对腹足极小，近乎退化，至三龄后才发育完全，因此初龄幼虫行走如尺蠖，形成半球型运动方式，适应于未入土前的快速行走。至三龄入土以后，腹足发育完全，行走方式也变成逐节逐步前进。

腹足趾钩属单序中带，足掌可以收缩，使趾钩全部缩入膜罩内。各种地老虎的趾钩数都随龄期不同而异。王乔等（1983）测定，小地老虎的第3腹足各龄变化为：一龄6个，二龄7~8个，三龄9~11个，四龄12~14个，五龄15~17个，六龄18~21个。

地老虎的蛹属被蛹。头部分为头顶和额，但无明显界线。复眼位于触角与颊之间。触角起始于额，向左右两侧延伸。下唇须位于上唇的下方。下颚须呈半月形，位于复眼外侧，中足的上方。

胸部3节，腹面为附肢所掩盖，仅背面明显可见，前足位于下颚两侧，只有转节与腿节暴露在外，外侧可见到较长的胫节与跗节，中足只能见到胫节与跗节。前翅匙形，在腹面覆盖到第4腹节，后胸只在背面可见。后足仅跗节末端外露于下颚及中足下方。后翅也仅露一小部分。胸部有1对气门，位于前中胸间侧方。

腹部由10节组成，第1~4节腹面都被跗肢覆盖，第1~8节上各有气门1对，但第1节气门为后翅掩盖。腹节背部表面有很多颗粒状圆形凹坑，第10腹节来端有很多臀棘，腹面中央有肛门，雄性生殖孔位于第9腹节正中，雌蛹的第8节腹面下缘中央有交配孔，产卵孔与肛门紧密相连。雌蛹第8节腹面下缘中央有1个交配产卵孔与肛门紧密相连。另一个特点是第9腹节后缘呈锐角伸向前方成"Λ"形，后缘端部与第8节后缘接近；而雄蛹则大不相同，第8节后缘是平直的，互不接近。

三种地老虎的识别：

1. **小地老虎** *Agrotis ypsilon* Rottemberg

形态特征

幼虫体长37.00~47.00 mm，头宽3.00~3.50 mm。头部黄褐至暗褐色，变化较大，颅侧区具有不规则的黑色网纹。后唇基等边三角形，颅中沟很短，额区直达颅顶，顶呈单峰。体色较深，黄褐色至暗褐色不等，背线、亚背线及气门线均为灰黑色。表皮极粗糙，有皱纹，在手持扩大镜下就可以看到满布大小不等的颗粒，尤以深色处最明显。腹部背面对刚毛，刚毛基部的毛片要大两倍左右。气门片黑色，气门筛灰黑色。臀板黄褐色，有2条明显的深褐色纵带。有时褐色纵带不甚明显，可用其他特征来识别，如臀板基部接连的表皮具有明显的大颗粒，臀板上的小黑点除近基部有1列外，在刚毛之间也有10余个小黑点。

成虫体长16.00~23.00 mm，翅展42.00~54.00 mm。触角雌蛾丝状，雄蛾双栉状，栉齿逐节变短，及至触角的后半端则呈丝状。体翅暗褐色，前翅前缘及外横线至中横线部分（有时直达内横线）呈褐色，肾状纹、环状纹及棒状纹位于其中，各环以黑边。在肾状纹的外边有一明显的尖端向外的楔形黑斑，在亚缘线上则有2个尖端向内的楔形黑斑，3斑相对，易于识别，后翅着色很淡，为灰白色，翅脉及边缘呈黑褐色。

2. **黄地老虎** *Agrotis segetum* Schiffermuller

形态特征

幼虫体长33.00~43.00 mm，头宽2.80 mm。头部黄褐色，颅侧区有略呈长条形的黑褐色斑纹。后唇基的底边略大于斜边，无颅中沟或仅有很短一段颅中沟，额区直达颅顶，呈双峰。体淡黄褐色，背面有深黄色条纹，但不甚明显。表皮多皱纹，在手持扩大镜下看不出颗粒。腹部背面毛片略小于毛片，第1~7节的腹门小于其后方的L1毛片，第8节腹节气门则与后面的L1毛片大小约相等。

气门椭圆形，气门片黑色，气门筛颜色很浅。趾钩腹足为 12～21 个，臀足为 19～21 个。臀板具两块黄褐色斑，中央断开，小黑点较多，基部及各刚毛间均有分布。

成虫体长 14.00～19.00 mm，翅展 32.00～43.00 mm。触角雌蛾丝状，雄蛾双栉状，栉齿长而端部较浅，约达触角的 2/3 处，端部 1/3 为丝状。前翅黄褐色，全面散布小黑点，各横线为双曲线，但多不明显，变化很大，肾状纹、环状纹以及棒状纹都明显，各具黑褐色边而中央充以暗褐色。后翅白色，前缘略带黄褐色。黄地老虎与警纹地老虎罗相似，但可以由雄蛾触角栉齿长短及前翅棒形斑来区分。

3. 八字地老虎 *Agrotis cnigrum* Linnaeus

形态特征

幼虫体长 30.00～40.00 mm，头宽 2.00～2.50 mm。头部黄褐色，颅侧区有多角形的褐色网纹及 1 对呈"八"字形的黑褐色斑纹。后唇基等边三角形，颅中沟的长约等于后唇基的高。体淡黄黑色，背中线淡灰色；亚背线由间断的黑褐色条纹组成，从背面看形成 1 条倒"八"字形的斑，越到后面此斑越明显。毛片的内侧都有 1 略呈半圆形的黑褐色斑。从侧面看气门上线的黑褐色斜线与亚背线也组成"八"字形，气门片褐色而较直，气门线以下为灰白色，气门片黑色，气门筛灰白色。腹足上的趾钩 22～24 个，臀足为 33～41 个。臀板中央部分及两边缘颜色较深，但有的个体不明显。

成虫体长约 16.00 mm，翅展 35.00～40.00 mm。触角纤毛状。前翅灰褐色，由环状纹至次前缘为二角形大白斑，肾状纹线褐色，下边有黑边，因此较易识别。后翅灰白色，外缘带褐色。

生活习性

地老虎（地蚕、土蚕、切根虫）是我国的重要土居害虫，也是世界性大害虫，种类多、分布广、数量大、危害重。其中最重要的是小地老虎。在四川地老虎有：黄地老虎（*Agrotis segetum* Schiffermuller）、小地老虎（*Agrotis ypsilon* Rottemberg）、八字地老虎（*Agrotis cnigrum* Linnaeus）和大地老虎（*Agrotis tokicnis* Butler）。前 3 种在甘孜州（川西北高原）有分布。

成虫活动规律：地老虎成虫的羽化、取食、飞翔、交配和产卵等活动，多发生在夜晚，先后有 3 个活动高峰，第 1 次在天黑以后数小时内，第 2 次在午夜前后，第三次在凌晨前，有的一直延续到上午。

小地老虎羽化的时间，第 1 高峰在 18 时 30 分到 20 时 30 分，第 2 高峰在 23

时到次日 1 时，第 3 高峰在 3 时、4 时到 9 时，74.50% 的个体在 18 时 30 分到次日 2 时之间羽化。八字地老虎的羽化，19~20 时占 73.40%，21~22 时占 18.30%，22~23 时占 4.60%，下半夜占 2.80%。

当蛹发育到预成虫时，壳内成虫形态已经完全形成。

蛾子在飞行前先行振翅，胸肌温度随之上升，几秒钟或者几分钟后，即能立即展翅捷飞，气温越高则振翅时间愈短，一般未经振翅不会立即起飞，一旦胸温升高以后，遇到惊扰，就能迅速飞走。飞行时腹部上提，触角前伸，并且不停地抖动，3 对足紧贴腹部，翅前缘向下，然后往后划动，再绕"8"形向上提，如此反复。当快速飞行时，向后划动的速度加快。

小地老虎成虫在羽化后第 3 天，飞翔能力显著增高，速度 70.00 m/min，累计飞行距离超过 60.00 km。据贾佩华等研究，羽化当晚在飞行磨上就能连续飞行 15.50 小时，最高飞速分钟 90.00 m，平均累计飞行距离可达 80.00 km。飞行能力最高出现在 7~9 日龄时。5 日龄时雄蛾飞翔能力大于雌蛾，7~9 日龄时则相反，雌蛾开始产卵时飞行能力再次下降，这与越冬代迁入地诱蛾的结果是一致的。

地老虎蛾有明显的趋光性，扑灯时间在日落后 1.5 小时开始，20 时后蛾量增多，直到凌晨 2 时才逐渐减少，4 时以后不再扑灯。在实践中还发现气温对扑灯有影响，早春气温在 15 ℃ 以下，灯诱效力很差，在 10 ℃ 以下则诱不到蛾子。

补充营养：地老虎蛾羽化不久即能取食糖水，有明显的趋食糖、蜜和发酵物的习性。取食活动多在夜间活动节律内进行，特别是在长时间飞行之后，表现出特别强烈的取食欲望。早春在蜜源植物稀少时，蛾子常在有蚜虫蜜露的枝干上添刮，或成批聚集到糖醋液诱杀盆中取食，到黎明前才停止。雌雄蛾取食时间有所不同，雄蛾量整夜变化不大，雌蛾明显集中在午夜和凌晨 3 时前后，在这两个时间内雌蛾占总蛾量 70.00%~80.00%，其余时间只占 20.00%~30.00%。

交配与性冲动：地老虎蛾中无滞育习性的种类，羽化后 1~2 天开始交配，多数在 3~5 天内进行；多数地老虎在羽化 3~5 天内进行，八字地老虎在羽化 3~8 天才交配。小地老虎迁入型蛾子迁入地大部分已经交配。一般在蛾龄 6~7 天后就逐渐停止交配并进入产卵盛期。交配 1~2 次最多，少数交配 3 次，个别交配 4 次。大地老虎交配 1~2 次的占 90% 以上。

产卵：地老虎雌蛾在交配后 2~7 天内产卵最多，八字地老虎羽化、交配后经 3~4 天产卵。

大多数卵集中在夜间活动时产下。雌蛾在产前频繁活动，寻找合适的产卵处所，不断振翅与择选，并伸出肛乳突进行探索，选择表面粗糙的物体（如土粒或枯草棒）或多毛的叶子反面。卵大多散产，少有数粒叠在一起的。大地老虎多数散产，少数2~3粒集中在一起。

地老虎的产卵场所因季节或地貌不同而异，如以小老虎为例，杂草或作物未出苗前，有很大一部分落在土块或枯草棒上，寄主植物丰盛时，则产在植株上较多。

幼虫　孵化与蜕皮：幼虫在孵化时咬破卵壳，并能吞噬部分卵壳。幼虫一般6龄，个别种类7龄。各龄在蜕皮前停食1~2天，排空肠道，当新皮形成和老皮被消化时，虫体变淡发亮，蜕皮前数小时，新表皮内开始沉积，体色又逐渐变深。临蜕皮时虫体伸直，停止活动，几分钟后头部首先从蜕裂缝处伸出，以后逐步前伸，旧表皮向后蜕去。头壳在蜕皮后数分钟内迅速扩大，2小时后完成暗化与鞣化。

活动与趋性：地老虎幼虫平时呈"O"形蜷曲，在活动时受惊或被触动，立即减缩。1年发生1代的地老虎行动缓慢；1年多代的则行动快速，生长发育也较迅速，并有集群迁移习性，速度每分钟能达1 m多。小麦切根虫初孵幼虫有在聚集的习性，受惊即吐丝下垂，逐步分散。

各种地老虎幼虫一至二龄都呈明显的正趋光性，三龄以后逐渐逆转，四至六龄表现出明显的负趋光性，即喜背离光亮趋向黑色或暗处的习性。因此，三龄以前多潜居在植物心叶内或茎头上危害，三龄以后才潜入土下。由于地老虎幼虫具潜土习性，土埋并不能使幼虫死亡。

危害习性与危害状：不同种类或不同龄期的地老虎，危害习性略有差别，归纳起来有下列几类。

咬食种芽，危害玉米、棉花等多种作物，如在地老虎盛发期后发芽，常在萌芽时期就会受到危害，被咬食的往往吃空种子，使子叶不能出土成苗，山东济宁地区农民称此为"堵门喝"。

啃食叶肉，一龄幼虫危害叶片时只吃叶肉，残留表皮和叶脉，在叶面造成一个一个小"天窗"；在高粱和玉米叶上形成条斑；在甘薯和棉花叶片上形成小圆点或圆形穿孔。

枯心死苗，当玉米和高粱长至15.00 cm高度时（三叶期）茎秆已经变硬，地老虎在其茎基部咬一个小洞，将头钻入洞内取食，造成枯心；如果低龄幼虫危害部位低，心叶受害后尚能继续生长，在抽出的新叶上出现一排孔洞，严重时使玉米萎蔫，如黄地老虎都有这类危害状。

蛹 地老虎老熟幼虫进入预蛹时，选择比较干燥的土层，停食并将肠道内食物排空，虫体缩短，不再呈"O"形弯曲。由于水分减少和脂肪积贮，虫体呈现蜡黄色，这时称预蛹期，开始营造蛹室。把周围纤维性物质咬碎，从口内排出大量液体，再以潮湿的身体作快速旋转运动，如此反复多次，使土穴周围泥土粉刷成土墙，一个椭圆形土室即告完成，这时虫体进一步缩短，再遇不得条件也不易迁移。蛹有一定的耐淹能力，在前期即使水浸数日，也不至窒息而死，只有在进入预成虫期后，才容易因淹水而引起死亡。

小地老虎生活史

小地老虎任何虫态都无滞育现象发生。1 年发生世代与温度有关：年平均温度 25 ℃条件下，1 年可以发生 6 ~ 7 代。由于小地老虎在不同时间、不同空间要通过迁飞才能完成其生活史。因此，在一个地区很难系统的观察到它的全部世代，各地生活史也不甚完善。

小地老虎的年生活史因地势、地貌、垂直气候不同而异。据报道，小地老虎全世代发育起点温度为 11.84 ℃，有效温为 504 日度，海拔 1 000 m 左右，年平均气温大于 14 ℃，全年积温 10≥4 000 ℃，1 年可发生 4 代左右。

年平均气温 5 ~ 12 ℃，全年积温 10≥3 000 ~ 4 000 ℃，1 年可发生 3 代。

年平均气温 6 ~ 9 ℃，全年积温 10≥2 000 ~ 3 000 ℃，1 年可发生 2 ~ 3 代。

附：积温的计算方法及其应用

昆虫完成某一虫态发育的需要的有效温度积数，在理论上这个积数为一个常数，即：

$$K = NT, \cdots\cdots\cdots ①$$

由于发育速率（V）$= \dfrac{T}{N}$，因此，发育速率：

$$V = \dfrac{T}{K}, \cdots\cdots\cdots ②$$

一般昆虫的发育起点温度在 0 ℃以上（$T - C$），故式①应为：

$$K = N(T - C), \cdots\cdots\cdots ③$$

式中，C 为发育起点温度，N 为生长发育所需要的时间（天），K 为有效积温（通常用日●度表示），T 为平均观察温度。

已知 $V = \dfrac{1}{N}$，将 V 代入式③得：

$$K = \dfrac{T - C}{V}, \quad VK = T - C, \quad T = C + KV, \quad（发育速率与温度的关系）由此代入最$$

小自乘方，求 C 和 K 的公式：

$$K = \frac{n\Sigma VT - \Sigma V \bullet \Sigma T}{n\Sigma V^2 - (\Sigma V)^2} \qquad C = \frac{\Sigma V^2 \bullet \Sigma T - \Sigma V \bullet \Sigma VT}{n\Sigma V^2 - (\Sigma V)^2}$$

计算发育起点（C）的标准差（St）公式：

$$St = \sqrt{\frac{\Sigma(T - T')^2}{N}} \quad\cdots\cdots\cdots\cdots\cdots\text{④}$$

式中，n 为处理项目，Σ 为总和号，T' 为计算值（$T' = C + KV$）。

以数种不同温度（T_n）下的发育历期（N_n），推算发育起点（C）公式：

$$C = \frac{T_n N_n - TN}{N_n - N} \quad\cdots\cdots\cdots\cdots\cdots\text{⑤}$$

变温下发育起点温度与有效积温的加权计算法：

对在室温下饲养的昆虫进行有效积温与发育起点温度计算时，由于多是变温条件中观察的，而变温的不同组合常与恒温不同。如在高低变温下，昆虫的发育速度不同于这两种高低温度的平均数，而可能出现几种情况：若一种温度高于适温，而另一种温度介于起点温度与适温之间，则发育速度受到抑制；若一种温度低于发育起点温度，另一种温度介于起点温度与适温之间，则发育速度将加快；若两种温度均介于发育起点温度与适温之间，则发育速度的快慢将决定于其他气象因素。再则，在室温下常会受到其他因素干扰，个体间出现差异。因此，为消除这种差异的影响，用加权计算法较为适宜。即按照加权平均的原理。把原始资料分组列表，试验个体数为权数（f），分别乘 N、T、N^2、NT 项中。C 与 K 值分别根据下式求得：

$$C = \frac{\Sigma f \Sigma(fNT) - \Sigma(fN)\Sigma(fT)}{\Sigma f \Sigma(fN^2) - [\Sigma(fN)]^2} \quad\cdots\cdots\cdots\cdots\cdots\cdots\text{⑥}$$

$$K = \frac{\Sigma(fN^2)\Sigma(fT) - \Sigma(fN)\Sigma(fNT)}{\Sigma f \Sigma(fN^2) - [\Sigma(fN)]^2} \quad\cdots\cdots\cdots\cdots\cdots\text{⑦}$$

N 与 T 为发育日期数及温度，f 为权数，Σ 为总和号。

在计算前，先将观察资料分别按个体发育期间日平均气温累加，再将总积温进行分组，列成次数分布表，然后按上式计算 Σf、$\Sigma(fT)$、$\Sigma(fN^2)$、$\Sigma(fNT)$。

发育起点标准差（C）计算方法同式④。

积温法则在计算害虫在不同地区的发生代数，预测发生期以及释放天敌时间等方面，有相当的准确性，但也有一定的局限性。这是因为温度与发育速率的关系仅在一定的温度范围内才呈正相关，而自然界的温度不可能总是在适温内变动。同时，在变温情况下，昆虫的发育速度较恒温下快，并非等于变温的平均数。其他昆虫栖息的小气候条件总是与气象资料有差异。对于滞育现象的昆虫，仅仅根据有效积温来计算发生世代或出现时期是很不准确的。因此，必须结合其他因素来综合分析，否则就会发生错误。

温度对昆虫寿命和繁殖的影响：昆虫的寿命与温度的关系，呈一非对称性的曲线，在低温临界带或高温临界带，昆虫发育将迅速停止或死亡，寿命迅速缩短；在低温临界带时发育最慢，寿命很长；在适温范围内，寿命随温度的升高而缩短；在适温点附近发育最快、寿命亦最短；由适温趋向变温，昆虫发育速率趋向延缓，寿命延长；而当越过高温临界点时，发育停止或死亡。

昆虫性成熟期与产卵前期的长短与温度的关系：在适温范围内，温度愈高，性成熟期和产卵前期越短，而最高生殖力仅限于较狭的温度范围内。过高的温度，常常引起不孕，特别引起雄性不育。高温也影响雌雄交配和产卵活动。在低温下，昆虫寿命虽长，但成虫多因性腺不能成熟或不能进行性活动等生死障碍，而很少产卵。

极端低温和极端高温对昆虫的影响：冬季最低温度在各地的分布、出现时间、持续时间、出现频率和振幅常是决定某些昆虫的分布和影响下代虫口数的主要原因。在某一地区正常越冬的昆虫，其抗寒性也是很强的，这主要是由昆虫的生理状态所决定的。昆虫在越冬前，活动减少，新陈代谢水量降低，体液内的盐分及胶体增加，体内水分和胶质物质关系改变（游离水减少，结合水增加），在活动上和生理上发生一系列反应。由于脂肪、糖类和结合水不易被低温所冻结，而积累的脂肪和糖类越多，抗寒力也越强。即使昆虫处于冷昏时，部分体液已经结冰，只要温度恢复到适温范围内，它还能够恢复正常生活。寒冷致死常常发生在秋暖骤然降温，由于虫体来不及准备越冬，或遇倒春寒，复苏的昆虫已解除越冬状态等时。

小地老虎各虫态期

小地老虎完成一个世代即需日期与温度呈相关关系，在 25 ℃ 条件下，完成一个世代需 50 天左右，其中卵期为 5 天、幼虫期 20 天、蛹为 13 天、成虫 12 天。下面将各地资料汇集起来，供参考：

表4-22 小地老虎不同世代各虫态历期

世代	卵期（天）	幼虫期（天）	蛹期（天）	成虫期（天）	全世代（天）	平均温度℃
1	3	26.50	14.50	13.70	58.90	20.80
2	3	24.60	10.60	9.80	48.40	27.90
3	2	15.50	10.50	10.00	42.40	26.30
4	2	21.00	10.80	9.90	44.50	29.30
5	3	24.50	11.00	8.00	46.20	26.30
6	3	24.00	17.40	9.30	54.10	23.50
7	8	45.90	38.10	12.70	99.50	16.30

据报道雌蛾产卵前的发育地点温度为12.4℃，有效积温48~93℃（张孝羲，1979）；雄蛾比雌一般要早1天左右，但雌蛾寿命又比雄蛾长。

在变温条件下：第1代在温度24.20℃下为5.30天，第2代在温度26.60条件下为3.80天，第3代在温度37.70℃条件为2.60天，第4代在温度26.20℃为4.90天，第5代在温度11.60℃条件下为19.10天。

各代幼虫发育起点温度（℃）和有效温分别为：第1代9.94℃和43.50日度，第2代为10.63℃和29.62日度，第3代为12.06℃和25.20日度，第4代为11.58℃和29.36日度，第5代为10.76℃和43.04日度。

表4-23 小地老虎幼虫不同温度下的发育历期

温度℃	一龄	二龄	三龄	四龄	五龄	六龄	全世代（天）
15	3.50	7.10	8.80	8.70	9.00	24.00	68.90
20	3.90	3.20	3.40	4.00	4.60	12.70	32.10
25	2.80	2.20	2.20	2.50	3.10	10.70	23.10
30	1.90	1.90	1.50	2.00	2.70	7.40	1.70
35	1.70	1.40	1.30	1.70	2.20	8.00	16.60

据南京农学院（1960）报道，预蛹为2~4天，蛹期15~20天，平均为18天，雄蛹比雌蛹短1~2天；越冬期为蛹，只有在日平均11℃以上，可缓慢发育，但羽化条件需要求气温要高于这个温度才能羽化。

越冬：当1月份平均气温高于8℃地区，才能继续生存、繁殖和危害，主要危害蔬菜类作物，在温度0.40条件下，各种虫态在田间存活率仅为11.70%左右，在比较寒冷的地区，在秋季均无法找到虫源，它们在低温来临之前都迁往南方去了。

关于小地老虎的迁飞

综合国内外众多研究资料，王荫长（1986）首次提出小地老虎在春季与迁飞昆虫黏虫有同步发蛾现象，后来因国内通过标记释放回收方法，也证明小地老虎是一种迁飞性害虫。小地老虎的迁飞特点：在一定范围内蛾量有突增、突减现象；大多数成虫在迁飞前（雌）卵巢全未成熟，但到了迁飞地后，（雌）蛾的卵巢已处于成熟阶段；小地老虎迁入一个地区以后，经过繁殖1代后，大多数成虫又迁飞到另一个地区繁殖和危害。

小地老虎迁飞明显地受温度的制约，当气温低于8℃时，一般不迁飞，超过8℃时先通过数秒的振翅，使胸部温度增高进而才能进入飞行状态。经实验证明，小地老虎一次迁飞距离可达1 000.00 km，估计要6天左右。

小地老虎在我国不仅存在南北方向或东西方向迁飞，而且还存在垂直迁飞，在印度常有大量蛾子在夏季迁入喜马拉雅山地。而在我国，小地老虎能够迁飞到西藏高原（王荫长，1986），所以作者认为甘孜州各地是小地老虎存在危害的地区，旷昌炽先生（1982）在贡嘎山考察了小老虎垂直迁飞，发生在秋季山上山下虫量很大，8月间在海拔4 000.00 m以上的山上诱到了小老虎成虫。

小地老虎越冬代蛾发生与第1代数量消长的关系

在我国大部分地区的小地老虎越冬蛾都是由南方迁入的，属越冬蛾与1代幼虫多发型，四川省各地亦是如此，这一现象与温度相关。一般来说，越冬代成虫的出现期，主要决定春季2、3月份温度的变化，早春适宜成虫活动温度（8℃）来临早，当1代幼虫出现即早，反之延迟。一般在4~6℃时开始活动，10~16℃时活动最盛，20℃以上时活动又趋于减弱。

地老虎的天敌

据报道，地老虎的寄生性和捕食性天敌约20种。要主有以下几种：

甘蓝夜蛾拟瘦姬蜂 *Neteliaocellaris* Thomson

夜蛾齿唇姬蜂　*Campoletis* sp.

夜蛾瘦姬蜂　*Ophion lutens* Linnaeus

夜蛾细颚姬蜂　*Enicospilus ramidulus* Linne

黄带并区姬蜂　*Perocormus generosus* Smith

土蚕大铁姬蜂 *Eutanyacra picta* Schrank

土蚕大凹姬蜂　*Ctenichmauon punzari* Suzukii

小地老虎大凹姬蜂　*Ctenichneumon* sp. Matsumura

伏虎茧蜂 *Meterus rubens* Nees

中华星步甲　*Calosoma chinense* Kirhy

爪哇气步甲　*Pheropsophus javanus* Dejean

三叉屁步甲 *Pheropsophus occipitalis* Macleay

小地老虎的测报与调查方法

诱蛾工作在日均温接近 5 ℃开始，到越冬代结束时为止。每个测报站设置两台诱器，每天早晨检查诱到的雌蛾与雄蛾，记录蛾量与性比。除使用诱器外，也可用 20W 黑龙光灯诱测。早期气温较低的蛾子上灯率较低，但在后期，蜜源植物纷纷开花时，灯光诱蛾的效果超过诱捕器，因此诱捕器与灯光应相互补充。

在发蛾开始后，数量突增的日期为盛发期，更大的突增日即为发蛾高峰日，或为高峰期。全代有 3～4 个蛾峰。

近年来有的测报站用性信息素诱蛾，优点是灵敏度较高，缺点是无法诱到雌蛾，因此只能作为辅助方法。

成虫诱集：小地老虎越冬代蛾的诱测，目前仅限于迁入地，多数测报站都结合黏虫诱测一起进行。简单的诱蛾器钵或瓦盆即可，标准的白铁皮制作，全器分筒罩、底盘和诱剂皿 3 部分。筒罩为圆筒形，高 35 cm、直径 31 cm，罩壁开有几个大小相等、向内凹陷的一长孔，以便诱蛾飞入，但可防止逃出。筒罩上有盖，下端无底，仅置于一个活动的底盘上，罩内放诱剂皿，夜间将皿敞开，使诱剂气味四溢，白天可盖上盖子，以免诱剂挥发。诱捕器用糖、醋、酒 3 种成分配制而成。全量用白酒 125.00 g、水 250.00 g、红糖 375.00 g、醋 500.00 g，并加农药少许，常用的农药是敌百虫。

雌蛾卵巢发育进度的检查：将诱到的雌蛾，剖腹检查交配情况与卵巢发育进度。检查交配率用交配囊内精包数来判断。卵巢发育进度用五级分类标准统计。根据卵巢级级别，便可准确推算出产卵盛期和高峰期，并根据雌蛾比例预测当年卵量。但从糖醋诱器中检出的蛾子，往往已在田间产过卵，因此不能单从剖腹检查得到的结果来预测卵量。

1 代卵和幼虫的调查：为了掌握卵和幼虫的发生动态，可根据当地种植作物的类型（单作、套作和休闲地等不同茬口安排）与自然环境，选择杂草较多、常年发生较重的春播作物，固定 1～2 块观察田，从越冬代蛾始盛期起到产卵末期为止，每 3 天 1 次，调查田间卵量和幼虫量。调查取样方法因地而异，每次每块地随机取样 9 点，每点 33.00 cm^2，检查点内的土面、枯根须和枯草棒上的卵粒数，同时检查杂草或作物叶子反面的卵和幼虫，以及心叶内的幼虫。根际附近有时也有幼虫，应避免遗漏；干旱地区，可在固定地块内5点取样，调查当地主要寄主植物共100~200株，检查卵和幼虫数量。为准确预测卵的孵化日期，可将卵按发育进度分为5级（表4-24），分别统计卵的孵化率、各级卵和各龄幼虫的百分率。

$$孵化率(\%) = \frac{幼虫总数（或卵壳数）}{虫和卵总数} \times 100$$

$$某级卵率(\%) = \frac{某级卵数}{虫和卵总数} \times 100$$

$$某级幼虫率(\%) = \frac{某龄幼虫数}{虫和卵总数} \times 100$$

在样点内如未查到幼虫，可将卵壳统计在内。每次调查虫、卵总数不应少于30头（或粒），如果样点内数量不足，可在点外取样补足。

有的地方习惯用淘卵法，能调查出植物上和土面上绝大部分卵粒数但费工较大，不宜在水源缺乏的地区进行。

也用棕丝把或棕片诱卵，获得较好的效果。方法是将棕树皮撕成丝状，截成长15.00 cm，一端捆扎成束，直径0.50 cm，并将棕丝把绑在木棒上，插入田间，每块地插50~100把。棕片诱卵，或将棕皮拉成网状，平放在绿肥或其他小地老虎喜爱的作物上，中间插一根竹扦固定，每隔5 m插1片，每亩50~100片。据崔鹤如（1982）介绍，全代100片棕片可诱卵1 000多粒。诱卵从4月上旬开始，每日下午5时前检查落卵量和发育进度。

危害情况调查

当幼虫孵化后，为了掌握田间虫口密度和确定防治与否，选择不同受害田块计算受害率与死苗率，如玉米查200株；条播作物，查10.00 m长的单行5条。

发生期预测

小地老虎第1代发生期早晚与春季2~4月气温关系很密切，春季气温高，发蛾早，卵和幼虫发育进度快，发生期和防治适期相应提早；反之，则晚。短期预测中使用最多的方法是期距法。从田间在到卵的高峰日起，根据气象预报，并查到该温度下卵的历期，即可推算出孵化高峰期，加上一龄幼虫历期，即为二龄幼虫盛期。期距法也可用蛾峰日来推算。另外，根据卵的发育进度，可从不同级的卵及其比例来推算盛孵期或高峰期。

表 4 - 24　小地老虎卵的分级及历期

级别	卵色	距孵化天数	
		15 ℃	18 ℃
一	乳白	11.00	7.80
二	米黄	8.50	7.00
三	浅红斑	6.00	5.50
四	红紫	3.00	2.30
五	灰黑	0.50	0.50

根据卵的级别，用期距法推算孵化日期，算出 80% 卵孵日期，可作为防治适期预报。

积温法也是常用的短期预测法，用 $N = \dfrac{K}{T - C}$ 公式推算卵期和幼虫期。N 为所测虫态的历期，K 为一该虫态有效积温值，T 为预测期内平均气温，C 为发育起点温度。这个公式经常用来预报卵孵期。

小地老虎发生期的中期预报，已经在一些测报单位试用，积累了不少经验，大多用 5 年以上的经验数值，从越冬代第 1 次蛾峰到防治适期的平均期距，进行推算。

小地老虎为迁飞性害虫，上述方法仅作为迁入地所用之方法。

地老虎的防治

地老虎类害虫是多食性害虫，寄主种类多，特别是小地老虎，具有远距离迁飞习性，发生量大，危害时间比较集中。高龄（幼虫）期害虫，食量大，给多种作物造成极大危害，因此应采取除草去虫、诱蛾灭虫、人工捕捉以及盛发高峰期采用化学防治等综合手段防除。

小地老虎多发生在多涝洼地，在甘孜州的低洼河谷地段，应充分做好防积水，以减轻小地老虎的发生。杂草是地老虎产卵的寄主，也是幼虫迁往农作物危害的桥梁，用选择性除草剂及时防除杂草，是减轻地老虎危害的重要手段之一。

利用小地老虎的趋性进行诱杀成虫：黑光灯诱杀成虫；糖醋液诱杀。

人工捕杀，于清晨在断苗窝内扒开表土，捕杀幼虫。

药物防治：三龄幼虫之前用 90% 晶体敌虫 0.50 kg 兑水 1 000.00 kg 喷雾，三龄以后采用药液灌窝；大龄幼虫期用 90% 晶体敌百虫 150.00 g 兑水 1.50 kg 与切碎的新菜叶（或鲜草 30.00 ~ 50.00 kg）均匀拌和，于傍晚均匀撒在作物窝周围（窝脚）4 ~ 5 片，每亩 10.00 ~ 15.00 kg，持效期在 10 天左右。

4. 麦奂夜蛾 *Amphipoea fucosa* Preyer

形态特征

成虫体长约 1.80 cm，翅展 3.50 cm，全体深灰褐色或黄褐色。复眼深紫褐色。触角丝状。前翅比后翅窄，呈三角形，翅上密被鳞毛，形成色斑。前翅中室后缘有 1 肾形纹，中室前区有 1 小圆点，颜色为金黄、淡黄和银灰，直径约 1 cm。肾形纹和环纹颜色一致，个别环状纹比肾形纹色深。后翅灰色，无色斑。

卵为扁圆形，奶油色，有塑料光泽，直径约 0.50 mm。卵粒上面正中突起，周围稍凹陷，有向周围放射的纵线，无横脊。底面线纹呈网络状。

幼虫体色淡红至淡紫色，也有的为绿红色，老熟幼虫长 2.6 ~ 3.3 cm。幼虫体上有明显的背线、亚背线、气门上线、气门线和气门下线等纵线条纹。化蛹前乳黄色，纵线不明显。胸足端有趾勾 1 枚。腹足趾勾中列式、单序，向外。体毛为原生毛。老熟幼虫最后身体变得僵硬，体形变为头、胸节肥大，腹节从前至后逐渐变细，具有蛹的雏形。

蛹为被蛹。初化蛹时黄白色，约 12 小时后变成棕红褐色，长约 2.20 cm。腹部 10 节，能活动的 5 节。腹节末端有臀棘 2 枚，形成一叉状突起。

发生规律

麦奂夜蛾在甘孜州新龙县 1 年发生 1 代，以卵越冬。越冬卵 4 月中旬开始孵化，幼虫 5 龄，幼虫期 50 ~ 60 天，其中一至四龄约 40 多天，每龄 9 ~ 12 天，末龄期 12 ~ 16 天不等。老熟幼虫于 6 月上旬至 7 月上旬化蛹，蛹于 8 月上中旬羽化，蛹期 35 ~ 37 天，成虫产卵后死亡。

羽化的成虫潜伏于作物间草丛下静止不动，普通光及糖醋液未曾诱捕到成虫，从饲养观察中也未发现补食现象。晚上 11 点钟以后比较活跃，交尾前雌雄成虫互相追逐（爬行与扑腾），交尾后雄蛾 3 天左右死亡，雌虫静伏不动，24 小时后开始在草丛中寻找产卵场所。卵散产或成团产在土粒间枯草卷筒内，团块一般 3 ~ 15 粒，多的达 40 余粒，状如葡萄。成虫喜在湿润的环境产卵，产卵后随即死亡，经饲养结果雌雄比为 1∶1.6。

卵壳坚实，不会因耕作而受到机械损伤。耐干燥和低温，卵在土内或室内培养皿内经一冬春干燥严寒处理不会丧失生命力，仍能孵化为幼虫。

幼虫 4 月中旬陆续孵出。一龄幼虫主要在地面危害幼苗心叶，二龄幼虫陆续蛀入幼苗内部取食。蛀入的方式有两种，一种是沿心叶与外面叶鞘之间蛀一道细细的孔道一直达到生长点处，随后掉头向下一直吃到接近土表的地方；另一种方式是沿植株向下爬到接近生长点处直接进入茎内，先向下吃掉生长点，再向上吃到接近地表面。当它们吃掉一株后就从被害苗中爬出来到另一株新苗蛀食，一头幼虫可危害幼苗 12～15 株。从一株迁往另一株的过程都在晚间进行。三龄以上幼虫由于体型较大，食量倍增，往往一昼夜就会吃掉一株幼苗，是幼虫的暴食期。四龄以后多数幼虫因形体粗壮，茎秆内不能容身，除少数继续吃、住、排泄在暂能容身的茎秆内外，其余大部分都在麦苗基部附近做土室，吐丝将粪便、食物残渣、泥粒黏成茧，平时在土茧中休息，取食时再爬出去，最后在土茧内化蛹。幼虫专食青稞、小麦，食物不足时可增至 6～7 龄，龄期缩短，幼虫期延长；食物严重不足时，幼虫有时被饿死，或化蛹不能羽化。

生活习性

影响麦奂夜蛾发生危害的主要因素是食物，幼虫专食青稞、小麦，每亩虫口密度 2 万头以上，食物不足，常引起幼虫迁移，甚至饿死；雨水过多，土壤达到最大持水量时，幼虫因窒息死亡率达 80.00% 左右；地表温度高于 30 ℃时幼虫窜出地面乱爬，引起自然死亡。故在甘孜州新龙县只在海拔 3 200.00 m 以上地区发生危害。天敌有红嘴乌鸦、喜鹊、寄生蜂、寄生菌等。

防治方法

麦奂夜蛾以幼虫危害青稞、小麦。幼苗初期心叶出现小圆孔和小缺口，在心叶与大叶之间留下黄绿色细小粪便粒，以后心叶萎蔫变黄，枯心叶下端可见被蛀断的伤痕，拙出枯心苗可以在地下部分茎秆内找到幼虫，后期全株变黄，地下部分被啃食精光。虫害严重时常常造成整片麦苗变黄，颗粒无收。甘孜州新龙县通宵乡 1971 年发生虫害面积 193.00 亩，毁种面积 13.00 亩；1982 年虫害发生面积扩大到 737 亩，毁种 345.00 亩；1983 年全县虫害发生面积 7 000.00 多亩，成灾 3 100 亩，达到毁种无收 880 亩。

在有条件的地方和麦奂夜蛾发生严重的地方，可以实行青稞等麦类作物与豆类作物和油菜轮作，以减轻或控制其危害。

秋收后实行深耗（翻）、深耕，深翻深度 15.00 cm 左右，可以消灭一部分越冬卵和来年初孵化的幼虫；青稞和荞麦类作物收后将其在茬收拾干净，集中做沤肥（烧掉，但要注意环境污染）。

青稞三叶期与麦奂夜蛾幼虫危害盛期相吻合，此时可以采取灌水的方式，一则可以使土壤黏结，对其幼虫活动不利，直到防治目的；二则也可以解决青稞需水的问题。

在青稞集中种植区，可以安装黑光灯诱杀成虫于交尾产卵前。

在麦奂夜蛾发生的地方，用 4% 辛硫磷颗粒在拌种时一同撒入土中，可以很好地杀死初孵化的幼虫，防效达80.00%以上；或可用48%毒死蜱乳油制成毒土（方法是先将48%毒死蜱乳油兑水10.00倍稀释，然后再喷于事先备用的100.00 kg细泥土上拌匀），均匀撒于播种沟内。

五、土居害虫的测报与防治

（一）土居害虫的测报

土居害虫的调查方法，与土壤动物的调查取样方法基本相同，从21世纪初便陆续有报道。取样的方法：常用"土壤抽样器"采集，样本的大小和取样深度因对象大小而异（有的样心直径为20.00 cm），"土壤抽样器"经多次进行了改进，用4块可拼凑活动的铁板，3块同样大小，另1块矮小，取样时，将铁板装成方形，打入土中，从矮的一块铁板处分层取样。一般为20.00~25.00 cm^2，深25.00~35.00 cm。近年还不断有利用马铃薯、胡萝卜等进行诱测，以了解田间虫口密度的方法。

在田间取样后的样本，如何将虫体分离、检查出来，可采用过筛法、淘洗法、利用浮力作用（即在水中加入某些盐类如硫酸镁，使淘洗时的虫体浮于水面）和装置有灯光和漏斗等组成，利用昆虫的趋性使其分离。

田间检查土居害虫的虫口密度还有其他方法，如调查蛴螬时，利用小型犁掘土，两人1小时可检查长100.00 m、宽30.00 cm、深2.00~3.00 cm的范围。

上述的调查取样方法，多从研究角度考虑，一般费时费工。根据当前的实际情况，调查土居害虫虫种和密度的基本情况时，主要仍采用挖土法（针对蝼蛄、金针虫、蛴螬等较大型种类）。作者做大面积调查，共挖查15 604个样方（每样50.00 cm×50.00 cm×30.00 cm），结合农业区划和土壤普查的结果进行的，这样很快便了解全区的基本情况，为防治提供了依据。这样调查，在当前还是可行的。

土居害虫调查的目的，主要是了解当地的种类、分布、虫口密度等，作为防治的依据，从研究土壤内的昆虫相角度出发，也应进行系统调查。调查时要考虑土居害虫的特点：

土居害虫在土壤中的分布，除受虫种生活习性的影响外，还受土壤种类、地势、土壤肥力、水田旱地、植被、气候条件等的影响。

　　土壤（地下）昆虫调查无自然抽样单位，只有人为抽样单位。而地上昆虫有自然抽样单位，如一个枝条、一张叶片等，故某些土居害虫种类的成虫如金龟子、象甲，因在地上活动则有自然抽样单位。

　　调查时要考虑土居害虫在土中的分布型，以决定取样方式，如国内近年研究，蛴螬多属聚集分布型，以采用"Z"字形或棋盘式取样法为宜。

　　土居害虫中生活史长的种类，一般说来繁殖变化较地面和生活史短的害虫种类为小。如蛴螬、金针虫等，若进行越冬虫量的调查，便可达到预测次年春季发生数量的目的。

　　土居害虫调查工作量大，要强调适当缩小取样面积（过去每样方为 1 m²），但也要达到一定的代表性和准确性。

　　我国土居害虫预测预报工作历史较短，1964 年首先提出由中国农业科学院植保所拟定出有关蝼蛄、蛴螬、金针虫的测报办法，并经农业部植保局转发全国试行，后经 1978 年在湖南省长沙市召开的全国病虫测报会和 1979 年在山西省大同市召开的小麦旱粮病虫测报技术座谈会修订，为全国普遍所用之方法，现介绍如下。

　　调查内容和方法：田间害虫种类和虫口密度调查　查明当地主要土居害虫种类、虫口密度，以便准确掌握虫情，制订防治计划。如能结合当地土壤普查和农业区划工作进行，则更有意义。

　　调查时间：可根据各地主要种类、气候和作物栽培情况而定，选择在秋季（收获后，结冻前）或春、夏、秋播种前进行。

　　调查方法：选择有代表性的田块，分布按不同土质、地势、茬口、水浇地、旱地等做调查，可采用"Z"字形或棋盘式取点。在 15.00 亩内的田块取 9 点，每点 30.00 cm²；或取点 8 点，每点 50.00 cm²。挖土深度可根据土温高低而定，一般以 30.00 cm 为宜，在高寒地区越冬调查土深可达 50.00 ~ 60.00 cm。

　　常用的几种取样方法（蛴螬、金针虫和蝼蛄幼虫调查方法）：

　　五点取样法：此法适合于平原区作物或半丘陵地区较平坦的作物区，在一个生产队预测时，可选 1 ~ 2 块有代表性的作物进行调查。首先确定取样点 5 个，即中间 1 个，四角各选 1 个（总计 5 个）。每个样点内取调查株 2 ~ 3 株作为调查点。取样数量在一般情况下，如果全区域作物 100.00 亩以上，可设调查样方 2.00% ~ 5.00%；在 100 亩以下者可设调查 0.50% ~ 1.00%。当然这样的数字仅能做参考，还要根据人力和实际情况酌情增减。

　　分层取样法：此法适于山区，如深山沟或山坡梯田上的作物区，也可用于坡地作物区，一般将所调查的山坡（山沟），按自然情况等距分成 3 段，即坡顶、坡中、坡根（或沟里、沟中、沟口），在每个坡（沟）段内取调查点。确定调查点时，力求有代表性，这样对土居害虫的垂直分布的准确性比较可靠。

随机取样法：随机取样法适于平原区、山区以及栽培在很不规则立地条件下的土块。随机取样是按害虫分布情况，任意选取调查点或选取调查树。取调查点要有代表性。

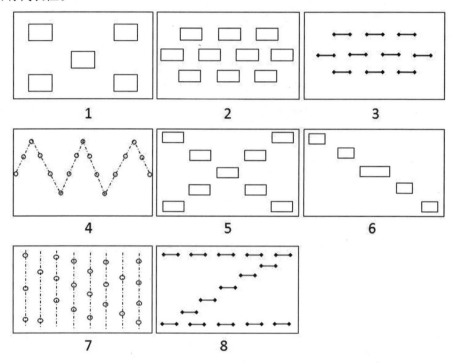

图 4 - 21　常用的几种取样方法

1. 五点取样法；2~3. 棋盘取样法；4. "Z"字形取样法；5~8. 随机取样法

对角取样法：在大面积调查时，虽然可以用对角线取样法确定调查点或调查样方，但这里不谈大面积取样法，而是指调查地下越冬害虫虫口密度用的方法。

成虫观测：观察记载当地主要土居害虫种类的成虫（如蝼蛄、金龟子等）发生消长情况和活动特性等，掌握其发生期和发生量，以便预测成虫防治适期和估计以后土中幼虫数量。

观测时间：因地、因虫制宜，一般可从 3~5 月开始，至 10 月底止。

观测方法：用 20W 黑光灯或 100W 白炽灯，每日诱测。对趋光性弱的或日出性（白天活动）金龟子，而又在当地危害严重，需进行成虫防治的地区，可定人、定时每天或隔天观察 1 次，每次 0.50~1.00 小时，定寄主或地段进行观测和捕捉。由于利用黑光灯诱集不能实际反映田间数量的多少，几年来采用观察田埂的方法，即固定一定长度田埂，从4月初开始，每晚8～9时，定点观察，分别记载总虫数和交配对数、雌雄比等。各地观测时还应记载天气状况，并可适当记载物候情况，以作为积累资料之用。将结果列入表4－25、表4－26。

表4－25　主要土居害虫田间密度调查（表样）

单位：＿＿＿＿＿　　　　　　　　　　　　　　　　　　　　　　年度：＿＿＿＿＿

调查日期	地点	地势	土质	前茬	面积（亩）		取样面积（m²）	蝼蛄	蛴螬	金针虫	其他土居害虫	平均每平方米虫数	备注
					水地	旱地							

表4－26　主要土居害虫发生消长调查（表样）

单位：＿＿＿＿＿　　　　　　　　　　　　　　　　　　　　　　年度：＿＿＿＿＿

调查日期	地点	诱测方法	蝼蛄	金龟子	气　象			备注
					日平均温度（℃）	日相对湿度（%）	降雨量（mm）	

预测防治适期，应系统解剖雌虫，观察卵巢发育进度。

以当地优势种为对象，采用灯下诱集（或田间采集）的雌虫，从发现成虫开始，至发生末期止，隔日1次，每次剖查20～30头，分级统计，计算指数和各级百分率。将检查结果填入表4－27。

表4－27　金龟子雌虫卵巢发育进度调查（表样）

虫种：＿＿＿＿＿　　　　年度：＿＿＿＿＿　　　　　　　　　单位：＿＿＿＿＿

检查日期	解剖虫数（头）	各级卵巢占百分率					发育指数	雌虫占总虫（%）	发生期	备注
		Ⅰ	Ⅱ	Ⅲ	Ⅳ	Ⅴ				

卵巢分级标准：各地采用的大同小异，可按下列标准参考。

Ⅰ级卵巢发育不完全，肉眼见无卵；

Ⅱ级卵巢发育不完全，肉眼可见不成熟卵；

Ⅲ级抱卵量多，成熟待产卵少；

Ⅳ级抱卵量多，成熟待产卵多；

Ⅴ级卵萎缩，空腹或仅有极少成熟卵。

卵巢发育指数可按以下公式计算：

$$卵巢发育指数 = \frac{\varepsilon 级值 \times 头数}{最高级值 \times 总头数} \times 100$$

伍椿年（1985）拟定的暗黑鳃金龟雌虫卵巢发育分级标准如表4-28。

宋协松等（1985）研究了华北大黑和暗黑鳃金龟生殖系统构造，亦提出分为5级标准：

Ⅰ级：卵巢最长为6.67 mm、最宽为2.28 mm。各条卵管黏缀于一起，并被白色脂肪体所包围。卵管内卵粒肉眼不能辨认。自成虫出土至Ⅰ级卵巢完成发育约需12天。

Ⅱ级：卵巢最长为7.00 mm、最宽3.05 mm。脂肪体减少。卵管后半部明显变粗，卵管内肉眼可见淡绿色的卵粒。自成虫出土至Ⅱ级卵巢发育完成，约需18天。

Ⅲ级：卵巢膨大，最长9.73 mm、最宽6.00 mm。脂肪体大部分消失。卵管内的卵粒乳白色，长椭圆形，大小为2.50 mm×（1.50～1.90）mm，堆积于卵管基部、卵巢萼及侧输卵管中待产。自成虫出土至Ⅲ级卵巢发育完成，约27天。

Ⅳ级：卵开始产出，卵巢开始收缩，最长为7.46 mm、最宽3.79 mm。卵管出现缢缩或浸水后出现空泡。自成虫出土至Ⅳ级卵巢发育完成，为30～32天。

表4-28 暗黑鳃金龟卵巢分级标准

级　别	卵　巢　发　育　特　征	发育指数
Ⅰ级（乳白透明期）	卵巢尚未发育，整个卵巢小管无色透明，黏合在一起	0.10～0.30
Ⅱ级（卵黄沉积期）	卵巢小管内科见到乳黄色、长椭圆形的卵细胞	0.30～0.40
Ⅲ级（卵熟待产期）	卵巢管内有成熟卵粒，卵巢管柄开始膨大	0.40～0.50
Ⅳ级（产卵始盛期）	卵巢管内有1～2粒成熟卵，但管内出现空隙	0.50～0.60
Ⅴ级（产卵高峰期）	卵巢管内成熟卵少，排列疏松，有空段	0.70～0.80
Ⅵ级（产卵末期）	卵巢管萎缩，管内无卵或残存少数卵细胞	0.80～0.90

Ⅴ级：卵巢内的卵全部排出，卵巢萎缩，卵巢最长6.33 mm、最宽3.28 mm。

卵管端半部（生殖区）为乳白色，基部半透明，12根卵管明显分开，浸水后透明部分全呈空泡。自成虫出土至空腹约需60天。

同时，宋协松等提出，剖查卵巢时应注意的问题是：①要做好调查，摸清金龟子发生地点、面积、密度；②要选好捕捉金龟的地点，点要求虫口密度大，代表性强；③要采用5点（株）取样法，捕捉20～25头，解剖雌虫10～20头，如发现Ⅲ级卵巢，即应防治。

金龟子卵的观测：有的地区需对金龟子的卵历期进行观测，以预报防治幼虫（蛴螬）的适期。伍椿年等（1985）在江苏赣榆曾对暗黑鳃金龟卵历期进行了观察，将成虫产卵后单粒装入铝盒，注明日期，埋入10.00 cm土中，分批进行，共100粒，每3天检查1次发育进度，并记录10.00 cm土温，统计各级历期及卵孵化历期，分级标准如表4-29。

表4-29 金龟子卵的分级标准

分级	形态	发育阶段	历期（天）	距孵化日期（天）
Ⅰ级	白色，不膨大	合核分裂期	3.65	10.79
Ⅱ级	乳白色，膨大呈圆球形	配盘期	2.45	7.14
Ⅲ级	中间透明	胚带分节期	2.55	4.69
Ⅳ级	可见1对棕色上颚	孵前期	2.14	2.14

危害情况调查：掌握土居害虫田间危害始期，以便组织补治，同时调查作物受害程度，可以用来预测下一茬作物受害趋势，以便拟定防治计划。

调查时间：应根据作物而异。一般春播作物应在出苗后至顶苗期，各调查1次；冬小麦应在越冬前和返青、拔节期各调查1～2次。重点地块为系统掌握资料，应自作物受害后开始，每隔3～5天调查1次，直至土居害虫危害停止时止。花生可在结果期和收获期各调查1次。马铃薯可在收获期调查，甘蔗可在苗期检查受害（枯死）苗等。

调查方法：选择不同的土壤类型、不同作物进行随机取样，每次调查10～20个点。条播小麦（青稞，下同）调查1行，每行查1～2 m长；撒播小麦调查30.00 cm²；株距较大作物如玉米、高粱、甘薯等，可适当增加每行长度，调查2.00～5.00 m，也可调查一定株数；马铃薯、花生可调查一定穴（株）数，分别记载健苗（果）和被害苗（果）数，并计算土居害虫的危害时期、危害率和发展趋势，结果列入表4-30。

表 4 - 30　土居害虫危害情况调查（表样）

单位：＿＿＿＿＿＿　　　　　　　　　　　　　　　　　　　年度：＿＿＿＿＿＿

调查日期	地点	地势	土壤	前茬	作物种类	播种期	调查方法	取样数量	健苗数	被害苗数					危害率（%）	备注
										蝼蛄	蛴螬	金针虫	其他	合计		

防治适期的预测：预测是为防治害虫服务的，目的是在于掌握害虫发生期，确定防治时间，掌握害虫发生数量，研究害虫发生面积和危害程度，做好防治前的一切准备。

害虫预测大体上分为 3 个类型，即长期预测、中期预测和短期预测。

长期预测必须了解以下几个方面：①当地头年害虫发生的时间、危害程度及其与气候条件的关系；②前一年害虫存活的数量和繁殖能力；③了解下一年的气候等自然环境的情况；④作物栽培管理条件及现状。

长期预测一般是上一年冬季或当年唇基预报当年某种害虫发生量及其发生时期。通过越冬虫口密度调查，结合当年气象预报进行科学的分析，即能预测预报为宜。

中期预测一般在半年以内预报害虫发生时期及发生量。通过成虫消长调查，找出其发生盛期，再预报化学防治适期。

短期预测是在一个月以内预报出防治适期。也可以叫紧急预测预报。

从预测的内容来看，害虫预测可分为：

预测害虫发生时间的，叫发生期预测；预测害虫发生数量的，叫发生量预测；预测产量损失的，叫产量损失预测。

要想做好预测预报工作，必须设立专职技术人员，保证工作如期完成。否则往往出现虎头蛇尾的现象，从而流于形式。专职测报技术人员必须注意积累资料，要把每次调查来的材料及时整理，填写到专用的记录本或表格内，以便保存和进行比较、分析。这就要求：调查记载要坚持经常；记录数据要填写真实清楚，注意保管；调查时间、地点和取样，在一般情况下要保证其一致性和连贯性；预测工作要有简单的设备。

预报工作，在村或镇范围内，把预测的结果用口头或者文字通告。在县以上需发出预报，可采用互联网和文字预报给有关的生产单位。在省以上可以通过互联网发出某种害虫的预报。长期预测预报及中期预测预报发出的时间必须在防治工作前一个月为宜。如短期预报也要在防治前 5 ~ 10 天发出，否则就不成为预测预报。要求发出预报以前，对所调查资料进行科学的分析。

发生趋势预测：根据土居害虫种类和虫口密度的调查结果，结合害虫发生规律和天气预报，综合分析，提出次年或下茬作物主要土居害虫发生趋势测报。如甘孜州农业局植保站自20世纪60年代开始，连续近半个世纪，每年均大规模进行土居害虫越冬基数的调查，根据调查结果，提出次春发生趋势预报，指导春播防治。钟洪斌研究大栗鳃金龟康定县新都桥地区的规律：当地是5年发生1代，成虫猖獗飞行年是1958年、1963年、1968年、1973年，在1977年6~7月调查化蛹，9月调查羽化情况后，证明1978年是猖獗年；因此，提出根据世代情况，于秋季调查成虫羽化率，便可预报次年发生趋势。

防治适期预测：根据土居害虫的活动情况和对金龟子观测结果，结合气象因素和作物苗情等预报防治适期。现将主要虫种的预测方法综合一些实例分述如下。

春季，蛴螬和金针虫在10.00 cm左右，返青小麦已开始发现少数被害时，即需及时预报，开展防治。陈昌玉等（1981）提出三查三定做为春季防治沟金针虫的测报方法，"三查"是查大小（虫体）、查密度、查深浅。当3头（大、中、小）/m^2幼虫（大虫体长20.00 mm以上，中型10.00~20.00 mm，小型10.00 mm以下）上升到表土层2~3 cm，危害麦苗时，即为防治适期。

春播作物中蝼蛄的防治适期，一般要掌握土温（10.00 cm）稳定在10℃时进行。晚播冬小麦（约在11月）当土温（10.00 cm）已下降至5~10℃间，应停止药剂拌种防治。

金龟子防治适期：防治大栗鳃金龟的适期是出土高峰至产卵始盛期前。预测公式为：

成虫出土高峰期 = 化蛹高峰期 + 蛹历期 + 成虫蛰伏期

成虫产卵始盛期 = 化蛹始盛期 + 蛹历期 + 蛰伏期 + 产卵前期

现将其具体做法列后，以供参考。

化蛹进度调查：秋季收集各种茬口的幼虫放于观察圃内越冬。从5月1日开始，隔日挖查1次。每次总虫数不少于30头，统计化蛹率。另在4月20日前从观察圃内挖出100头健康幼虫，分别装入玻璃管内，埋入深25.00~30.00 cm土中，5月1日起每3日挖出观察1次，始蛹后每日挖查1次，并记载25.00 cm土温。检查时如发现死虫应及时补充，尽量保证100头。羽化进度调查，在观察化蛹进度的基础上，每日挖查1次观察成虫羽化进度，待全部羽化后停止进行。

成虫蛰伏期和出土进度调查：鳃金龟羽化后，有一个身体硬化和由蛹室内逐渐上升出土的过程，谓之"蛰伏期"。从 6 月 1 日开始，一是将观察圃划出一定面积（不可过大，以约 30.00 m 为宜），每天定时观察统计成虫出土量；二是观察田间饲养成虫的出土量，直至成虫全部出土后结束。

雌虫卵巢发育进度：按各级雌虫所占的百分比和发育指数综合分析，定出指标如下。

成虫产卵始期：出现 3 级幼虫。

成虫产卵始盛期：3 级虫占 50%，卵巢发育指数为 0.3 左右。

成虫产卵高峰期：4 级虫占 50%，指数为 0.5 左右。

成虫产卵盛末期：5 级虫占 50%，指数为 0.7 左右。

成虫产卵末期：5 级虫占 100%，指数为 0.9 以上。

大栗鳃金龟成虫适期，可用物候与历期相结合的方法，在康定新都桥 5 月下旬当松果出现枇杷黄时，并根据 20 年成虫迁飞资料，5 月上旬是成虫迁飞始期，5 月下旬是高峰期。大栗鳃金龟雌虫飞到杉林后，有约半个月时间才飞回田间产卵；因此，从迁飞高峰期后至飞回前是成虫防治最适期，此时约在 5 月 24 日至 6 月 2 日之间。

作物生长期防治蛴螬适期，如防治暗黑鳃金龟幼虫，其预测式为：卵孵盛末期 = 化蛹盛末期 + 蛹前 + 成虫蛰伏期 + 成虫产卵前期 + 卵期。

也可用：卵孵盛末期 = 成虫出土盛末期 + 产卵前期 + 卵期。

（二）土居害虫综合防治

1. 土居害虫综合防治的概念和意义

早在 20 世纪 50 年代初期，我国就在植保工作上开始使用"综合防治（Integrated Control）"一词，其主要含义是指对病虫害采取各种防治措施的综合，如农业技术防治、物理技术防治、生物技术防治和化学手段（技术）防治。1975 年农林部召开的全国植物保护工作会议，确定"预防为主，综合防治"为我国的植保工作的方针。在这个方针的指引下，病虫防治取得了很大的进展。随着病虫防治水平不断提高，我国又开始使用病虫害"综合治理"一词。这并非词语上的简单变更，而是标志着我国植物病虫害综合防治水平的不断提高。以后又不断提出和使用植物病虫害"绿色防控"或植物病虫害"生态防控"。作者认为：上述的 4 种提法，归结起来，病虫害的防治应包含以下 4 个方面的内容：①从生态学观点出发，全面考虑生态平衡、环境安全、经济合理；②害虫防治工作不是消灭病虫（实际是对一种物种不可能消灭），而是怎样发挥自然控制作用（即作物自身发挥免疫作用，作物敏感生育期与害虫发生高峰期或使作物损失降到最低水平或采取多种措施增加自然天敌种群数量等）；③尽量采用多种方法防治虫害，不单纯依赖其中一种速效的方法，尽量不用或减少用对环境和农田生态系统有破坏作用的药剂方法；④合理使用药剂方法，尽量用选择性农药，减少对自然天敌的伤害。综合防治方案的设计如图 4－22。

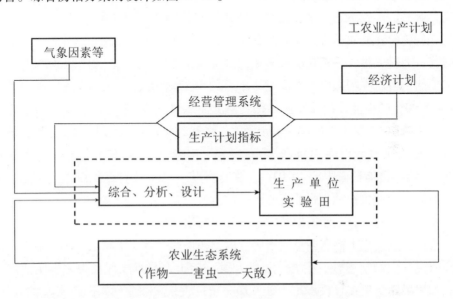

图 4－22　综合防治方案设计程序　（仿马世骏）

2. 土居害虫防治的特点

种类多、分布广、危害重

根据调查资料统计：土居害虫主要种类有：蝼蛄、金针虫（叩头虫）、蛴螬（金龟子的幼虫）、根天牛、根粉蚧、白蚁、蟋蟀、弹尾虫等等。甘孜州土居害虫主要有：白蚁、蟋蟀、蝼蛄、金龟子（幼虫——蛴螬）、叩头虫（金针虫）、叶甲（萤叶甲）、夜蛾类（地老虎和麦奂夜蛾）等。

从全国范围看，土居害虫遍及全国各地。甘孜州（18）市县均有发生。危害作物有粮食（麦类、薯类）、油料作物（花生、油菜）、蔬菜、牧草、麻类、中药材、森林、果树，可以说每一种作物都有土居害虫的危害。

土居害虫危害时间长，从春季到秋季，从播种或移栽到收获，咬食作物幼苗、根、茎、种子、块根、块茎，造成缺苗断垄，生长期受害，破坏根系组织，啃食嫩果，使植物矮小变黄，降低产量，甚至无收获和影响品质。

在众多土居害虫种类中，蛴螬（金龟子幼虫）危害居首位，从全国范围看，蛴螬种群数量占总土居害虫为 70.00%～80.00%。甘孜州大栗鳃金龟（*Melolontha hippocastani mongolica* Menetries）又是众多（148 种）金龟子中占居第 1 位。据李坤儒报道（1990 年，四川省土居害虫防治研究研讨会会议资料），大栗鳃金龟幼虫群众称"老母虫"，藏语叫"布壳"，在甘孜州的炉霍县、道孚县、康定市、理塘县、丹巴县等地海拔2 950.00～3 600.00 m的河谷地带，幼虫危害青稞、小麦、豌豆、马铃薯、玉米、甜菜、蔬菜等农作物和林树幼苗，成虫危害桉树、桦树、杨树等，使农林生产遭到严重损失。中华人民共和国成立之前在漫长的农奴时代，刀耕火种，丢荒轮歇农耕地内野草与作物混生，农田生态系统保存有明显的原始面貌。中华人民共和国成立之后的 1957 年康定县（现为康定市）营官乡1 483.00亩的小麦、青稞和玉米，其中有 444.00 亩颗粒无收，1954 年炉霍县虾拉沱通隆两个村2 709.00亩角粮食作物，1 292.40亩颗粒无收，1957 年在炉霍县的城关（现为老街乡和新都镇）、雅德和旦都 3 个乡不完全统计受害面达1 194.50亩，占播种面积的 40.03%。像这种状况已持续有百年以上。可见大栗鳃金龟等土居害虫在甘孜州危害的严重性。

生活方式隐蔽，生活周期长短不一致，防治难度大

土居害虫又称土栖息昆虫或土居害虫，即长期生活在土壤之中，比地面上昆虫在研究其生物学习性、生态学习性及其防治上，其难度要大得多。生活周期长，如大栗鳃金龟在甘孜州北纬30°以北，6 年完成一个生活周期；北纬30°以南5 年完成一个生活周期；在 6 年完成一个生活周期的地区，一、二龄幼虫各越冬1 次，三龄幼虫越冬 3 次，成虫越冬 1 次；在 5 年完成一个生活期的地区，一、二龄幼虫各越冬 1 次，三龄幼虫越冬 2 次，成虫越冬 1 次。小云斑鳃金龟（*Polyphylla gracilicornis* Blanchard）在海拔3 020.00 m高的九龙县百尾乡 4 年完成1 代，一、二龄幼虫越冬 1 次，三龄幼虫越冬 2 次，三龄幼虫第 2 次越冬后，5 月中旬化蛹，6 月中旬羽化。灰胸突鳃金龟（*Hoplosternus incanus* Motschulsky）和翠绿丽金龟（*Anomala milestriga* Bates）以幼虫越冬，二、三龄幼虫各越冬 1 次。阿鳃金龟属中多数种，以成、幼虫交替越冬。1 年完成 1 个生活的金龟子种类大多数幼虫越冬，上述为金龟子类的生活周期发生情况。东方蝼蛄（*Gryllotalpa orientalis* Burmeister）在四川以成虫和若虫越冬，1 年完成 1 个生活周期，在土壤生活中的规律，可分为越冬休眠期、苏醒多害期、越夏危害繁殖期和秋播作物危害期4 个时期。暗褐金针虫（*Salatosomus* sp.）在甘孜县 6 年完成 1 个生活周期，幼虫越冬 5 次，成虫越冬 1 次，少数个体要 7 年或 5 年完成 1 个生活周期。在甘孜州除上述列举以外的其他土居害虫 1 年可以完成 1 个生活周期。

上述简例中，不难看出土居害虫生活规律复杂性的程度，在防治上的难度之大，可以想象得到。

3. 制定土居害虫综合防治的依据

抓住关键性害虫

所谓关键性害虫，是指在一定区域内，造成重大经济损失的害虫，而不是指种群数量的多少。在一个地区的综合防控方案中，一般只有 1～2 种关键性害虫，其他害虫只会间接地造成损害。当然在一个地区内关键性害虫是会变化的。因为在我们制定的综合方案所使用化学农药中，可能杀伤了一些次要害虫天敌，因此在制定综合防治方案中一定要以不伤害天敌、不破坏生态环境为前提。在甘孜州内众多土居害虫种群中从 20 世纪到现在仍以大栗鳃金龟、甘孜（5 月）鳃金龟、翠绿丽金龟、暗褐金针虫、青稞萤叶甲、小地老虎为主，黑翅土白蚁在个别地区危害也很严重。

找出关键性害虫种群生活史中的弱环。在制定综合防控措施时尽可能针对这些弱环，避免对生态系统的广泛出击。如喷药防治金龟子（成虫）和萤叶甲等成虫，主要针对有聚集在林木（灌木丛）、杂草上取食交尾这一习性，也是在金龟子等生活史中薄弱环节，进行喷药防治，但喷药时间应在傍晚时分，效果才好。防治幼虫应是初孵幼虫和二龄以前的幼虫，这些幼虫在土壤浅层活动，而且又比较集中。因此，必须加强对害虫生活习性的研究，了解每种害虫生活史中的薄弱环节，在此基础上有针对性进行防治，才能达到事半功倍的效果。

掌握虫情，做好害虫防治准备

土居害虫的发生和发展不是孤立的，而是与各种内在的、外在的因素有关联，例如害虫与天敌之间的关系、害虫与自然环境之间的关系（其中包括温度、降雨等自然因素）。所以要抓好土居害虫的防治工作，就必须掌握害虫的发生规律（本节对各种主要害虫的发生发展规律已有叙述）。根据它们的特点，预测某种害虫或某一大类害虫的发生时间期、发生量大小，以尽量把害虫消灭或控制在危害之前。

防治土居害虫像对敌作战一样，要想打胜仗，首先要做一番细微的侦查工作，摸清"敌情"，也就是做好虫情的调查研究。掌握虫情，掌握害虫发生动态，及时做出科学分析，提出预测，及时准确控制或消灭害虫，也是制定土居害虫综合防控的依据之一。方法详见本书土居害虫调查与测报方法。

4. 土居害虫综合防控（治理）技术方法及评价

土居害虫在土中栖息，危害时间又长，是国内外公认的、防治难度最大的一类害虫。在预防为主、综合防治的前提下，化学防治占有主导地位。从 20 世纪 50 年代到现在，甘孜州农科所、甘孜州植保站和省农科院植保所几代科技人员已推行的化学防治、农业防治、生物防治、物理防控，综述如下：

化学防治

我们国家最早防治土居害虫的药剂是砷（砒霜、信石），早在 300 年前宋应星"天工开物"（1637 年）著称"陕洛之间忧虫饲者，重以砒霜拌种"。蒲松龄《农蚕经》著谓"地虫之多，宜将信石捣细碎，入谷煮至裂，加信石再煮，水尽，晒干，临用时调油及拌麦种，约信石一斤，煮谷五升，耕十五亩，牧晒宜谨，关系性命不小也"。上述系中华人民共和国成立之前我国华北地区防治土居害虫之叙述，中华人民共和国成立之后经与专家研究，信石除具有胃毒作用外，对蝼蛄还有一定的抗拒作用。中华人民共和国成立之后化学防治土居害虫（蝼蛄、蛴螬、金针虫等）研究大体可分为几个阶段（魏洪钧等，1989）：20 世纪 50 年代初，前华北农业科学研究所研究农药六六六对种子和土壤处理等方法；1952 ~1953 年在农业部支持下，大力开展示范，到 1957 年已推广 1 亿多亩；60 年代，在自然受害的影响下，土居害虫发生十分严重，我国华北地区大力推广有机磷杀虫剂，以对硫磷（1605）为主，采用拌种方法防治华北蝼蛄（*Gryllotalpa unispina* Saussure）为主的土居害虫。随之中国农业科学院植保所，又研究出一种比六六六和 1605 毒性低的狄氏剂、艾氏剂、七氯、氯丹防治土居害虫，防效甚佳。1966 年因故停止研究，到 70 年代由于有机氯毒性问题日益凸显，中国农业科学院植保所研究提出以辛硫磷作为种子处理剂防治土居害虫，到 1983 年全国已推广面积达 6 000.00 多万亩；70 年代后期，前华中师大有机合成研究所研究出甲基异柳磷拌土壤处理，经中国农科院植保所主持示范推广，取得很好的效果。后经钟启谦、魏鸣钧进行了上述制剂毒理研究，砷、六六六、甲拌磷、七氯、氯丹、对硫磷、乐果、辛硫磷、甲基异柳磷对土居害虫的作用主要是胃毒和触杀作用，熏蒸作用不明显。

药剂防治幼虫：四川省甘孜州药剂防治土居害虫的农药品种和使用方法基本与全国各地防治土居害虫同步。甘孜州于 1951 年引进六六六防治土居害虫。1953 年在康定县瓦泽乡、道孚格西乡用六六六处理土壤防治蛴螬，以后引进有机氯的不同剂型示范试验和推广，到 20 世纪 50 年代后期，引进有机磷的代表种 1605 进试验示范。自 80 年代后期以来，进行了取代有机氯农药的防治试验工作，筛选出甲基异柳磷、辛硫磷、呋喃丹等进行试验示范推广。表 4-31 是甘孜州 20 世纪 50 年代到 80 年代示范推广的农药品种。

表4－31　四川省甘孜州药剂防治土居害虫情况

药剂名称	年份	使用方法	防治对象
六六六	1951	处理土壤拌种撒粉	蛴螬、金针虫、叶甲类
1605	1957	处理种子	蛴螬
辛硫磷	1979	处理种子	蛴螬、叶甲类
甲基异柳磷	1979	处理种子、土壤	蛴螬、金针虫
呋喃丹	1981	处理种子、土壤	蛴螬、金针虫
甲敌粉	1984	处理土壤、撒粉	蛴螬、金针虫、叶甲类

药剂种子处理：药剂处理种子是保护种子和幼苗免遭土居害虫的危害。用量小，成本低，对环境影响也较小，过去全国主要推广液剂拌种（湿种）。20世纪80年代，甘孜州农科所用40%乐果乳油、40%甲基异柳磷乳油、50%辛硫磷乳油、50%久效磷乳油、50%甲胺磷乳油、40%水胺硫磷乳油，用1%有效成分拌种防治大栗鳃金龟三龄幼虫，甲基异柳磷、乐果的保苗率可达80.00%以上，对环境污染小，可以防治多种土居害虫。对多年发生1代的金龟子幼虫蛴螬，在虫口密度大，第1次越冬后进入二龄幼虫，拌种处理虫虽死，但对幼苗伤害重，即"虫苗都死"，特别是对第2次越冬后的幼虫，很难控制其危害，因此拌种主要用于防治一、二龄幼虫。

戴贤才等用40%甲基异柳磷乳油有效成分占种子重量0.05%和0.15%拌种防治蛴螬，占0.1%种子重量拌种防治金针虫有良好的杀虫保苗的效果，有效控制期达40天以上。用有效成分占种子重量的0.05%、0.1%拌种，大面积防治大栗鳃金龟、甘孜鳃金龟（*Melolontha permira* Reitter）、翠绿丽金龟（*Anomala milestria* Bates）幼虫及暗褐金针虫（*Selatosomas* sp.）均收到了预期的效果。其方法是：40%甲基异柳磷乳油500.00 mL加水50.00 kg，拌200.00～400.00 kg种子，先将药剂加水稀释，用喷雾器均匀喷洒在种子上，边喷边翻种子，使种子充分受药，待药液被种子吸收后，再晾干后播种；将3%呋喃丹颗粒剂，用种子重量的0.3%浸渍渣拌种防治青稞萤叶甲（*Geinula antennata* Chen）幼虫，其防治效果为59.50%～77.50%，并兼治其他土居害虫。

药剂土壤处理：药剂处理土壤是国内外广泛应用的一种杀虫保苗的方法，施药方法很多，可在播种期施用，也可在生长期使用。在甘孜州20世纪60～70年代主要用六六六，到80年代以后，主要用甲基异柳磷、呋喃丹、甲敌粉。由于甘孜州（地处川西北高原）春播期少雨干旱，土壤墒情差，用药剂在按说明方法基础上，增加 20.00% ~ 30.00%，此法适用于 1 年发生 1 代的金龟子，也可适用于多年发生 1 代的蛴螬和金针虫、萤叶甲等土居害虫，对于多年发生 1 代的金龟子幼虫蛴螬应掌握在一龄幼虫发生期用药。其方法是：按亩用药量（商品用量）拌细土 15 kg 左右，于耕翻土地之前均匀撒入地面，耕地时即能将药剂翻入土中；将亩用药剂用量，混合于肥中进行沟施或穴施；在出苗后，将厚泥（厚土）均匀撒入地面，再进行松土和人工除草。这些方法都是经多年试验、示范后再推广的，取得了较好的社会效益和经济效益。

到 20 世纪末，甘孜州药剂拌种或土壤处理主要推广的药剂是：甲基异柳磷、呋喃丹、甲敌粉、辛硫磷、涕灭威。此外，每年 4 月下旬至 5 月上旬，在麦奂夜蛾（*Amphipoea fucosa* Preyer）幼虫发生时，用敌敌畏或乐果防治最佳。

药剂土壤处理，不仅可以有效控制土居害虫，还可以有效防治麦二叉蚜和麦长腿红蜘蛛。

另外，在甘孜州推广了"毒沟封锁"的方法，利用金龟子分散成堆产卵之习性和一、二龄虫长成聚集式（成团）活动的习性防治害虫。中华人民共和国成立之前，群众发现害虫成团危害时，在周围挖深 20.00 ~ 30.00 cm、宽 20.00 cm 的沟，可阻止幼虫扩散危害。中华人民共和国成立后，推广用药剂施于沟内，再用土填平，幼虫分散活动时触药而亡。

药剂防治成虫：大多数金龟子和其他土居害虫种类的成虫，有群集在林木、杂草上取食交尾的习性，是其防治的有利时机，药剂防治效果显著。大栗鳃金龟成虫密集在林缘杉树上取食交尾，翠绿丽金龟密集核桃树上取食交尾，适时防治成虫，可减轻林木受害，降低种群基数及田间虫口密度。1960 ~ 1983 年，四川省炉霍县、道孚县、康定康、理塘县、松潘县等县，在大栗鳃金龟猖獗世代成虫飞行年，20 世纪 50 ~ 60 年代用六六六烟剂、粉剂，70 年代以来用甲六粉、甲敌粉，在林区防治成虫，杀灭了大量成虫，对压低种群基数起了重要作用；九龙县在单年用甲敌粉在樱桃等林木上放治翠绿金龟成虫，1981 年以来连续防治 3 个周期，已基本上控制其危害；炉霍县、道孚县在叶甲集中于蒿类杂草上取食交尾时喷施甲六粉、甲敌粉、40% 甲基异柳磷 1 000 倍液，当年成虫密度降低 86.00% 以上，次年成虫密度比上年降低 75.20% ~ 80.60%，比对照区降低 73.80% ~ 80.50%。施药方法可用布袋抖药、手摇喷雾器、机动弥撒粉机撒粉。经过连续 3 个周期，药剂防治翠绿丽金龟（成虫），基本上控制了在九龙河流域翠绿丽金龟的危害。

综上所述，药剂防治幼虫（种子处理、土壤）和药剂防治成虫在当时看来，控制蛴螬、金针虫、叶甲和蝼蛄的危害起到了积极的作用。尤其在 20 世纪末，辛硫磷拌种、甲基异柳磷拌种以及两种药剂进行土壤处理都取得了重要成果和生产实践经验。

化学农药是一把双刃剑，化学农药防治病虫害在当前或今后相当长的时期内仍然占主导地位，是广泛应用的方法，它突出的优势是收效迅速、急救性强，无论是在害虫大发生之前，或是已经大量发生危害，化学农药一般都可以及时取得显著的效果。它与生物防治相比较，受到地域性和季节性的限制要小得多。现代植保机械的发展和信息技术的发展，更可以充分发挥化学农药的杀虫作用和施用效果，因此在土居害虫综合防控中，化学农药仍占有极其重要的地位。

甘孜州药剂防治本州最为严重的害虫之一——大栗鳃金龟，50 多年来取得了显著成就。在甘孜州防治大栗鳃金龟累计645 700.00多亩次，基本上控制住了此虫的危害，累计挽回粮食损失1 870.00 t以上（李坤儒，1990 年四川省土居害虫防治研究座谈会资料）。下面将防治大栗鳃金龟结果摘要如下：

大栗鳃金龟危害和防效情况

沙湾村：

1957 年调查面积 320.30 亩，受害面积 212.70 亩；1963 年调查面积1 025.50亩，受害面积400.00 亩；1964 年调查面积1 200.00亩，受害面积61.50 亩；1981年调查面积513 亩，受害面积27.50 亩。

虾拉沱村：

1954 年调查面积2 709.00亩，受害面积2 165.00亩，其中无收1 295.00亩；

1978 年调查面积1 988.00亩，受害面积651.00 亩，其中无收 3.00 亩。

由于大力开展了药剂防治大栗鳃金龟，效果非常明显。

但是，化学防治所出现的问题，引起了人们的高度重视。由于长期大量连续使用农药，对农产品、空气、土壤和水域有所污染，使人类健康受到严重威胁。尤其在农药的施用量和施用次数不断增加的情况下，有的害虫很快形成抗药性。广谱性药剂的施用，既杀害虫又杀害虫天敌，这样当害虫经过一定时间后再发生时，由于天敌增长的速度总是慢于害虫增长的速度，害虫就会再度猖獗，它的发生危害反而超过原有的水平。此外，农药施用不当还可以造成对作物的药害以及对人畜的直接中毒事故。从目前植保实际情况来看，一些人单纯依靠农药的思想较为严重，不合理用药现象十分普遍。例如，不必要的增加用药次数，任意提高用药浓度，掌握不好用药适期，不必要的混用，不能保证打药质量等等。如前所述，由于过分死板地执行防治工作，从春季到秋季的整个时期，如不进行全面喷洒农药，就有放心不下的心态，使之用药次数逐年增长。这样不仅造成人力和物力的造成极大浪费，更重要的是使农田生态平衡遭到破坏，从而使某些害虫再度猖獗，甚至产生抗性。因此，需要科学合理地使用农药，消除或减少由于药剂带来的不良影响，最大限度地发挥农药的防治效果。作者认为在使用化学药剂防治时，应考虑以下几个问题。

化学防治与自然控制的协调：化学防治本身也可以有改造、改进的方法，就是如何同生物防治配合起来，即提倡使用选择性农药。所谓选择性有两种：一种是生理选择性，一种是生态选择性。

生理选择性农药，是同一种只杀死害虫不允许杀死益虫的农药药剂。这种药剂目前比较多，如所有的杀虫剂都能杀死全部害虫，各自都有自己的杀虫谱。例如，过去 DDT 很有效，但它就是不能杀死叶螨类害虫；1605 也很有效，却对某些蝉类害虫药效很低。因此，总可以找到一种杀虫剂，对某些害虫有效而对它的益虫无效，或者药效很低。如灭幼脲，据资料报道，它杀黏虫效果很好，而对天敌步行甲则无害；还有灭蚜松、抗蚜威，只杀死蚜虫而不杀死瓢虫。伏杀磷是对天敌影响也较小的有机磷。使用以上药剂，就能够使化学防治与生物防治有效协调起来。

生态选择性农药，是对害虫杀伤力大，对益虫杀伤力小，也就是对害虫毒性高，对天敌毒性低。例如，一种药剂能杀死 80.00% 的叶螨，只能杀死 50.00% 的天敌，这留下 20.00% 的叶螨，则由 50.00% 的天敌来控制，并使天敌能够维持下去，这就把化学防治和自然防除协调起来了，而具体做法就是调节使用剂量。此外，生态选择性农药还有其他许多方法，如用毒诱饵防治地老虎类，天敌不一定也能被引来，相应就保护下来了；使用信息激素时，改全田用药为点片用药，因为蛴螬大多数的种类在一、二龄阶段，均为聚集或核心分布。改全田用药为局部用药，就是很好的生态选择用药法，可以保护许多天敌，这也叫生态选择。

克服使用农药的局限性：要解决这个问题，首先应延缓产生抗药性的时间。从昆虫遗传变异角度来看，长期使用一种农药，将会使害虫产生抗药性。抗药性产生的早迟常与虫种以及连续使用药次数有关。因此，必须大力开展综合防治，克服过分单纯依靠农药的思想，减少施药次数。其次，把作用机制不同的农药交替使用，或者根据农药的理化性质、杀虫机理、杀虫方式和防治对象的不同而适当地把两种或两种以上的农药混合使用，常常可以起到增效及扩大防治对象、减少抗药性产生的效果。第三，提倡农药与增效剂混合，就是设法在农药中加入一种增效剂以抑制、分解昆虫体内某些酶的活性，目前认为，这种方法是防止害虫抗药性产生的重要途径。

减少农药对人畜的毒害和残毒：首先按照有关规定，禁止和限制使用部分剧毒和稳定性农药。据悉我国在早已禁止使用 3911、DDT、六六六，1605、1509。其次是规定安全等待期和使用次数：使用对硫磷的安全等待期不少于 30 天，最多使用 3 次；杀螟松安全等待期不少于 15 天，最多使用 3 次；乐果的安全等待期不少于 7 天，最多使用 2 次。第三，应规定农药在农产品上的残留极限（按商业部有关规定的标准）。

农业防治

农业防治就是以耕作栽培管理措施与害虫发生关系为基础，利用农业技术手段，有目的地改变某些环境因子，避免或减少害虫的发生。

制定农业防治措施，要有对土居害虫和寄主（作物、植物）的生物学、生态学和物候学的丰富知识，特别要着眼于找出害虫生活史中的薄弱环节。这种方法的设计，目的在于防止害虫虫口上升，而不在于害虫问题已经发生了再去解决。

农业防治的优点在于它能够起到预防性的作用，甚至可以达到根治；在大多数情况下是结合耕作栽培管理的各项措施来防治害虫，不必另外花很大代价；随着生产的持续进行，可起到压低虫源、恶化害虫生活条件和能够经常保持抑制害虫的作用。同时农业防治不会产生副作用，并可通过减少施用农药的量，从而减轻对环境的污染和杀伤害虫天敌的危险性。

事物总是一分为二的，农业防治也有它的局限性。首先，种植及农业技术的选用，必须以生产为前提，需要因地因时制宜，决不能单纯从害虫防治考虑，否则就会受到生产条件的局限；其次，农业防治往往收效较慢，这是其主要起预防作用所决定的，而且在不少情况下起的是辅助作用，不如化学防治收效快，能迅速压低虫量，因而不易受到重视，大面积普遍推广往往遇到或多或少的思想障碍，影响防治效果；最后，结合农事操作压低虫源，常常需要一定的规模才能收到显著的效果，这方面有时也受到限制。

甘孜州土居害虫防治的核心问题是如何控制害虫的种群数量。下面介绍甘孜州几十年来总结的控制害虫数量的方法。

适时播种：中华人民共和国成立之前，甘孜州炉霍县虾拉沱乡的农民在虫害周期内有按习惯适当推迟播种治虫的经验。中华人民共和国成立之后，应用推广有机氯农药处理土壤、种子，有机氯制剂残效期长，效果显著。20 世纪 70 年代后期以来，取代有机氯的农药残效期较短，群众习惯 3 月下旬至 4 月上旬播种，以麦类为主的一年一熟区蛴螬越冬后，翌年 4 月下旬害虫上升至表土层活动取食，形成药剂有效期、施药播种期，而蛴螬活动取食期不同步，出现施药防治效果差，虫害又趋严重的局面。1984 年，根据试验结果访问老农，了解历史上因遭受虫害而毁苗后，经过补种而又得到了正常收获的最迟补种时间进行了大面积防治示范。推迟 25～30 天播种，于 4 月下旬用 3% 呋喃丹毒土，防治对象大栗鳃金龟三龄幼虫第二次越冬后暴食阶段，获得了杀虫保苗均佳的满意效果，得到了广大农民的充分肯定。在川西北高原各地应在确保农作物正常生长、收获的前提下，根据越冬后蛴螬的活动期及施用农药的有效期，确定适当播种期，方能收到治虫、保苗、保产的效果。

适时灌水：在有灌溉条件的地区，群众有冬灌、春灌、苗期灌水抗旱的习惯。适时灌水，有利于作物生长，迫使蛴螬延缓上升至表土层，或下降至表土层之下，不利于蛴螬、金针虫、萤叶甲和蝼蛄在土中水平活动，能降低土居害虫种群数量和减轻危害。

合理耕作：甘孜州的夏半年（4～10 月）绝大部分土居害虫在表土层活动取食；耕地可使害虫遭受机械损伤，把害虫翻到地面被鸟类啄食。胡胜昌报道，引用西藏自治区农科所试验经验，用拖拉机和新式步犁进行秋深耕的土地，虫口分别减少 74.1% 和 48%。一些农场、县、社连续几年使用拖拉机进行秋耕达到控制土居害虫的成功实例亦不少。据试验，拖拉机秋季深耕一般可减少蛴螬虫口密度 50% 左右。根据戴贤才等对大栗鳃金龟的研究，9 月下旬步犁耕深 15.00 cm 左右，第一次越冬前的三龄幼虫机械损伤死亡占总虫数的 7.84%，翻到土面被鸟类啄食占总虫数的 6.3%。夏季耕翻轮歇地可把卵和蛹翻到土面，改变卵和蛹的垂直分布，不利于蛹羽化和卵孵化。秋耕、春耕可降低麦奂夜蛾、叶甲类越冬卵的孵化率。合理耕作是秋收后早秋耕，害虫在 9 月中旬开始下降至耕作层以下越冬，力争在害虫下降至耕作层以下前秋耕 1～2 次；虫害年份适时晚耕晚熟，在保证青稞正常成熟的前提下，力争多数害虫越冬后上升至表土层后春耕；轮歇地在野燕麦等杂草种子成熟前耕第一次，秋收前后耕第二次。

精耕细作：耕作从两个方面影响蛴螬种群数量。一是耕作过程中造成直接的机械损伤死亡；二是将部分蛴螬翻至土表被鸟类啄食。群众适时播种治虫的经验基础是精耕细作。据调查，9 月下旬秋耕时，蛴螬因机械损伤死亡 7.5%，翻到土表被鸟类啄食 6.3%。金龟子 6 年发生 1 代区，幼虫要经历 7 次耕地，5 年发生 1 代区要经历 6 次耕地。适时春耕播种，早秋耕，轮歇地多次夏耕、秋耕，特别是采用拖拉机、新式步犁耕地，对降低虫口密度、减轻虫害程度有积极作用。

四川省九龙县、丹巴县、炉霍县、道孚县等县群众有利用春耕和秋耕人工随犁捡除害虫的习惯，丹巴半扇门乡大坞坝村、九龙乃渠乡烂堡子、清明等村一人一天可以捡除蛴螬5 kg以上。

青稞萤叶甲和麦奂夜蛾严重发生的地方，还可以实行豆（豌豆、蚕豆和马铃薯）和麦类作物（青稞、小麦）轮作，能大大地减少幼虫虫口数量，因为这两种害虫的幼虫，主要取食麦类作物种子和根系，轮作就切断了食物链，恶化了食物条件，从而达到了防治这两种害虫的目的。

生物防治

当确定一项综合防治方案或选择一项害虫防治方法时，害虫防治人员首先要办的事，就是分析防治范围内的天敌在控制已有的潜在的害虫作用。生物防治现已成为一门富有生命力的学科。1963年联合国教科文组织提出的一份专门调查报告《科学研究的当前趋势》，其中谈道："与自然危害做斗争（按：指病虫草害）有直接的方法（化学、物理防治）和间接的方法（农业与生物防治等）。过去所使用的武器和方法，大都是直接的方法，目前在很大程度上仍是如此。今后的趋势则是向间接和专一化的方向发展。例如正在寻找足以消灭和控制病虫杂草危害的天敌，并尽可能模拟自然条件。试验结果间接方法已被证明十分成功，特别是通过引进寄生物和致病作用以消灭那些需要防治的对象。"应用有害生物的天敌特别是创造有利于天敌的生态条件来控制病、虫、草害，是今后植保工作的方向。

生物防治是害虫综合防治的重要组成部分，是利用生物间内部关系，调节有害生物种群密度的措施，即利用生物群控制生物群。生物防治是一种独特的治虫措施，它的优越性是其他方法所不能代替的。

第一，持久性：如能把生物防治做到家，就可能一劳永逸。经过驯化的害虫天敌，具有调节的功能，能达到持久控制害虫的效应。

第二，预防性：生物防治能消灭害虫在发生前，特别是卵期寄生天敌，它能消灭害虫于胚胎发育时期。

第三，害虫无抗性：目前已知有300多种害虫对某些农药产生了抗性，甚至具交互抗性，生物防治（无论是以虫治虫，或是以菌治虫）都无抗性。

第四，安全性：具有选择性的病原微生物、食虫昆虫或其他有益生物，大部分都具专化性，因此对人畜、作物都非常安全。

第五，经济性：据美国统计，投资1美元生物防治的费用，可获30美元效益；投资1美元化学防治的费用，其他收益仅为5美元。

第六，能就地取材：由于生物防治具有上述优点，目前国内外越来越多的昆虫学者和微生物学者投入到生物防治行列。

关于土居害虫的生物防治研究早已进行，如 Link（1809）发现卵孢白僵菌（*Beauveria brongniatii*）是蛴螬的寄生菌，并命名为 *Sporotrichum densum*，此后了解此菌广泛分布于欧洲各地，并陆续有人进行了研究。日本岩渊、河村两氏于 1909 年，从蚕体中又分离发现此菌，同时发现此菌可寄生于膜翅目、鳞翅目和双翅目等多种昆虫上。1972 年 Hurpln 和 Robert 应用此菌和其他 4 种病原微生物，即 *Baacillus popillae*、*Rickettsiella melonlonthae*、*Vagoiavirus melonlonthae* 和 *Adelina melolonthae*，连续 4 年在牧草地施用，用于防治蛴螬 *Melolonthae melolontha*，试验结果表明以 *B. tenella* 效果最显著。

1879 年俄国梅契尼科夫（Elie Metchnikoff），首先从小麦金龟（*Anisoplia austriaca* Herbst）分离出绿僵菌（*Metarrhizium anisopliae*）后引起各国的重视；以后研究该菌，知可寄生 200 余种昆虫。1914 年日本有人从夏威夷引进该菌至我国台湾，进行防治金龟的研究。在加拿大发现绿僵菌对暗色叩头虫有感染。在印度南部可寄生在一种金龟（*Cryctes rhinoceros*）上。我国南开大学从阔胸犀金龟幼虫上分离出绿僵菌，轻工业部甘蔗研究所在广东进行了绿僵菌防治蔗龟的试验。

1941 年长谷川和小山曾用 *Isaria kogane* 和 *Oospora* sp. 对蛴螬（*Holotrichia diomphalia* Bates）进行防治研究。

1975 年青木从金龟（*Mimela Costata*）分离出 3 种丝状菌，即 *Beauverie tenella*、*B. bassiana* 和 *Synnematium jonesii* 近缘种，试验证明前两种接种于 3 种金龟（*Anomala cuprea*、*Polyphylla pecea* 和 *Maladera casstanea*）均可感病。

1984 年岛津等从蛴螬（*Anomala cuprea* 和 *A. costata*）分离出 *Beauveria amorpha*，这在日本尚属新纪录。

上述报道虽然较多，但实际可应用于生产的是卵孢白僵菌和乳状菌。

卵孢白僵菌已有使用实例，在法国将其施于土中，施用孢子量为 20×10^9 个/m^2，以防治五月鳃金龟（*Melolontha melontha*），一年后仍有效果；4 年后土中仍有该菌存在。在日本用该菌防治蛴螬（*Anomala cuprea*）。在我国江苏省也发现卵孢白僵菌的新变种，在赣榆县暗黑鳃金龟幼虫自然感病率达 61.90%，此菌对暗黑鳃金龟专化性强，室内试验感病率达 100.00%，田间初步试验，虫口减退率 50.00%（伍椿年，1984）。据报道，在皖北地区此菌亦分布普遍。综上所述，作者认为在我国应用卵孢白僵菌防治蛴螬，具有一定的可行性，但要考虑养蚕业的安全问题。

关于乳状菌，首先 Dutky 于 1940 年报道，从日本甲虫分离并定名的，有甲、乙两型，即日本甲虫杆菌 [（*Bacillus popilliae*）和（*B. lentimorbus*）]，现国外已有商品制剂，即 Doom（前者）和 Japidemie（后者）。以后在新西兰、澳大利亚、法国、马达加斯加、斯里兰卡等分离到一些变种。我国蛴螬乳状菌研究从 1973 年中国农业科学院邱式邦先生自美国引进菌种开始，1978 年中国农业科学院植保所和中国科学院动物所共同主持召开了全国蛴螬乳状菌科研协作会，推动了这一研究工作的开展，已在豫、晋、鲁、冀、苏、陕、辽、黑、闽等省发现自然分布，感染的蛴螬有 10 余种之多，但目前距实际应用还有不小距离。主要的问题是不能人工培养，需通过活体产生，至今国内外均未能解决此问题。

有关其他方面的研究还有很多，如：

线虫：应用杀虫性线虫（*Entomopathogenic nematodes*）防治土居害虫是有前途的，如用 DD‒136（学名应改正为 *Steinernema feltiae* Filipjev），用量为 22.20 万 $\times 10^9$ 头/6 亩，防治蛴螬达 100.00% 效果，亦可与 BT 剂混用，防治大蚊幼虫、防治蛴螬；春、秋低温时用格氏线虫（*Neoaplectana glaseri*）；夏季高温时用 *Heterorhabditis bacteriophora*。格氏线虫施用量为 25.00 万～50.00 万头/m^2，死亡率 60.00%～70.00%，1952 年曾从美国引入新西兰，以防治蛴螬（*Costelytra Zealandica*）；其他还有索线虫，也能寄生在蝼蛄和蛴螬上。一般应用线虫防治土居害虫，不要散布在地面，以施入土中为佳，要考虑寄主的栖息深度，也可与基肥混用。

土蜂：土蜂为外寄生天敌，多寄生在蛴螬上，我国已知种类有大斑土蜂（*Scolia clypeata* Sickman）、臀钩土蜂（*Tipdhia* spp）、*T. phyllophaga* Allen et Jayness 和 *Campsomeris annulata* Fabricius 等。美国曾从我国和日本引入臀钩土蜂和 *C. annulata*，以防治日本甲虫。非洲 1917～1951 年间，多次引种土蜂，但只有两次在引种地定居下来（Kumar，1984）。

我国关于土蜂的研究近年也已开展，山东省莱阳县植保站 1979～1986 年较深入地对大黑臀钩土蜂（*Tiphia* sp.）进行了研究，在明确其生物学特性和发生规律的基础上，又开展助迁利用研究，在 200.00 亩试验示范区，1983 年每亩放蜂 1 000 头左右，当年大黑鳃金龟寄生率一般在 60.00%～70.00%，基本控制了危害（山东省莱阳县植保站，1986）。

其他：短鞘步甲（*Pheropsophus jessoensis* Morawitz）喜食蝼蛄（若虫、成虫）及其卵，黄褐蠼螋（*Labidura* sp.）捕食东方蝼蛄，金龟长喙寄蝇（*Prosena siberita* Fabricius）能寄生于多种蛴螬。此外，病毒立克次氏体等也能感染蛴螬等。

综上所述，土居害虫天敌种类虽多，但能利用者却很少，今后应调查土壤中的天敌种类，研究其保护和利用的可能性，同时还要考虑生物防治与化学防治的协调作用，以提高综合防治效果。

据初步调查，在川西北高原金龟子的天敌有哺乳纲、鸟纲、昆虫纲、真菌纲的 7 科 18 种。主要是鸟类，计 13 种。

保护鸟类，川西北高原的广大群众有爱鸟护鸟的传统习惯。鸟类在抑制金龟子种群数量中起着积极的作用。耕地时，可以看见成群结队的鸟类，随着耕地犁沟啄食翻到土面的蛴螬；需进行补充营养的金龟子出土后栖息林木、灌木取食时被鸟类大量啄食。大栗鳃金龟取食飞行后，产卵飞行前林区取食交尾期间，每天 9~10 时、16~17 时，鸦类群集体区啄食树上成虫，取食腹部，丢弃的头、胸部落到地面。调查林区施药防治效果时发现，每平方米有虫尸 176.90 头、135.70 头、57.60 头，被鸟类啄食丢弃的头胸部依次占 8.90%、12.60%、16.70%。实际被啄食的比例更大些，首先是利用药剂防治在害虫产卵飞行前进行，鸟类啄食延续到林区没有成虫；其次是鸟类丢的头胸部，相当一部分在林木枝叶上。林区鸟类啄食成虫，可能是成虫需进行补充营养的多年发生 1 代的种类猖獗世代的制约因素。

开发利用白僵菌，白僵菌普遍存在于金龟子分布区内，幼虫自然寄生率 1.00% 左右。早在 20 世纪 50 年代，曾经试用白僵菌、白僵蚕及虫草菌接种蛴螬做防效试验，防效不显著；20 世纪 60 年代中期，引进白僵菌孢子粉进行土壤处理，寄生率仍不理想。1978 年四川省甘孜州农科所植保工作者从理塘县甲洼乡、藏坝乡、康定且甲根坝乡采集在自然环境中被白僵菌寄生的大栗鳃金龟僵虫，从甘孜县拖坝乡采回甘孜鳃金龟僵虫，经过分离培养进行致病力测定，筛选出 78 -3、78-5、78-8、78-9 共 4 个白僵菌株系。1979~1981 年用 78-9 孢子粉处理土壤，对甘孜鳃金龟进行田间致病力测定，施菌后的第 2 年僵虫率达 57.10%~94.10%。工作因各种原因影响中断，开发前景待进一步探索。

利用家畜哄食蛴螬，川西北高原有放牧养猪的习惯，家养猪像野生猪獾一样，能在大自然的广阔土地里找到蛴螬。夏秋在自然草地或轮歇地放牧，秋收在耕地里放牧，都可观察到猪群自在地哄食蛴螬的现象，类似耕地一样把土地翻一遍。这无疑将降低虫口密度，影响程度和进一步利用待探索。

生物防治的前景及今后的任务

生物防治同化学防治一样，都不是十全十美的、万能的。我们必须全面深入地研究生态环境中各个矛盾的状况，从中找出矛盾转化的关键措施，把害虫控制在不足危害的水平，以达到保护人畜和增产节约的目的。在全面贯彻农业措施的基础上，摸清害虫与周围生态环境（特别是有益生物）的关系，采取综合防治的手段，最大限度地创造有利于天敌生存和发展、不利于害虫发生的条件。因此，生物防治本身也必须采取综合的手段，才能达到理想的效果。为了使生物防治工作稳步向前发展，有必要加强以下几个方面的研究工作：

第一，加强土居害虫天敌资源调查、分类鉴定、定向驯化选育和天敌在整个生态系统中如何发挥作用等基础研究工作。

第二，加强在基本摸清土居害虫天敌资源的基础上，积极开展重要的有益天敌生物、生态学研究，为天敌的移殖引种工作提供科学依据。

第三，为补充自然界天敌的数量，发挥抑制害虫的作用，积极开展天敌人工繁殖新技术、新途径研究，包括昆虫人工饲养，人工直接培养寄生性、捕食性天敌等工作。

第四，加强昆虫病毒、病原微生物、线虫等在防治果树害虫的应用研究。

物理与人工防治

灯光诱杀，利用金龟子、地老虎等昆虫的趋光性，应用黑光灯、荧光灯、白炽灯诱杀成虫，可降低害虫田间发生量。1981～1983 年在康定县利用荧光灯诱虫时，诱集到金龟子 11 种，年均诱杀金龟子1 886头；1979～1981 年，甘孜州主要农作物病虫普查协作组在九龙县水打坝村进行荧光灯诱虫，在翠绿丽金龟成虫飞行年（1981）的成虫出土飞行盛期，1 晚 1 灯诱杀成虫 2～3 kg；1978 年，甘孜州农牧局住丹巴县工作组在聂呷乡安置高压电网黑光灯杀虫灯 20 支，最多时每灯下击杀金龟子成虫 200 头。利用灯光诱杀成虫应针对当地某种或几种害虫的成虫飞行盛期进行，不宜不加分析地长期进行灯诱，尽量避免一些害虫天敌无辜受害。

人工捕捉，在成虫集聚取食时期，利用成虫的假死性，在林缘选择成虫聚集较多，通过人力摇动小树，由两人在树下牵开塑料订单之类的收集用品，再由一人震摇小树可将大多数震落下的成虫收集起来，集中用开水烫死，用这种方法，1960 年曾经在一棵杉树上收集到大栗鳃金龟（成虫）30 kg。

其他方法防治

近年国内外还研究探讨了其他防治方法，如有使日本甲虫拒食的驱避剂"四甲秋兰姆化二硫"；有昆虫食物引诱剂，引诱日本甲虫的"丁香酚和丙酸苯乙酯"（*Tetramethy thuiuram disulfide*）、引诱欧洲鳃金龟（*Melolontha melolontha* L.）的"1，4－苯并二氧环－2－一羧酸丙酯"等。又如 Rpgers（1978）报道，在美国不同的向日葵品种上对胡萝卜金龟（*Bothynus gibbosus*）的抵抗性也不同，以幼虫测定危害根部，Hybrid 896 品种受害最重。日本稻生报道，在同一虫口密度的情况下（金龟 *Maladera castanea*）试验，甘薯品种"金时"受害率为90%；白滨也报道，这种金龟喜好"金时"品种。

1974 年 Gruner 等在法国发现石炭酸对金龟（*Cyclocephala insulicola*）成虫有极强的引诱力，可使其幼虫密度显著降低；1979 年 Oshorae 等在新西兰发现 2 - 氟化酚和 4 - 氟化酚对金龟（*Costelytra zealandica*）的雌成虫有很强的引诱作用。作者等于 1982～1983 年用石炭酸和萘，对暗黑鳃金龟、大黑鳃金龟和铜绿丽金龟试验，毫无引诱作用。

附录 甘孜州土居害虫中文虫名与拉丁学名对照

一、甘孜州主要土居害虫

名称	土居害虫
黄边长丽金龟	*Adoretcsoma perplexum* Machatschke
小蓝长丽金龟	*Adoretosom chromaticum* Fairicaire
黑跗长丽金龟	*Adoretosoma atritarse* Fairmaire
八字地老虎	*Agrotis cnigrum* Linnaeus
黄地老虎	*Agrotis segetum* Schiffermuller
小地老虎	*Agrotis ypsilon* Rottemberg
麦奂夜蛾	*Amphipoea fucosa* Preyer
腹毛异丽金龟	*Anomala amychodes* Ohaus
古墨异丽金龟	*Anomala antiqua* Gyll
绿脊异丽金龟	*Anomala aulax* Wiedemann
月斑异丽金龟	*Anomala bilunata* Fairmaire
铜绿丽金龟	*Anomala corpulenta* Motschulsky
漆黑异丽金龟	*Anomala ebenina* Fairmaire
深绿异丽金龟	*Anomala heydeni* Frivaldszky
侧皱异丽金龟	*Anomala kambeitina* Ohaus
翠绿异丽金龟	*Anomala millestriga* Bates
黑斑异丽金龟	*Anomala nigricollis* Lin
黄带丽金龟	*Anomala obenina* Fairm
三带异丽金龟	*Anomala trivirgata* Faimaire
脊纹异丽金龟	*Anomala virdicostata* Nonfried
侧肋异丽金龟	*Anomala latericostulata* Lin
陷缝异丽金龟	*Anomalaru fiventria* Redtenbacher

续表

名称	土居害虫
藏畸绒金龟	*Anomatophylla thibetana* Brenske
雅蜉金龟	*Aphodius elegans* Allibert
游荡蜉金龟	*Aphodius erraticus* Linnaeus
粪堆蜉金龟	*Aphodius fimetarius* Linnaeus
端带蜉金龟	*Aphodius fisciger* Harold
煽动蜉金龟	*Aphodius instigator* Balthasar
黑背蜉金龟	*Aphodius melanodiscus* Zhang
直蜉金龟	*Aphodius rectus* Motschulsky
四川蜉金龟	*Aphodius sichuanensis* Zhang
凶狠蜉金龟	*Aphodius truculentus* Balthasar
皱异跗萤叶甲	*Apophylia rugiceps* Gressittand Kimoto
康川花金龟	*Atropinota funkei* Heller
透翅崇丽金龟	*Blitopertha conspurcata* Harold
胡萝卜金龟	*Bothynus gibbosus*
波婆鳃金龟	*Brahmina potanini* Semenov
波鳃金龟	*Brahmina sp.*
蓝边矛丽金龟	*Callistethus plagiicollis* Fairmaire
红斑矛丽金龟	*Callistethus stoliczkae* Sharp
黄边食蚜花金龟	*Campsiura mirabilis* Faldermann
白斑跗花金龟	*Clinterocera mandarina* Westwood
不等蜣螂	*Copris inaequeabilis* Zhang
魔蜣螂	*Copris magicus* Harold
奥蜣螂	*Copris obenbergri* Balthasar
臭蜣螂	*Copris ochus* Motschulsky
油葫芦	*Cryllus testaceus* Walker
褐红弯腿金龟	*Dasyvalgus* Nanarensis Arrow
绿凹缘花金龟	*Dicranobia potanini* Kraatz
光斑鹿花金龟	*Dicranocephalus dabryi* Ausaux
宽带鹿花金龟	*Dicronocephalus adamsi* Pascoe
黄粉鹿花金龟	*Dicronocephalus wallichii* Keychain
毛缺鳃金龟	*Diphycerus davidis* Fairmaire

续表

名称	土居害虫
阿怪蜣螂	*Drepanocerus arrowi* Balthasar
双疣平爪鳃金龟	*Ectinohoplia tuberculicollis* Moser
希鳃金龟	*Eillyotrogus sp.*
毕武粪金龟	*Enoplotrupes bieti* Oberthur
多色武粪金龟	*Enoplotrupes variicolor* Fairmaire
影等鳃金龟	*Exolontha umbraculata* Burmeister
青稞萤叶甲	*Geinula antennata* Chen
绿翅短萤叶甲	*Geinula jacobsoni* Ogloblin
齿股粪金龟	*Geotrupes armicrus* Fairmaire
黄斑短突花金龟	*Glycyphana fulvistemma* Motschulsky
点蜡斑金龟	*Gnorimas anoguttalus* Fairmaire
东方蝼蛄	*Gryllotalpa orientalis* Burmeister
华北蝼蛄	*Gryllotalpa unispina* Saussure
墨侧裸蜣螂	*Gymnopleurus mopsus* Fairmaire
长角希鳃金龟	*Hilyoirogus longiclavis* Bates
二色希鳃金龟	*Hilyotrogus bicoloreus* Heyden
阔缘齿爪鳃金龟	*Holotrichia cochinchina* Nonfried
宽齿爪鳃金龟	*Holotrichia lata* Brenske
长切脊头鳃金龟	*Holotrichia longinscula* Moser
巨狭肋鳃金龟	*Holotrichia maxina* Chang
峨眉齿爪鳃金龟	*Holotrichia omeia* Chang
暗黑鳃金龟	*Holotrichia parellela* Motschulsky
齿爪鳃金龟	*Holotrichia sp.*
四川大黑鳃金龟	*Holotrichia szechuanensis* Chang
棕色鳃金龟	*Holotrichia titanis* Reitter
双斑单爪鳃金龟	*Hoplia bifasciata* Medvedev
单爪鳃金龟	*Hoplia sp.*
灰胸突鳃金龟	*Hoplosternus incanus* Motschulsky
日胸突鳃金龟	*Hoplosternus japonicus* Harold
胸突鳃金龟	*Hoplosternus sp.*
斑驼弯腿金龟	*Hybovalgus bioculatus* Kolbe

续表

名称	土居害虫
硕沟丽金龟	*Ischnopillia atronitens* Machatschke
沟丽金龟	*Ischnopoillia sulcatula* Lin
毛额丽金龟	*Ischnopoillia suturella* Machatschke
竖毛丽金龟	*Ischnopopillia exarata*
短毛斑金龟	*Lasiotrichius succinctus* Pallas
牛角利蜣螂	*Liatongus bucerus* Fairmaire
发利蜣螂	*Liatongus phanaeoides* Westwood
锹甲	*Lucanidus sp.*
烂锹甲	*Lucanus lesnei* Planet
黄翅大白蚁	*Macrotermes barneyi* Light
玛绢鳃金龟	*Maladera sp.*
褐纹金针虫	*Melenotus canalicalatus* Fald
大栗鳃金龟	*Melolontha hippocastani mongolica* Menetries
五月鳃金龟	*Melolontha melontha*
甘孜州鳃金龟	*Melolontha permira* Reitter
鲜黄鳃金龟	*Metabolus tumidifrons* Fairmaire
中华彩丽金龟	*Mimela chinensis* Kirby
粗绿彩丽金龟	*Mimela holosericea* Fabricius
草绿彩丽金龟	*Mimela passerinii* Hope
川草绿彩丽金龟	*Mimela passerinii pomacea* Bates
皱点彩丽金龟	*Mimela rugosopunctata* Fairmaire
墨绿彩丽金龟	*Mimela splendens* Gyllenhal
褐色头花金龟	*Mycteristes microphyllus* Wood – mason
褐斑背角花金龟	*Neophaedimus auzouxi* Lucas
黑翅土白蚁	*Odontotermes formosanus* Shiraki
前翅嗡蜣螂	*Onthophagus procurvus* Balthasar
长角嗡蜣螂	*Onthophagus productus* Arrow
扎嗡蜣螂	*Onthophagus zavreli* Balthasar
麻绢鳃金龟	*Ophthalmoserica sp.*
斑青花金龟	*Oxycetonia bealiae* Gory et Percheron
小青花金龟	*Oxycetonia jucunda* Faldermann

续表

名称	土居害虫
褐色环斑金龟	*Paratrichius castamus* Ma
褐翅环斑金龟	*Paratrichius pauliani* Tesar
小黑环斑金龟	*Paratrichius septemdecimguttatus* Snellen
筛点发丽金龟	*Phyllopertha cribriooll1s* Faimaire
光裸发丽金龟	*Phyllopertha glabripennis* Mysdvedev
园林发丽金龟	*Phyllopertha hortioola* Linne
宽带发丽金龟	*Phyllopertha latevittata* Fairmaire
点宣发丽金龟	*Phyllopertha puncticollis* Reatter
斧须发丽金龟	*Phyllopertha suturata* Fairmaire
六斑绒毛花金龟	*Pleuronota sexmaculata* Kraatz
褐锈花金龟	*Poecilophilides rusticola* Burmeister
小云斑鳃金龟	*Polyphylla gracilicornis* Blanchard
大云斑鳃金龟	*Polyphylla laticollis* Lewis
瘦足弧丽金龟	*Popilla leptotarsa* Lin
云臀弧丽金龟	*Popillia anomal oides* Kraatz
琉璃弧丽金龟	*Popillia atrocoerulea* Bates
蓝黑弧丽金龟	*Popillia cyane* Hope
川臂弧丽金龟	*Popillia fallaciosa* Fairmaire
弱斑弧丽金龟	*Popillia histeroidea* Gyllenhal
棉花弧丽金龟	*Popillia mutans* Newman
毛胫弧丽金龟	*Popillia pilifera* Lin
曲带弧丽金龟	*Popillia pustulata* Fairmaire
中华弧丽金龟	*Popillia quadriguttata* Fabricius
川绿弧丽金龟	*Popillia sichuanenis* Lin
幻点弧丽金龟	*Popillia varicollis* Lin
齿胫弧丽金龟	*Popillia viridula* Kraatz
多纹星花金龟	*Potosia famelica* Janson
戴狭锹甲	*Prismoqnathus davidis* Deyr
亮绿星花金龟	*Protaetia（Calopotosia）nitididorsis* Fairmaire
暗绿星花金龟	*Protaetia（Liocola）lugubris orientalis* Medvedev
白星花金龟	*Protaetia brevitarsis* Lewis

续表

名称	土居害虫
黑绿拟环斑金龟	*Pseudogenius viridicatus* Ma
日铜罗花金龟	*Pseudotorynorrhina japonica* Hope
长胸罗花金龟	*Rhomborhina fuscipes* Fairmaire
黄毛罗花金龟	*Rhomborrhina fulvopilosa* Moser
日罗花金龟	*Rhomborrhina japonica* Hope
细纹罗花金龟	*Rhomborrhina mellyi* Gory et Percheron
榄罗花金龟	*Rhomborrhina olivacea* Janson
绿罗花金龟	*Rhomborrhina unicolor* Motschulsky
漆亮罗花金龟	*Rhomborrhina vernicata* Fairmaire
暗褐金针虫	*Selatosomus sp.*
黑绒金龟	*Serica orientalis* Motschulsky
遗蛛蜣螂	*Sisyphus neglectus* Gory
中索鳃金龟	*Sophrops chinnsis brenske*
戴联蜣螂	*Synapsis davidis* Fairmaire
三齿联蜣螂	*Synapsis tridens* Sharp
丽腹弓角鳃金龟	*Toxospathius auriventris*
绿腹弓角鳃金龟	*Toxospathius inconstans* Fairmaire
三带斑金龟	*Trichius trilineatus* Ma
海登毛绒金龟	*Trichoserica heyden* Reitter
短体唇花金龟	*Trigonophorus gracilipes* Westwood
鲍皮金龟	*Trox boucomonti* Paulian

二、甘孜州主要土居害虫天敌

名称	天敌
螟蛉绒茧蜂	*Apanteles ruficrus* Haliday
蛴螬乳状杆菌	*Bacillus popilliae*
卵孢白僵菌	*Beauveria brongniatii*
白僵菌	*Beuaveria bassiana*
细颈步甲	*Brachinus scotomedes* Bates

续表

名称	天敌
大翅蝶科	Brassolidae
中华星步甲	*Calosoma chinense* Kirhy
夜蛾齿唇姬蜂	*Campoletis sp*
中华虎甲	*Cicindela chinenesis* Degeer
黑蚱蝉	*Cryptotympana atrata* Fabricius
土蚕大凹姬蜂	*Ctenichmauon punzari suzukii*
小地老虎大凹姬蜂	*Ctenichneumon sp* Matsumura
夜蛾细颚姬蜂	*Enicospilus ramidulus* Linne
杀虫性线虫	*Entomopathogenic nematodes*
黄粉蝶	*Eurema blanda* Linnaeus
土蚕大铁姬蜂	*Eutanyacra picta* Schrank
广腹螳螂	*Hierodula patellifera* Serville
蛴螬	*Holotrichia diomphalia* Bates
透翅蝶科	Ithomiiciae
黄褐蠼螋	*Labidura sp.*
灰等腿寄蝇	*Lsomera cinerascens* Rondani
大白蚁亚科	Macrotermitinae
欧洲鳃金龟	*Melolontha melolontha* L.
绿僵菌	*Metarhizium anisopliae*
伏虎茧蜂	*Meterus rubcns* Nees
格氏线虫	*Neoaplectana glaseri*
甘蓝夜蛾拟瘦姬蜂	*Neteliaocellaris* Thomson
夜蛾瘦姬蜂	*Ophion lutens* Linnaeus
黄带并区姬蜂	*Perocormus generosus* Smith
草履虫	*Paramecium caudatum*
爪哇气步甲	*Pheropsophus javanus* Dejean
短鞘步甲	*Pheropsophus jessoensis* Morawitz
三叉步甲	*Pheropsophus occipitalis* Macleay
大粉蝶	*Pieris brassicas* Linnaeus
金龟长喙寄蝇	*Prosena siberita* Fabricius
大斑土蜂	*Scolia clypeata* Sickman

续表

名称	天敌
黏质沙雷氏杆菌	*Serratia marcescens*
鸡菌属	*Termitomyces*
臀钩土蜂	*Tipdhia spp*
大黑臀钩土蜂	*Tiphia sp.*
钩土蜂科	Tiphiidae
拟澳洲赤眼蜂	*Trichogramma confusum* Viggiani
广赤眼蜂	*Trichogramma evanescens* Westwood

三、甘孜州主要土居害虫寄主

名称	寄主
葱	*Allium fistulosum* L.
大蒜	*Allium sativum* L.
韭菜	*Allium tuberosum* L.
看麦娘	*Alopecurus aequalis* Sobol.
毒伞科	Amanitaceae
当归	*Angelica sinensis*（Oliv.）Diel
紫穗槐	*Anorpha fruticosa* L.
落花生	*Arachis hypogaea* L.
牛蒡	*Arctium lappa* L.
艾蒿	*Artemisia argyi* Levl
冷蒿	*Artemisia frigida* Willa
臭蒿	*Artemisia hedinii*
菊科	Asteraceae
燕麦	*Avena sativa* L.
甜菜	*Beta vulgaris* L.
小白菜	*Brassica chinensis* L.
油菜	*Brassica chinensis oleifera* Makino
甘蓝	*Brassica oleracea* L.
大白菜	*Brassica pekinensis* Rupr.
十字花科	Brassicaceae Burnett
茶	*Camellia sinensis*（L.）O. Kuntze

续表

名称	寄主
板栗	*Castanea mollissima* Bl.
藜科	Chenopodiaceae
小蓟	*Cirsium setosum*
柑橘	*Citrus reticulata* Blanco.
路党参	*Codonopsisi tangshen uliv*
旋花科	Convolvulaceae
山楂	*Crataegus pinnatifida* Bge
甜瓜	*Cucumis melo* L.
葫芦科	Cucurbitaceae
胡萝卜	*Daucus carota* L.
甘薯（白薯、红薯）	*Dioscorea esculenta*（*Lour.*）Burkill
柿	*Diospyros kaki* L.
柿树科	Ebenaceae
壳斗科	Fagaceae
荞麦	*Fagopyrum esculentum* Moench.
大豆	*Glycine max* Merrill
棉	*Gossypium arborcum* L.
向日葵	*Helianthus annuus* L.
大麦（青稞）	*Hordeum vulgare* L.
苦荬菜	*Ixeris sonchifoliu* Hance
胡桃科	Juglandaceae
核桃	*Juglans regia*
莴苣	*Lactuca sativa* L.
豆科	Leguminosae
百合科	Lilicaceae
沙果	*Malus asiatica* Nakai
苹果	*Malus domestica*
锦葵科	Malvaceae
苜蓿	*Midicago sativa* L.
香蕉	*Musa nana* Lour.
稻	*Oryza sativa* L.

续表

名称	寄主
黍	*Panicum miliaceum* L.
四季豆	*Phaseolus vulgaris* L.
梯牧草	*Phleum pratense* L.
松科	Pinaceae
华山松	*Pinus armandii* Franch.
油松	*Pinus tabulaeformis* Carr.
云南松	*Pinus yunnanensis*
豌豆	*Pisum sativum* L.
杨	*Populus sp.*
杏	*Prunus armeniaca* L.
桃	*Prunus persica* Stokes
樱桃	*Prunus pseudocerasus* Colt
李	*Prunus salicina* Lindl.
梨	*Pyrus spp*
柞	*Quercus* Sp.
萝卜	*Raphanus sativus* L.
鼠李科	Rhamnacae
洋槐	*Robinia pseudoacacia* L.
鹅观草	*Roegneria kamoji* Ohwi
蔷薇科	Rosaceae
芸香科	Rutaceae
杨柳科	Salicaceae
柳	*Salix babylonica* L.
琴柱草	*Salvia nipponica* Miq.
华鸡菌属	*Sinotermitomyces*
茄科	Solannaceae
马铃薯	*Solanum tuberosum* L.
高粱	*Sorghum bicolor*（L.）Moench
蒲公英	*Taraxacum mongolicum* Hand. – Mazz
茶科	Theaceae
小麦	*Triticum aestivum* L.

续表

名称	寄主
榆科	Ulmaceae
榆	*Ulmus pumila* L.
伞形科	Umbelliferae
紫色芍子	*Vicia cracca* L.
蚕豆	*Vicia faba* L.
葡萄科	Vitaceae
葡萄	*Vitis vinifera* L.
黑炭棒菌	*Xylaria nigripes* KI.
玉米	*Zea mays* L.
枣	*Zizyphus jujuba* Mill.

主要参考文献

[1] 四川省农科院植保所. 四川农业害虫及其天敌名录［M］. 成都：四川科学技术出版社，1986.

[2] 石万成. 中国农林昆虫地理区划——四川省农林昆虫地理区划［M］. 北京：中国农业出版社，1998.

[3] 魏鸿钧，等. 中国土居害虫［M］. 上海：上海科学技术出版社，1989.

[4] 中国科学院成都地理研究所. 四川农业地理［M］. 成都：四川人民出版社，1981.

[5] 中国科学院《中国自然地理》委员会. 中国自然地理：动物地理［M］. 北京：科学出版社，1979.

[6] 马世骏. 中国昆虫地理区划［M］. 北京：科学出版社，1959.

[7] 郑作新，等. 中国动物地理区划［J］. 地理学报，1956，22（1）：93－109.

[8] 张治良. 金龟子及其分类［J］. 甘肃农业科技情报，1986（5）：26.

[9] 张治良，吕文仲. 黄边食蚜花金龟研究简报，铅印内部资料，1982.

[10] 戴贤才. 大粟金龟甲生活史的研究［J］. 昆虫学报，1965，14（3）：276－284.

[11] 石万成，刘旭，罗孝贵，等. 川西高原青稞害虫及发生特点研究［J］. 西南农业大学学报，1999，21（2）：43－49.

[12] 李建荣，石万成，等. 暗黑齿爪鳃金龟 *Holortichia parallela* Motschulsky 种群生命表研究［J］. 西南农业大学学报，1994，16（6）：521－524.

[13] 石万成，李建荣，等. 暗黑齿爪鳃金龟虫口密度与花生产量损失的关系［J］. 西南农业大学学报，1993（2）：50－54.

[14] 李建荣，石万成，等. 暗黑齿爪鳃金龟室内种群生命表［J］. 昆虫知识，1995（2）：87－90.

[15] 石万成，李建荣，等. 暗黑齿爪鳃金龟幼虫危害花生的分布型及其原因研究［J］. 西南农业大学学报，1996，18（6）：503－506.

[16] 刘旭，石万成，等. 花生地暗黑齿爪鳃金龟幼虫空间格局及抽样技术研究［J］. 沈阳农业大学学报，1994，25（3）：268－272.

244

［17］喻幸香，李建荣，等. 花生蛴螬种群分布和季节动态研究［J］. 西南农业大学学报，1994，16（2）：171－174.

［18］喻幸香，李建荣. 花生蛴螬种群分布和季节动态研究［J］. 花生科技，1995（3）：37.

［19］钟洪斌. 甘孜州昆虫和农业害虫分布初探［J］. 甘孜州农牧校校刊，1987（1）：1－7.

［20］霍永海，戴贤才，等. 暗褐叩头甲生活史的研究［J］. 甘孜州农学会会刊，1985（1）：20－27.

［21］霍永海. 暗褐叩头甲发生规律的研究［J］. 甘孜州农学会会刊，1987（1）：16－22.

［22］戴贤才，李相宽. 当前老母虫危害情况及防治意见［J］. 甘孜州农业科技，1990（2）：20－24.

［23］戴贤才，李相宽. 炉霍县园艺场防治老母虫的对策和措施［J］. 甘孜州农业科技，1990（2）：24－26.

［24］钟鸿斌. 大栗金龟的预测预报［J］. 甘孜州农牧校校刊，1980（1）：15.

［25］李相宽，戴贤才. 大栗金龟甲的生活规律预测预报［J］. 甘孜州科技，1990（6）：8－12.

［26］乔光辉. 松土灌根防治大栗鳃金龟幼虫危害云冷杉幼苗的试验［J］. 甘孜州科技，1984（4）：7.

［27］戴贤才，霍永海，等. 甘孜鳃金龟生物学特性研究［J］. 甘孜州农业科技，1991（2）：19－26.

［28］戴贤才，彭福成，等. 小云斑鳃金龟生物学特性研究，打印资料，1984.

［29］戴贤才，彭福成，等. 大绿丽金龟的生物学和防治研究［J］. 甘孜州科技，1984（4）：18.

［30］戴贤才. 川西高原耕地蛴螬垂直分布规律［J］. 甘孜州科技，1991（1）：25－29.

［31］戴贤才，钟敏，等. 康定灯诱金龟甲观测实验初报［J］. 甘孜州科技，1992.（4）：16－17.

［32］方廷伦. 皱异跗萤叶甲的发生及防治［J］. 昆虫知识，1993，20（2）：62.

［33］李坤儒. 青稞钻心虫及防治研究总结［J］. 甘孜州农业科技，1990（1）：28.

［34］李坤儒. 呋喃丹颗粒剂防治青稞钻心虫的试验报告［J］. 甘孜州农学会会刊，1980（1）：13－16.

［35］戴贤才，刘克渊. 关于老母虫的生活习性危害规律和防治方法［J］. 甘孜州科技，1963，第1256号.

［36］甘孜州农科所. 川西北高原金龟子，打印稿，1997年8月.

［37］戴贤才. 大栗金龟甲，中国森林昆虫学［M］. 北京：中国林业出版社，1980.

［38］戴贤才. 甘孜州的金龟甲，内部资料，1980.

［39］戴贤才. 大栗金龟甲在甘孜高寒地区的发生情况［J］. 植物保护，1984，10（2）：22－23.

［40］戴贤才. 大栗金龟甲种群数量变动的研究［M］. 甘孜州科技，1990（4）：12－17.

［41］李坤儒，刘述英，阴廷民. 青稞萤叶甲的生物学特性及防治研究［J］，植物保护，1992，18（6）：24－25.

［42］石万成. 川西北高原青稞害虫区系调查摘要［C］. 中国昆虫学会第5次全国代表大会，论文摘要选编，中国黄山，1998.

［43］韩磊等. 四川省甘孜州地区地质环境的遥感特征分析［J］. 四川地质学报，2011.

［44］四川省植保学会. 大渡河上段流域病虫调查. 内部资料，1987.

［45］钟启谦，魏鸿钧. 地下害虫的防治研究，三沟金针虫，细胸金针虫发生规律的研究［J］. 应用昆虫学报，1958，1（1）：67－68.

［46］钟启谦，魏鸿钧. 中国的主要地下害虫［M］. 北京：财政经济出版社，1958.

［47］魏鸿钧. 地下害虫研究的进展［J］. 昆虫知识，1979，16（4）：184－189.

［48］戴贤才，钟敏. 青稞害虫名录［J］. 甘孜州科技，1991（5）：15－21，（6）10－14.

［49］甘孜、阿坝州农科所. 川西高原青稞害虫调查报告. 打印件，1981.

［50］甘孜州农业害虫及天敌调查组. 甘孜州农业害虫及天敌名录. 内部资料，1984.

［51］甘孜州农科所. 九龙河流域金龟子优势种发生规律及防治方法研究总结报告. 打印件，1982.

［52］甘孜州农业病虫及害虫天敌调查组. 甘孜州农业病虫及害虫天敌名录，铅印内部资料，1984.

［53］甘孜州农科所，大面积防治大栗鳃金龟调查总结. 打印件，1991.

［54］四川省植保学会、松潘县年农业局，等. 松潘县大栗鳃金龟发生危害情况简报. 打印件，1991.

［55］甘孜州农科所. 甘孜州雅江、巴塘、得荣、新龙等南路主要土居害虫补充调查. 打印件，1992.

［56］得荣县农技土肥站. 得荣县子庚乡土改村金龟甲优势种的调查报告. 打印件，1993.

［57］炉霍县植保植检站. 炉霍县大面积防治大栗鳃金龟总结. 打印件，1996.

［58］戴贤才，彭福成. 灰胸突鳃金龟生物学特性研究. 打印件，1991.

［59］内江市蛴螬协作组. 花生蛴螬越冬期空间分布型及抽样技术（四川省第二次土居害虫防治技术研讨会论文汇编），1981.

［60］李坤儒. 防治大栗鳃金龟子三十二年的效果，四川省第二次土居害虫防治技术研讨会论文汇编，1990.

［61］石万成，刘旭. 四川土居害虫防治研究进展. 四川省第二次土居害虫防治技术研讨会论文汇编，1990.

［62］戴贤才. 川西高原耕地蛴螬分布规律. 四川省第二次土居害虫防治技术研讨会论文汇编，1990.

［63］射洪县植保站. 灰胸突鳃金龟发生规律的研究. 四川省第二次土居害虫防治技术研讨会论文汇编，1989.

［64］李相宽，戴贤才. 大栗鳃金龟的生活规律及预测预报. 四川省第二次土居害虫防治技术研讨会论文汇编，1990.

［65］马世骏. 昆虫种群的空间、数量、时间结构及其动态［J］. 昆虫学报，1964，13（1）：39－54.

［66］魏鸿钧，黄文琴. 中国地下害虫的研究概述［J］. 昆虫知识，1992，29（3）：168－170.

［67］甘孜州农科所：青稞害虫. 油印稿，1993.